U0248772

复合调味料
生产工艺与配方

江新业　刘雪妮　编著

化学工业出版社

·北京·

本书主要介绍复合调味料原辅料的特点和应用，以及一些广泛用于汤料、酱料、火锅底料、烧烤食品、炸制食品、方便食品、餐饮菜品的复合调味料的生产工艺和配方。

本书可供复合调味料生产企业研发技术人员、餐饮企业厨师、食品加工或烹饪相关专业师生参考使用。

图书在版编目（CIP）数据

复合调味料生产工艺与配方/江新业，刘雪妮编著.
—北京：化学工业出版社，2020.1 (2024.6重印)
ISBN 978-7-122-35553-9

Ⅰ.①复… Ⅱ.①江…②刘… Ⅲ.①复合调味料-生产工艺②复合调味料-配方 Ⅳ.①TS264.2

中国版本图书馆 CIP 数据核字（2019）第 250945 号

责任编辑：彭爱铭　　　　　　　　装帧设计：关　飞
责任校对：张雨彤

出版发行：化学工业出版社（北京市东城区青年湖南街 13 号　邮政编码 100011）
印　　装：北京天宇星印刷厂
710mm×1000mm　1/16　印张 16¼　字数 322 千字　2024 年 6 月北京第 1 版第 7 次印刷

购书咨询：010-64518888　　　　　售后服务：010-64518899
网　　址：http://www.cip.com.cn

凡购买本书，如有缺损质量问题，本社销售中心负责调换。

定　　价：59.00 元　　　　　　　　　　　　　版权所有　违者必究

前 言

近年来，复合调味料在我国发展非常迅速，市场规模、增长速度、产品创新、包装创新、使用范围等方面都有很大突破。越来越多的复合调味料生产者和销售者涌现，形成了空前的产销潮。

当前这种复合调味料的产销热潮突出地反映在两个方面，一个是一般消费者对复合调味料认识的提高，从过去只认酱油、醋、酱到踊跃购买各种方便快捷的复合调料。另一个是迅猛发展的餐饮业和快餐连锁业。快餐连锁业因连锁化、标准化的需要，它接受复合调味料的步伐更快，更为积极和主动。传统餐饮业也意识到，已经到了不改不行的时候，为了企业的生存和发展不得不接受过去用眼角斜视的复合调味料。也就是说，复合调味料在我国已经到了井喷式发展的临界点，很多调味料厂家，如今都踊跃加入这个行业。

本书正是在这个时期应运出版的。考虑到复合调味料的生产发展到今天，复合调味料生产企业的管理者、研发工程师、品质工程师、销售人员关心的已经不仅是产品的创新问题，而是在激烈复杂的市场竞争大潮中需要面对和解决的问题，如产品标准的制定，当前有关复合调味料的国家标准正在陆续出台，但仍赶不上生产和市场变化的需要，不少产品仍处于既无国家标准也无行业标准的尴尬境地，只能制定企业标准应对，即使一些产品有国家标准或行业标准，但标准内检测项目的制定并不能准确反映复合调味料本身的质量，这值得我们从业者深思；在食品安全方面，不少企业对食品添加剂的使用标准仍不懂或者不熟，不习惯检索，只求大概能通过。在这些方面，本书都从实际的研发及生产角度进行讲解，将企业生产涉及的国标及行标汇集于书中，方便查找；将企业生产常用食品添加剂的各种相关信息揭示于此，方便运用。

本书坚持理论与实际相结合的原则，对产品研发和生产过程中遇到的各种问题进行讲解；对各种原材料进行了分类阐述；对不同形态产品的特点、生产中的注意事项、风味特性等作了详细描述。本书第一章至第四章由江新业编写，第五章及第六章由刘雪妮编写，全书由江新业统稿。本书力图从各方面完善和充实与复合调味料产研相关的各种理论和实际问题，但由于编者水平所限，不可能尽善尽美，不足之处在所难免，敬请读者谅解和指正。真诚希望本书能对我国复合调味料事业的发展起到抛砖引玉的作用，并对需要它的人有所帮助。

江新业
2019 年 8 月于北京

目录

第一章 绪论 1

第一节 复合调味料的发展历程与趋势 1

第二节 复合调味料的定义及分类 3

　　一、复合调味料的定义 3

　　二、复合调味料的分类 3

第三节 复合调味料的特点与应用 5

　　一、固态复合调味料的特点与应用 6

　　二、半固态（酱）状复合调味料的特点与应用 8

　　三、液态复合调味料的特点与应用 8

　　四、复合调味油的特点与应用 8

第二章 复合调味料的原料与辅料 9

第一节 咸味调味基础料及咸味剂 9

　　一、食盐 9

　　二、酱油 10

　　三、豆酱 11

　　四、面酱 11

　　五、味噌 11

　　六、豆豉 12

　　七、纳豆 13

　　八、腐乳 14

　　九、氯化钾 15

第二节 酸味调味基础料及酸味剂 15

　　一、粮食醋 16

　　二、果醋 16

三、白醋 ……………………………………………………… 17

四、番茄酱 …………………………………………………… 17

五、柠檬 ……………………………………………………… 18

六、酸角 ……………………………………………………… 18

七、酸性奶油 ………………………………………………… 19

八、浆水 ……………………………………………………… 19

九、梅 ………………………………………………………… 19

十、树莓 ……………………………………………………… 20

十一、橄榄 …………………………………………………… 20

十二、常用酸味剂 …………………………………………… 20

第三节　甜味调味基础料及甜味剂 ………………………… 21

一、红糖 ……………………………………………………… 22

二、白砂糖 …………………………………………………… 22

三、绵白糖 …………………………………………………… 23

四、冰糖 ……………………………………………………… 23

五、淀粉糖 …………………………………………………… 23

六、蜂蜜 ……………………………………………………… 25

七、常用甜味剂 ……………………………………………… 25

第四节　苦味调味基础料及苦味剂 ………………………… 26

一、银杏 ……………………………………………………… 27

二、莲子 ……………………………………………………… 27

三、苦杏仁 …………………………………………………… 27

四、苦瓜 ……………………………………………………… 28

五、酒花 ……………………………………………………… 28

六、咖啡 ……………………………………………………… 28

七、茶叶 ……………………………………………………… 29

八、可可 ……………………………………………………… 29

九、其他苦味料 ……………………………………………… 30

第五节　鲜味调味基础料及鲜味剂 ………………………… 30

一、畜禽肉骨类提取物 ……………………………………… 30

二、水产类抽提物 …………………………………………… 34

三、蔬菜抽提物 ……………………………………………… 38

四、菇类抽提物 ……………………………………………… 40

五、酵母抽提物 ……………………………………………… 41

六、味精 ……………………………………………………… 43

七、鸡精 ……………………………………………………… 44

八、呈味核苷酸二钠（I+G） ………………………………… 45

九、甘氨酸 …………………………………………………………… 45

十、L-丙氨酸 ……………………………………………………… 46

十一、琥珀酸二钠 ………………………………………………… 46

十二、水解蛋白 …………………………………………………… 47

十三、酱油粉 ……………………………………………………… 47

第六节　辛香料 ……………………………………………………… 48

一、麻味辛香料 …………………………………………………… 49

二、辣味辛香料 …………………………………………………… 50

三、芳香辛香料 …………………………………………………… 54

第七节　特征风味料 ……………………………………………… 68

一、酒香风味料 …………………………………………………… 68

二、乳香风味料 …………………………………………………… 71

三、果香风味料 …………………………………………………… 72

四、花香风味料 …………………………………………………… 73

五、肉香风味料 …………………………………………………… 73

第八节　复合调味料中常用食品添加剂 ……………………… 74

一、抗结剂 ………………………………………………………… 76

二、消泡剂 ………………………………………………………… 76

三、抗氧化剂 ……………………………………………………… 77

四、漂白剂 ………………………………………………………… 78

五、膨松剂 ………………………………………………………… 78

六、着色剂 ………………………………………………………… 78

七、乳化剂 ………………………………………………………… 81

八、复合调味料中常用的被膜剂 ……………………………… 82

九、水分保持剂 …………………………………………………… 83

十、防腐剂 ………………………………………………………… 84

十一、增稠剂 ……………………………………………………… 85

十二、食品用香料 ………………………………………………… 87

第三章　固态复合调味料 ………………………………………… 89

第一节　固态复合调味料的生产关键点 ……………………… 89

第二节　粉状复合调味料的生产工艺与配方 ………………… 92

一、五香粉 ………………………………………………………… 92

二、十三香 ………………………………………………………… 93

三、七味辣椒粉（日本） ································· 94

四、咖喱粉 ································· 94

五、非钠盐 ································· 96

六、柠檬风味调味盐 ································· 97

七、辣椒味调味盐 ································· 97

八、洋葱复合调味粉 ································· 98

九、孜然调料粉 ································· 98

十、酱粉 ································· 98

十一、酱油粉 ································· 99

十二、水解蛋白粉 ································· 100

十三、海鲜汤料 ································· 101

十四、肉骨提取物 ································· 101

十五、鸡味鲜汤料 ································· 103

十六、牛肉汤料 ································· 104

十七、口蘑汤料 ································· 105

十八、香菇汤料 ································· 105

十九、金针菇汤料 ································· 106

二十、松茸汤料 ································· 106

二十一、野菌粉末汤料 ································· 107

二十二、番茄汤料 ································· 107

二十三、日式粉末汤料 ································· 108

二十四、饺馅调味粉（海鲜味） ················· 108

二十五、麻辣鲜汤料 ································· 109

二十六、麻辣增鲜调味粉 ····················· 109

二十七、几种方便面调味粉 ················· 110

二十八、风味汤料 ································· 111

二十九、几种膨化粉 ································· 112

三十、几种速溶汤粉 ································· 113

三十一、营养蔬菜汤料 ························· 114

三十二、几种腌渍裹炸粉 ····················· 114

三十三、鸡粉调味料 ································· 115

第三节 颗粒状复合调味料的生产工艺与配方 ····· 117

一、鸡精调味料 ································· 117

二、牛肉粉调味料 ································· 121

三、排骨粉调味料 ································· 122

四、贝精 ································· 123

  五、鲣鱼精 ·· 127

  六、菇精调味料 ·· 127

 第四节 块状复合调味料的生产工艺与配方 ········ 132

  一、鸡肉味块状复合调味料 ···························· 133

  二、牛肉味块状复合调味料 ···························· 133

  三、咖喱味块状复合调味料 ···························· 134

  四、洋葱味块状复合调味料 ···························· 134

  五、骨汤味块状复合调味料 ···························· 135

  六、海鲜味块状复合调味料 ···························· 136

第四章 半固态（酱）状复合调味料 ····················· 138

 第一节 半固态（酱）状复合调味料的种类与特点 ····· 138

 第二节 半固态（酱）状复合调味料的生产工艺与配方 ····· 139

  一、佐餐花色酱 ·· 139

  二、面条调味酱 ·· 147

  三、肉类及海鲜风味酱 ···································· 151

  四、果蔬复合调味酱 ·· 159

  五、火锅底料 ··· 164

  六、肉类风味膏 ·· 169

  七、其他复合调味酱 ·· 172

第五章 液态复合调味料 ··· 180

 第一节 液态复合调味料的特点及种类 ··············· 180

  一、液态复合调味料的特点 ···························· 180

  二、液态复合调味料的种类 ···························· 181

 第二节 液态复合调味料的生产关键点 ··············· 182

  一、灭菌简介 ··· 182

  二、灭菌方式 ··· 182

  三、灭菌方式的选择 ·· 183

  四、保质期的判定 ··· 185

 第三节 液态复合调味料的生产工艺与配方 ········ 186

  一、提取物类 ··· 186

  二、基础调味料类 ··· 189

  三、蘸汁 ·· 192

四、拌汁 ……………………………………………………………… 196

五、炖汁（汤汁） …………………………………………………… 203

六、炒汁 ……………………………………………………………… 211

七、烧烤汁 …………………………………………………………… 217

八、浇淋汁 …………………………………………………………… 222

第六章　复合调味油 …………………………………………………… 228

第一节　复合调味油的含义 ………………………………………… 228

第二节　油脂的种类及性质 ………………………………………… 229

一、油脂的种类 …………………………………………………… 229

二、油脂的物理性质 ……………………………………………… 229

三、油脂的化学性质 ……………………………………………… 230

第三节　复合调味油的生产工艺与配方 …………………………… 231

一、沙拉酱 ………………………………………………………… 231

二、蛋黄酱 ………………………………………………………… 234

三、油醋汁 ………………………………………………………… 236

四、食用调味油 …………………………………………………… 239

五、香味油脂 ……………………………………………………… 241

六、油辣椒 ………………………………………………………… 247

参考文献 ………………………………………………………………… 249

第一章

绪 论

中国是历史悠久的文明古国，饮食文化与调味技术是它文明史的一部分。早在春秋战国时期，人们就非常重视调味，在《周礼》《吕氏春秋》中就有了酸、甜、苦、辣、咸五味的记载。那时的人们就已经懂得了食物的本味是可以变化和互相协调的，讲求五味调和。我们的祖先创造了酱、酱油、醋、腐乳等传统的调味品。而在与世界的经商贸易、文化交流的过程中，一些国外的调味品也被引入，这种交流和渗透也大大地丰富了我们中华民族的调味文化。

20世纪中后期，伴随着科学技术的进步，人们的物质生活有了翻天覆地的变化，人们对"饮食"这个生活基本要素之一的主体结构和标准，也提出了新的期望。更美味、更健康、更安全、更方便、更有营养，是人们对新的饮食标准的衡量尺度。正是在这种社会需求的背景下，复合调味料越来越多地走进了人们视野，进入人们的生活，并且在人们的饮食生活中占有的比重也越来越大。以满足人们的生活需求为目标，复合调味料产品的系列、种类不断丰富和增加，工业化、专业化的生产成为必然。

第一节　复合调味料的发展历程与趋势

复合调味料在我国起步较早。易牙是春秋战国时期的齐国名厨，是香辛料的调和大师，是混合香辛料用于烹调的开创性人物，他所创立的易牙"十三香"对我国调味的影响深远。北魏时期盛行的"八齑粉"也是一种以八种香辛料为基料的复合调味料。

人类使用复合调味料的历史虽久远，但大规模工业化生产和销售复合调味料的历史却只有不超过 70 年的时间。从东亚各国的状况来看，日本最早的产销活动始于 20 世纪 50 年代末，由大洋渔业公司开始用鲸鱼提取肉汁，并将其用于方便面调料包的配制，从此开创了以动物性提取物为调味原料生产复合调味料的先河。1961年日本味之素公司首先出售了用谷氨酸钠添加肌苷酸钠的复合调味料，使鲜味的效果提高了数倍，并且很快普及到家庭及食品加工业，拉开了现代复合调味料生产的序幕。之后，随着食品工业的迅速发展，各种复合调味料纷纷上市，其品种繁多、包装精美、食用方便，深受消费者的青睐。目前全世界的复合调味料多达数千种，它已成为当前国际上调味品的主导产品。

虽然我国使用复合调味料较早，但我国复合调味料的工业化及现代化生产却起步很晚，在产量、品种、质量等方面均与发达国家有较大差距。对我国消费者而言，复合调味料仍系新概念，我国正式使用"复合调味料"这个专有的产品名称是20 世纪 80 年代开始的。1982～1983 年，天津市调味品研究所开发了专供烹调中式菜肴的"八菜一汤"调料，并开始使用"复合调味料"这个专有名称。随后，北京、上海、广州等地也相继开发了多种复合调味料，各种品牌的鸡精、牛肉精、排骨精等也开始大量上市。1987 年我国正式制定了 ZBX66005—1987 标准，制定了"复合调味料"专有名词、术语及定义标准。

自 80 年代中后期起，具有中国特色的肉骨膏粉的生产企业如雨后春笋般地建立起来，至今已有大量产品面市，形成了具有中国特色的咸味香精行业，这种产品的工艺特点是通过美拉德（Maillard）反应和酶解技术相结合，生产的产品具有浑厚的肉香和烤香味，极大丰富了复合调味料的生产和应用。

从 90 年代初，中国改革开放的步伐进一步加快，随着技术的引进，伴随方便食品行业的快速发展，复合调味料产业也开始了它强劲发展的征途。1995 年河南漯河的双汇生物工程公司从日本引进了骨素抽提生产线，该生产线可对畜和禽骨进行破碎、提取、分离、浓缩、杀菌等全套处理，生产出了日式骨素。日本京日井村屋食品有限公司在我国建立骨素抽提物生产车间，并将自己生产的产品直接用于其在中国开办的连锁店"面爱面"的汤料。华龙日清也于 90 年代引进骨素生产设备，生产骨素产品。

进入 20 世纪 90 年代后期，复合调味料的发展尤为迅速，在技术上已实现了酵母抽提物、水解蛋白等高档天然调味基料的国产化，为复合调味料打开了广阔的原料选择空间。火锅行业的异军突起，让复合调味料行业有更大的施展空间。2007年 9 月，正式实施的《调味品分类》（GB/T 20903—2007）对我国的复合调味料行业的发展起到了促进作用。《食品安全国家标准 复合调味料》（GB 31644—2018）的实施，将更加规范及促进复合调味料行业的发展。目前我国复合调味料的年产量约为 400 万吨，年增长率约为 20%，已成为食品行业新的经济增长点。

第二节　复合调味料的定义及分类

一、复合调味料的定义

国内众多专家和学者就复合调味料下过定义，其中宋钢、徐清萍等都就复合调味料的定义作了详细的探讨。笔者对于天然复合调味料试作如下定义：是指"以天然物为基础，经提取（萃取）、分离、酶解、加热、发酵及勾兑、配制等方法进行处理，生产出的液状、膏状或粉末状的具有独特风味、使用简洁的调味功能的产品"。这就是说，香辛料精油及其油树脂，纯发酵酱油等酿造产品，以及微生物、动物（水产）、植物抽提物等都被划进了天然调味料的范围，同时也成为生产天然复合调味料的主要原料。

以市场接受程度综合而言，以《调味品分类》（GB/T 20903—2007）中的复合调味料的定义相对概括性强：用两种或两种以上的调味品配制，经过特殊加工而成的调味料。

二、复合调味料的分类

国内目前对复合调味料的分类很多，有味型、制造工艺、消费功能、产品形态等分类方法。

按照味型的特点可以将复合调味料分为八大类。

（1）咸味复合调味料　如椒盐、豉汁酱油等。

（2）甜味复合调味料　如糖酸酱、蜂蜜酱等。

（3）酸味复合调味料　如姜蒜醋、风味番茄酱等。

（4）辣味复合调味料　如红咖喱粉、麻辣粉等。

（5）苦味复合调味料　如咖啡酱、巧克力酱等。

（6）鲜味复合调味料　如鸡精、鸡粉等。

（7）香味复合调味料　如热反应风味料、五香粉、十三香等。

（8）特征味复合调味料　如各种类型的肉类抽提物和蔬菜抽提物等。

按照原料或成品的制造工艺可以将复合调味料分为分解型、调配型、发酵型、抽提型四种类型，如图 1-1 所示。

按照消费功能可以将复合调味料分为民用和加工用（表 1-1）。

按照产品形态可以将复合调味料分为固态、半固态、液态、油状（图 1-2）。

在《调味料产品生产许可证审查细则（2006 版）》中，按形态将调味品可分成固态调味料、半固态（酱）调味料、液体调味料和食用调味油。固态调味料包括鸡粉调味料、畜禽粉调味料、海鲜粉调味料、各种风味汤料、酱油粉以及各种香辛料

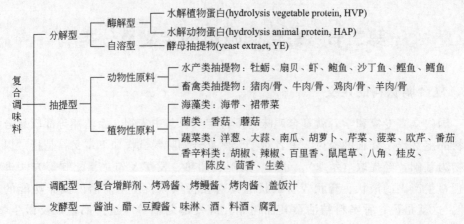

图 1-1　复合调味料按制造工艺分类

复合调味料
- 分解型
  - 酶解型
    - 水解植物蛋白(hydrolysis vegetable protein, HVP)
    - 水解动物蛋白(hydrolysis animal protein, HAP)
  - 自溶型
    - 酵母抽提物(yeast extraet, YE)
- 抽提型
  - 动物性原料
    - 水产类抽提物：牡蛎、扇贝、虾、鲍鱼、沙丁鱼、鲣鱼、鳕鱼
    - 畜禽类抽提物：猪肉/骨、牛肉/骨、鸡肉/骨、羊肉/骨
  - 植物性原料
    - 海藻类：海带、裙带菜
    - 菌类：香菇、蘑菇
    - 蔬菜类：洋葱、大蒜、南瓜、胡萝卜、芹菜、菠菜、欧芹、番茄
    - 香辛料类：胡椒、辣椒、百里香、鼠尾草、八角、桂皮、陈皮、茴香、生姜
- 调配型　复合增鲜剂、烤鸡酱、烤鳗酱、烤肉酱、盖饭汁
- 发酵型　酱油、醋、豆瓣酱、味淋、酒、料酒、腐乳

表 1-1　复合调味料按消费功能分类

分类	民用(家庭用/餐饮用)	加工用(加工企业用/部分餐饮用)
汤料	面汤调料、佐餐汤料、火锅底料	面汤调料、方便面调料、高汤料、火锅底料
风味酱料	特色风味酱、面条用酱、烹调用特色酱、拌凉菜酱汁、乌斯塔沙司、番茄酱、沙拉酱	盒饭加工用酱、加工馅用酱、蔬菜加工酱、肉食加工酱、罐头加工酱、餐饮烹调酱、乌斯塔沙司、番茄酱、沙拉酱
渍裹涂调料	烤肉(蘸)酱、饺子醋、涮锅蘸料、炸鸡粉、腌渍粉	烤肉酱汁(浸料/蘸料)、烤鸡串酱(浸料/涂料、烤鳗酱汁(下涂料/上涂料)、包子饺子等蘸料、涮锅蘸料、纳豆调味料、炸鸡粉
复合增鲜剂	鸡精、鸡粉、蘑菇精、高汤精、鲣鱼精、海带精、肉味增鲜剂	鸡精、鸡粉、高汤精、鲣鱼精、海带精、肉味增鲜剂、氨基酸复合增鲜剂
复合香辛料	十三香、五香粉、咖喱粉、七味唐辣子锅底香辛料包、汤用香辛料包等	五香粉、十三香、咖喱粉、七味唐辣子锅底香辛料包、汤用香辛料包等

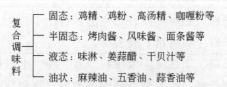

复合调味料
- 固态：鸡精、鸡粉、高汤精、咖喱粉等
- 半固态：烤肉酱、风味酱、面条酱等
- 液态：味淋、姜蒜醋、干贝汁等
- 油状：麻辣油、五香油、蒜香油等

图 1-2　复合调味料按产品形态分类

粉等。半固态调味料包括各种非发酵酱（花生酱、芝麻酱、辣椒酱、番茄酱等）、复合调味酱（风味酱、蛋黄酱、色拉酱、芥末酱、虾酱）、火锅调料（底料和蘸料）等。液体调味料包括鸡汁调味料、烧烤汁、蚝油、鱼露、香辛料调味汁、糟卤、调料酒、味淋等；食用调味油包括花椒油、芥末油、辣椒油等。

　　在《调味品分类》（GB/T 20903—2007）中按照调味品终端产品将调味品分为食用盐、食糖、酱油、食醋、味精、芝麻油、酱类、豆豉、腐乳、鱼露、蚝油、虾油、橄榄油、调味料酒、香辛料和香辛料调味品、复合调味料、火锅底料 17 类。该分类方法在市场上有很强的指导性。但不能涵盖日新月异的复合调味料行业的发展。

本书参照《调味品分类》中的分类方法，结合《调味料产品生产许可证审查细则（2006 版）》审核的分类办法，将复合调味料按照产品形态分为固态复合调味料、半固态（酱状）复合调味料、液态复合调味料、复合调味油。

第三节　复合调味料的特点与应用

现代复合调味料的是指用两种或两种以上的调味品配制，经过特殊加工而成的调味料。其概念是指采用多种调味原料，具备特殊调味作用，工业化大批量生产的，食品规格化和标准化，有一定保质期，在市场上销售的商品化预包装调味料。

近 20 年来，随着现代城镇化的进程和生活水平的提高，特别是顺应了生活方式改变、生活节奏加快而需要的方便快捷、便于储存携带、安全卫生、营养且风味多样的食品发展趋势，复合调味料行业飞速发展，已在调味品中居重要地位。

目前我们所能见到的复合调味料具有以下几个共同特点。

（1）产品使用方便化　针对不同食物原料开发复合调味料。如火锅底料、火锅蘸料、蒸菜调料、腌渍调料、凉拌调料、煎炸调料、烧烤调料、煲汤调料、速溶汤料等。以香辣酱、牛肉风味酱、辣子鸡丁酱、风味豆豉等使用方便的系列产品为代表，随后出现了更加方便的佐餐型复合调味料。

复合调味料多以菜肴或小吃的口味特点为主体味型，口味差别不是太大。可以说，用复合调味料经简单加热烹制而成的菜肴，其色、香、味不会比厨师逊色，而且省事、省时。如制作麻辣鸡块，只需新鲜鸡块用适量的麻辣鸡块调味料码味几分钟，用油滑散后，炝锅，下配料及麻辣鸡块调味料翻炒成熟即可，非常方便。

（2）味型结合多样化　中国地域辽阔，素有"南甜北咸、东辣西酸"之说，随着城镇化、城市化的加快，流动人口的大量移动，让人们常说的"鲁、川、粤、闽、苏、浙、湘、徽"八大菜系之间相互融合，产生了多种多样的复合味型调味料。

进入 21 世纪之后，随着改革开放的深入，中西文化交流的广泛，其他国家的一些调味料也在影响国内的复合调味料的开发与生产，如俄罗斯风味的喀秋汤、罗宋汤等；韩国的牛肉粉、天然泡菜等；东南亚各国的泰式甜辣酱、鲍鱼酱等；日式的炸鸡料、寿司酱油、烤肉调料、烤牛排调料、串烧调料、烤鸡调料、烤鳗调料等。中西味型的结合极大地丰富了复合调味料的品种。

（3）技术应用高新化　复合调味料的原料多种多样，如以前常见的蔬菜粉多是经热风干燥、常压干燥生产，其风味、营养和产品卫生都难于保证，现经提取、浓缩、微胶囊包埋与喷雾干燥或微波干燥相结合精制而成的蔬菜抽提物，具有速溶性好、安全卫生、风味佳等特征，具有代表性的有洋葱精粉、大蒜精粉、白菜精粉、蘑菇精粉等，提升了复合调味料的圆润感、厚实感、天然感。肉骨原料的各种抽提物多应用高温高压、生物酶解、美拉德（Maillard）反应等技术生产。香辛料油树脂的提取以前多用水蒸气提取，现在主要提取技术有蒸馏-萃取联用技术、超声波提取技术、微波提取技术、超临界 CO_2 提取技术，提取的精油、油树脂等质量稳定，用于复合调味料调味和调香，能保证复合调味料大规模生产的一致性。

（4）传统调料现代化 中国传统的调料酱油、醋、腐乳、豆豉、豆瓣酱等在制作复合调味料中不可或缺，利用乳化技术、微胶囊包埋技术与喷雾干燥技术，可生产出风味独特、使用方便、满足天然调味料要求的粉状基料。可以将传统调料的应用更加广泛，将一些厨师"老汤"的制作由家庭式转为工业化生产，满足家庭化生产的"怀旧味"的同时，让传统调料也有了现代化的特色。

（5）产品包装新颖化 消费者对食品的第一印象来自包装，调味料市场的竞争在很大程度上也取决于包装是否对消费者有吸引力。近年来，国内外食品企业在食品包装方面不断创新，运用新材料、新技术的新型包装复合调味料不断问世，如无菌包装、气调包装等。另外，绿色包装理念已经形成一股潮流，使用对生态环境无污染、对人体健康无毒害、能回收或再利用、可促进持续发展的包装，也是发展趋势。不同规格及重量的包装形式，如 5g、10g、40g、100g 等多种包装，一人份或家庭装，使用时，一份一用，相当方便。

（6）科学调味营养化 当今人们越来越注重食品的健康及营养价值，国家强制执行《食品安全国家标准 预包装食品营养标签通则》（GB 28050—2011）和《食品安全国家标准 预包装食品标签通则》（GB 7718—2011），对营养标签提出了新的要求，复合调味料不仅强调口感和风味的设计，还要更多地考虑复合调味料的综合因素，更注重其健康性及营养性。如何吃得既科学又有营养，是每一个食品工作者面临的重要课题。

如在香葱鸡蓉汤专用调料中，其配料为鸡肉、脱水蔬菜、香菜、香葱、水解蛋白等。加州牛肉汤专用调料中有牛肉、辣椒、洋葱、脱水蔬菜、水解蛋白等。如采用纯鸡肉粉生产的鸡精，采用牛肉和热反应牛肉粉生产的牛肉精，其他如蛋黄酱、果酱和番茄沙司等西餐系列营养型调味料，这些复合调味料在天然性、健康性、营养性方面都相对理想。另外，纯的蔬菜粉和各类纯肉粉除供生产营养型复合调味料外还被保健食品选用。

一、固态复合调味料的特点与应用

固态复合调味料是以两种或两种以上的调味品为主要原料，添加或不添加辅料，加工而成的呈固态的复合调味料。根据加工产品的形态可以分为粉状、颗粒状和块状。

1. 粉状复合调味料

粉状复合调味料在食品中的用途很多,如速食方便面中的调料、膨化食品用的调味粉、速溶汤料及各种混合粉状香辛料等。粉状复合调味料便于保存、携带,使用方便,但风味保存性较差。由于使用的油脂量少,风味调配上有不可克服的缺陷,但因成本低,生产工艺、设备简单,故产品仍有不可替代性。

粉状复合调味料可采用粉末的简单混合,但采用简单混合方法加工的粉状复合调料不易均匀,在加工时要严格按混合原则加工。混合的均匀度与各物质的比例、相对密度、粉碎度、颗粒大小和形状及混合时间均有关。如果配方中各原料的比例是等量的或相差不大的,则容易混匀;若比例相差悬殊时,则应采用"等量稀释法"进行逐步混合。其方法是将色深的、质重的、量少的物质首先加入,然后加入其等量的用量大的原料共同混合,再逐渐加入与混合物等量的用量大的原料共同混合,直到加完混匀为止。最后过筛,经检查达到均匀即可。一般来说,混合时间越长,越容易达到均匀,但所需的混合时间应由混合原料量的大小及使用何种机械来决定。

粉状复合调味料也可以在提取后熬制混合,经浓缩后喷雾干燥或微波干燥。其产品呈现出醇厚复杂的口感,可有效地调整和改善食品的品质和风味。

2. 颗粒状复合调味料

颗粒状复合调味料在食品中的应用非常广泛,如分别用在速食方便面中的调味料和速溶汤料等。颗粒状复合调味料包括规则颗粒和不规则颗粒。其克服了粉状复合调味料容易吸潮,可能会因物料比重不一导致的物料不均的缺点。粉状复合调味料可调整载体通过制粒成为颗粒状,如颗粒状鸡精、牛肉粉。颗粒状香辛料加工方法通常为粗粉碎加工。

3. 块状复合调味料

块状复合调味料克服了粉状和颗粒状复合调味料的缺点,可以使用的原料增加很多,品种很多,但使用时用量的确定有难度。可以将半固态、液态复合调味料都制成块状,只是使用时需要稀释。

块状复合调味料又称为汤块,按口味不同可分为骨汤味、鸡肉味、牛肉味、鱼味、虾味、洋葱味、番茄味、胡椒味、咖喱味等。块状复合调味料通常选用新鲜畜禽肉骨类、水产类经高温高压提取、浓缩、生物酶解、美拉德反应等现代食品加工技术精制而成。由于消费习惯的不同,块状复合调味料重点消费地区为欧洲、中东、非洲,而在我国尚处于起步阶段,预期将会有较广阔的市场前景。块状复合调味料相对于粉状复合调味料来说,具有携带方便、使用简单、真实感强等优点。

块状复合调味料风味的好坏,很大程度上取决于所选用的原辅料品质及其用量。选择合适风味的原辅材料和确定最佳用量基本包括三个方面的工作,即原辅材料的选择,调味原理的灵活运用和掌握,不同风格风味的确定、试制、调配和生产。

二、半固态（酱）状复合调味料的特点与应用

半固态（酱）状复合调味料是以两种或两种以上的调味品为主要原料，添加或不添加辅料，加工而成的呈酱态的复合调味料。其特点是风味浓厚、风味保存好、强度大、便于保存，按照消费功能不同可分为酱状和膏状复合调味料。

酱状复合调味料是指以豆类、小麦、花生等为主要原料，辅以各种香辛料及肉类、水产类等辅料，经过提取、过滤精制处理，然后进行加热调配、细磨等均质处理、灌装、封口包装等工序加工而成。酱状复合调味料在市场上比较多，根据工艺不同可分为发酵型和调配型复合调味料。发酵型复合调味料如蘑菇面酱、西瓜豆瓣酱等；调配型复合调味料，如蒜蓉辣酱、海鲜风味酱、肉酱等，此外还有沙拉酱及沙司类等品种。

膏状复合调味料以肉骨、水产、咸味香精为主要原料，有鸡肉味、牛肉味、猪肉味、海鲜味、蔬菜味等风味，一般为工业用，主要用于方便面调味酱包及火锅底料。目前方便面调味酱包有各种肉味的产品，如牛肉味、鸡肉味、排骨味等；火锅底料常用有红汤、白汤、高汤等。

三、液态复合调味料的特点与应用

液态复合调味料是以两种或两种以上的调味品为主要原料，添加或不添加辅料，加工而成的呈液态的复合调味料。与半固态（酱）状复合调味料相比，具有黏度小、流动性好的特点。常见的有鸡汁、牛肉汁、鲜味汁、鲍鱼汁、香辛料调味汁、楼兰调味汁、醪糟等。

四、复合调味油的特点与应用

复合调味油是指以两种或两种以上的调味品为主要原料，食用油脂为载体，添加或不添加其他辅料，加工而成的呈油状的复合调味料。主要有蟹油、花椒油、各种复合香辛料调味油等。

复合调味油的生产加工方法一般有两种：一种是直接将调味料与食用油脂一起熬制而成；一种是用勾兑法，将选定的调味料采用水蒸气、乙醇蒸馏法或超临界萃取法，将含有的精油萃取出来，再按一定比例与食用油脂勾兑而成。

第二章
复合调味料的原料与辅料

复合调味料中的呈味成分多，口感复杂，各种呈味成分的性能特点及其之间的配合比例是否恰当是影响复合调味料质量的关键因素。

基础调味料是构成复合调味料味感的关键原料。常见的基础调味料有食盐、糖、味精之类的单一化学成分调味料，以及化学成分不同的酱油、食醋、腐乳、豆豉等调味料。各种基础调味料虽然各有其独特的味道，但其味感多较为单一，难以满足人们对美味的需要。

口味的好坏是评价复合调味料的重要指标之一，口味是由各类呈味物质共同作用的结果。复合调味料的呈味物质主要由咸味剂、鲜味剂、甜味剂、酸味剂、香辛料、风味物质、食品添加剂及填充料这几部分构成，掌握呈味物质的特性是复合调味料生产和开发的关键。在本章中着重论述复合调味料中的关键呈味原料及食品添加剂。

第一节　咸味调味基础料及咸味剂

咸味是一种能独立存在的味道，复合调味料的生产中把它作为调味的主味，人们称之为"百味之王"。咸味是绝大多数复合味型的基础味。不仅一般菜品离不开咸味，就是糖醋味菜肴或酸辣味菜肴也要加入适量食盐，从而使其滋味柔和浓郁。

最常用的咸味料是食盐，类似食盐咸味的有机酸盐有苹果酸钠、谷氨酸钾、葡萄糖酸钠和氯化钾等。

一、食盐

1. 概述

虽然一些中性的无机盐都具有咸味，但人类使用的主要咸味剂还是食盐即氯化钠。食盐的咸味最纯正，其他盐都是很难代替它的。

食盐是常用的一种基础咸味调味品，种类很多。按来源不同，食盐可分为海盐、井盐、池盐、岩盐、湖盐等；按加工程度不同分原盐（粗盐、大盐）、洗涤盐、再制盐（精盐）。由于粗盐和洗涤盐中含有其他盐类，不仅有异味，而且也不利于人体健康，所以烹饪中首先一般选用色泽洁白、咸味纯正的精盐为食用盐。其次，就是根据特殊或普遍的需要，在精盐中添加某些矿质元素制成营养盐，如碘盐、锌盐、铁盐、铜盐、低钠盐等，以此增加对矿质元素的补充或限制对钠的吸收。再次就是加入其他调味品制得的为方便人们生活而生产的复合调味盐，如香菇盐、海鲜盐、香辣盐等。

2. 应用建议

食盐用于为菜肴赋予基本的咸味。人可感觉到咸味的最低浓度是 0.1％～0.5％，而感到最舒服的食盐浓度是 0.8％～1.2％。所以在制作复合调味料时应以这个量为依据，做到用盐恰当准确。菜肴食用方法不同用盐量是有些差异的，如随饭菜用盐量可高一些，宴席菜用盐量应少一些，并随上菜的顺序有所递减，如席间上一些甜品或者果品等。还要考虑进餐者的地域、情绪、季节、时间等因素，这样才能使菜品的味达到要求。

此外，在实际应用过程中，还要注意食盐与其他调味料如酸味、甜味、鲜味等的相互作用。除用于调味外，食盐还可以用来防腐，盐渍是食品加工贮藏的重要手段。在液体复合调味料中添加 15％ 的食盐，可以增强渗透压，从而抑制细菌的繁殖与生长。

二、酱油

1. 概述

酱油是以大豆或豆粕、面粉、麸皮等为原料，经发酵加盐酿造而成的传统液体调味品。酱油的种类很多，根据是否发酵可分为酿造酱油和配制酱油；根据酿造后是否经过后期晒制分为生抽和老抽；根据颜色深浅分为红酱油（色泽深褐）和白酱油（化学酱油或色浅的酱油）；按风味分有辣味酱油、口蘑酱油、虾子酱油、五香酱油、鱼汁酱油、低钠酱油等。在酱油中加入红糖、八角、山柰、草果等调味品，用微火熬制，冷却后加入味精可制成复制红酱油，用于冷菜和面食的调味。

酱油是一种传统调味料，具有咸、甜、酸、鲜等滋味，含有多种有机酸、氨基酸、醇类、酯类、酚类、醛类。咸味来自食盐；鲜味来自氨基酸和肽类；酸味来自乳酸、琥珀酸、醋酸等有机酸；甜味来自葡萄糖、果糖、阿拉伯糖等；香味来自 4-乙基愈创木酚、甲基硫和一些酯类。这些物质共同形成了酱油的滋味。

2. 应用建议

酱油使用广泛，可用于制作各类型复合调味料，具有为食品辅助定咸、增加鲜味的作用；还可增色、增香、去腥解腻，有助于促进食欲。酱油的使用量应根据不同地区、不同产品、不同口味来决定其使用量。

三、豆酱

1. 概述

豆酱是以豆类为主要原料，先将其清洗、除杂、浸泡、蒸熟后，拌入小麦粉，然后接种曲霉发酵 10 天左右，最后加入盐水搅拌均匀而成。豆酱常见的为黄豆酱，成品较干的为干态黄豆酱，较稀稠的为稀态黄豆酱。以蚕豆加工的为蚕豆酱；豌豆及其他豆类酿造的为杂豆酱。

2. 应用建议

豆酱具有去腥、除膻、解腻、提鲜增香、增色和味的作用。主要用于半固态（酱）状复合调味料的生产，如酱卤烧菜、酱肉馅等，还可直接或经加工后作为佐餐的蘸料，如大葱蘸酱、干豆腐蘸酱。此外，黄豆酱常用于卤汁和酱汤的调味及调色，如韩国的豆腐汤。

四、面酱

1. 概述

面酱又称为甜酱、甜面酱、甜味酱，是以面粉为主要原料，经加水成团，蒸熟，配以适量盐水，再经曲霉发酵而制成的酱状传统调味品。

2. 应用建议

面酱主要起增加香味或增添色泽的作用，其次还可以赋予制品咸味、鲜味。在应用中，要视加工工艺需要恰当掌握用量，同时还要注意不同品种在色泽、味道、干稀度上的变化。在使用时，宜先将其炒香出色，防止水臭或色味不佳，确保制品的风味特色。

面酱应用广泛，可用于开发各类复合调味料，一般用于酱烧、酱炒、酱拌类菜肴，如酱爆肉丁、京酱肉丝、酱烧冬笋等；作为食用北京烤鸭、香酥鸭时的味碟；也可作为炸酱包子的馅心、炸酱面的调料；还用于酱菜、酱肉的腌制和酱卤制品的制作，如酱大头菜、京酱肉、酱牛肉。

五、味噌

1. 概述

味噌是一种调味品，以营养丰富、味道独特而风靡日本。味噌最早发源于中国或泰国西部，它与豆类通过霉菌繁殖而制得的豆瓣酱、黄豆酱、豆豉等很相似。据说，它是由唐朝鉴真和尚传到日本的，也有一种说法是通过朝鲜半岛传到日本。随着饮食文化在国际间的交流，除日本外，味噌已广泛使用于东南亚各国和欧美等国。近年来在我国的烹饪行业中也已开始使用，广州、深圳、上海等地的餐馆中常有使用。

味噌是日本的传统调味料，种类繁多，简单地说，味噌是以黄豆为主原料，再加上盐以及不同的种曲发酵而成，大致上可分为米曲制成的"米味噌"、麦曲制成的"麦味噌"、豆曲制成的"豆味噌"等，其中米味噌的产量最多，占味噌总产量的八成，比较著名的如西京味噌、信州味噌等，都是米味噌的一种。若以口味来区别，则可略分为"辛口味噌"及"甘口味噌"两种，前者是指味道比较咸的味噌，后者则是味道比较甜、比较淡的味噌，这种口味上的差异是因为原料比例不同所造成的。辛口味噌通常曲的比例较重，味道较咸，名气颇响亮的"信州味噌"，便是这类辛口味噌的代表；至于关西及其他较温暖的地方，因为平日饮食清淡，制作出的味噌口味也较淡，关西的白味噌及九州味噌，都是颇具代表性的甘味噌就颜色而言，可分为"赤色味噌"及"淡色味噌"两大类，味噌颜色的淡浅主要是受制曲时间的影响，制曲时间短，颜色就淡，时间拉长，颜色也就变深，"仙台味噌"是较具代表性的赤色味噌。

2. 应用建议

味噌在复合调味料中的用途相当广泛，根据需要和口味不同，可以选择不同种类的味噌。适用于炒、烧、蒸、烩、烤、拌类菜肴的调味，及腌渍小菜、凉拌菜的淋酱、火锅汤底、各式烧烤及炖煮料理等，可起到丰富口味、补咸、提鲜、增香，及一定的上色作用，使菜肴获得独特的风味。西餐中也常将味噌拌入米饭、海带丝、鱼松中。味噌用于中餐的拌面条、蘸饺子、拌馅心等，效果也很好。

由于味噌不耐久煮，所以制作复合调味料时通常最后才加入味噌，略煮一下便要停止加热，以免味噌的香气流失。味噌在贮存时最重要的是要注意防止生霉变质，尤其是甜味噌和半甜味噌，因其所含食盐量较低，不宜久贮，宜尽早食用完为好。

六、豆豉

1. 概述

豆豉是我国传统发酵豆制品，亦是许多菜系的重要调味料之一。豆豉在《汉书》《史记》《齐民要术》《本草纲目》等古籍中皆有记载，其制作历史可以追溯到先秦时期。豆豉以大豆或黄豆为主要原料，利用毛霉、曲霉或者细菌蛋白酶的作用，分解大豆蛋白质，达到一定程度时，通过加盐、加酒、干燥等方法，抑制酶的活力，延缓发酵过程而制成。豆豉种类很多。按形态分为干豆豉、水豆豉；按口味分为咸豆豉、淡豆豉、臭豆豉；按发酵微生物可分霉菌型豆豉、细菌型豆豉；按加工原料分为黑豆豉和黄豆豉。日本的传统食品"纳豆"属于细菌型豆豉，东南亚地区的传统食品"天培"（又译成"摊拍""丹贝"）属于根霉型豆豉。

豆豉多生产于长江流域及其以南地区，以江西、湖南、四川、河南所产为多，名品如江西泰和豆豉、湖南浏阳豆豉、四川永川豆豉、河南开封豆豉和山东临沂豆豉等，故有"南人嗜豉，北人嗜酱"之说。

2. 应用建议

中医学认为豆豉性平，味甘微苦，有发汗解表、清热透疹、宽中除烦、宣郁解毒之效，可治感冒头痛、胸闷烦呕、伤寒寒热及食物中毒等病症。经常食用有助于消化，提高肝脏解毒功能，防止高血压，消除疲劳等。

豆豉一直广泛使用于中国烹调之中，主要是提鲜、增香、解腻的作用，并具有赋色的功能，广泛用于蒸、烧、炒、拌制的菜品中。可用豆豉拌上麻油及其他作料作助餐小菜；用豆豉和豆腐、茄子、芋头、萝卜等烹制菜肴别有风味；制成回锅肉、拌兔丁、黄凉粉等菜品时均需使用。广东人更喜欢用豆豉作调料烹调粤菜，如豉汁排骨、豆豉鲮鱼和焖鸡、鸭、猪肉、牛肉等，尤其是炒田螺时用豆豉作作料，风味更佳。

豆豉在运用中根据制品的要求或整用或剁成蓉状，用量不宜过多，否则压抑主味。

七、纳豆

1. 概述

纳豆源于中国，后来在日本得到发展，是日本最具有民族特色的食品之一，至今已有一千年多年的历史。纳豆是由小粒黄豆经纳豆菌发酵而成的一种微生态、健康食品。纳豆在日本主要有咸纳豆和拉丝纳豆两大类。关西人喜欢前者，关东人则喜欢后者。拉丝纳豆由于发酵方法不同而出现一种黏丝，是不放盐的。

2. 应用建议

纳豆虽然有很高的营养和药用价值，但因它特有的臭味和黏丝，使用范围受到了限制。

食用纳豆的方法很多。在买回的纳豆中，一般都附有芥末和调味料，搅拌一下，即可食用，多和大米饭一起吃。也可根据个人喜好加些葱末、紫菜等食用。由于其营养价值被证实，食用者日益增多。如今由于食品加工技术越来越发达，纳豆也被制成许多不同的口味，个人可以根据口味和需要选择购买。

烹饪纳豆时，可用辛香、鲜香味浓郁的原料如，洋葱、大葱、虾皮、小鱼等来减少纳豆的臭味；并可采用将纳豆加水稀释 1～2 倍的方法减少拉丝纳豆的黏丝，再加入酱油等调料一起吃；还可以把纳豆切碎后，加入凉汤中赋味。

八、腐乳

1. 概述

腐乳是中华民族独特的传统调味品，具有悠久的历史；它是我国古代劳动人民创造出的一种微生物发酵大豆制品，品质细腻、营养丰富、鲜香可口，深受广大群众喜爱，其营养价值可与奶酪相比，具有东方奶酪之称。

腐乳通常分为青方、红方、白方三大类。其中，臭豆腐属"青方"；"大块""红辣""玫瑰"等酱腐乳属"红方"；"甜辣""桂花""五香"等属"白方"。白色腐乳在生产时不加红曲色素，使其保持本色；腐乳坯加红曲色素即为红腐乳；青色腐乳是指臭腐乳，又称青方，它是在腌制过程中加入了苦浆水、盐水，故呈豆青色。臭腐乳的发酵过程比其他品种更彻底，所以氨基酸含量更丰富。特别是其中含有较多的丙氨酸和酯类物质，使人吃臭豆腐乳时感觉到特殊的甜味和酯香味。但是，由于这类腐乳发酵彻底，致使发酵后一部分蛋白质的硫氨基和氨基游离出来，产生明显的硫化氢臭味和氨臭味，使人远远就能嗅到一股臭腐乳独特的臭气味。腐乳品种中还有添加糟米的称为糟方，添加黄酒的称为醉方，以及添加芝麻、玫瑰、虾籽、香油等的花色腐乳。各地人民依据自己不同的口味，形成了各具特色的传统产品，如浙江绍兴腐乳、北京王致和腐乳、黑龙江的克东腐乳、四川大邑的唐场腐乳、成都的白菜腐乳、上海奉贤的鼎丰腐乳、广西桂林的桂林腐乳、广东水江的水口腐乳、云南的石林牌腐乳、河南柘城的酥制腐乳。

目前我国很多地方都有腐乳的生产，它们虽然大小不一，配料不同，品种名称繁多，但制作原理大都相同。首先将大豆制成豆腐，然后压坯划成小块，摆在木盒中即可接上蛋白酶活力很强的根霉或毛霉菌的菌种，接着便进入发酵和腌坯期。最后根据不同品种的要求加以红曲酶、酵母菌、米曲霉等进行密封贮藏。腐乳的独特风味就是在发酵贮藏过程中所形成。在这期间微生物分泌出各种酶，促使豆腐坯中的蛋白质分解成营养价值高的氨基酸和一些风味物质。有些氨基酸本身就有一定的鲜味，腐乳在发酵过程中也促使豆腐坯中的淀粉转化成酒精和有机酸，同时还有辅料中的酒及香料也参与作用，共同生成了带有香味的酯类及其他一些风味成分，从而构成了腐乳所特有的风味。腐乳在制作过程中发酵，蛋白酶和附着在菌皮上的细菌慢慢地渗入到豆腐坯的内部，逐渐将蛋白质分解，大约经过三个月至半年的时间，松酥细腻、鲜美适口的腐乳就做好了。

2. 感官特性

红腐乳（酱豆腐、红方）：特点是红褐色，质细嫩，有芳香及微弱的香味，可久藏。存放时间越长，味道越鲜美。

青腐乳（臭腐乳）：色青白，质细嫩，味鲜，有氨及硫化氢味。

白腐乳：包括糟腐乳和醉方两种，糟腐乳的特点是色白而带黄，上盖糯米酒糟，酒味较浓厚，稍带甜味。醉方的特点是表面有一层米黄色皮，有酒香味，味道鲜美。

3. 应用建议

腐乳在复合调味料中的应用主要是为制品增味、增鲜、增加色彩除佐餐外，更常用于火锅、姜母鸭、羊肉炉、面线、面包等蘸酱及肉品加工等用途。

九、氯化钾

1. 概述

氯化钾是盐酸盐的一种，易溶于水，咸味醇正，是常用的代盐剂，制作低钠产品，以降低钠含量过高对机体的不良影响。氯化钾低浓度时呈甜味，高浓度时有苦味，最高浓度时有咸味、酸味混成的复杂味，盐味为食盐的70%。氯化钾的渗透压与水分活性为食盐的80%左右。

2. 应用建议

我国《食品安全国家标准　食品添加剂使用标准》（GB 2760—2013）中规定：低钠盐酱油≤60g/kg，低钠盐≤350g/kg。

日本市场销售食盐含量为5%～9%的沙司中，有一半盐食用氯化钾代替。盐渍鱼子时，使用食盐的2%～5%以氯化钾代替，发色好，口味好（咸味少），与有机酸、味精、水解植物蛋白液等并用效果更好；美国是将食盐与香料等调料一起使用，食盐的45%用氯化钾代替，香料等调料有掩盖氯化钾苦味的效果。

在实际使用中通常用20%的氯化钾和78%的食用盐混合得到混合盐（即低钠盐），其风味、咸度与食盐相同，可用于各种食品。

第二节　酸味调味基础料及酸味剂

酸味是一种基本味。自然界中含有酸味成分的物质很多，大多数是植物性原料。酸味是由呈酸性的有机酸和无机酸盐在水中解离出的氢离子对味蕾刺激所产生的感觉。几乎所有能在溶液中解离出氢离子的化合物都可以引起人的酸味感。人的舌头两侧中部对酸味最敏感。由于舌黏膜能中和氢离子，所以酸味感会逐渐消失。

人唾液的pH值在6.7～6.9之间，当食物pH值低于5时，人便会感受到酸味；当食物pH值低于3.0时，人就会感到强烈、不适口的酸味。如酒石酸pH值2.45，味感为强烈酸味；苹果酸pH值2.65，味感为柔和的酸味；磷酸pH值为2.25，味感为激烈的酸味；醋酸pH值为2.95，味感为特有醋的酸味；乳酸pH值为2.60，味感为尖刺的酸味；柠檬酸pH值2.60，味感为强烈的酸味；丙酸pH值为2.90，味感为酸酪味。

食用酸味的成分主要是有机酸类的醋酸、乳酸和柠檬酸等，这些酸类除能赋予复合调味料酸味特性外，还有降低食品的 pH 值，防止食品腐败的效果。

酸味调味料品种有许多，常用的有醋、番茄酱、柠檬等。酸味调味料在复合调味料生产中应根据工艺特点及要求去选择，还需注意到人们的习惯、爱好、环境、气候等因素。

一、粮食醋

1. 概述

食醋由于酿制原料和工艺条件不同，风味各异，没有统一的分类方法。若按制醋工艺流程来分，可分为酿造醋和人工合成醋。酿造醋又可分为粮食醋（用粮食等原料制成）、糖醋（用饴糖、蔗糖、糖类原料制成）、果醋（果汁、果酒为原料制成）、酒醋（用食用酒精、酒尾制成）。人工合成醋又可分为色醋和白醋（有些白醋也可用酿造法生产）。

醋以酿造醋为佳，其中又以粮食醋为佳。粮食醋根据加工方法的不同，可再分为熏醋、特醋、香醋、麸醋等，是用大米、小麦、高粱、小米、麸皮等为原料经微生物发酵酿制而成的酸味调味品。

根据产地品种的不同，食醋中所含醋酸的量也不同，一般在 5%～8% 之间，食醋的酸味强度的高低主要是其中所含醋酸量的大小所决定。例如山西老陈醋的酸味较浓，而镇江香醋的酸味酸中带柔，酸而不烈。

常见的名醋有山西老陈醋、四川麸醋、镇江香醋、浙江玫瑰米醋等。

2. 应用建议

醋能增鲜、调香、解腻、去腥，是调制酸辣、糖醋、鱼香、荔枝等复合味型的重要原料，同时也可为制品赋色；食醋可以解除、降低油腻感，促进食欲，达到开胃的作用；食醋有杀菌和去腥除异的作用；能减少原料中维生素 C 的损失，可保蔬菜的嫩脆；可促进骨组织中 Ca、Fe 的溶解，提高其吸收利用率；可防止植物原料的褐变，保持洁白；还可使肉质坚硬的原料组织软化，起到嫩肉剂的作用。

由于醋不耐高温，易挥发，在使用时应注意加入时间。

二、果醋

1. 概述

果醋是以果汁、果酒，或果品加工下脚料为主要原料，经微生物发酵，利用现代生物技术酿制而成的一种营养丰富、风味优良的酸味调味品。

葡萄醋是用葡萄果汁、葡萄酒为原料酿制而成，并常常添加葡萄风味剂进行调香。由于所选用的葡萄的颜色以及酿造工艺的不同，葡萄醋可分为红色、白色两类。英国葡萄醋的产量较高。

苹果醋是以苹果汁为原料酿制而成。美国的产量最大。

此外,人们也常以果醋为基醋,加入天然香料或香料提取物调制独具特色的果醋,如龙蒿醋、蒜香醋、柠檬醋等。

2. 应用建议

果醋常用于西餐的复合调味料的生产中。西餐调味中,葡萄醋常用于菜肴的增酸,并有提香增鲜的作用。一般烹制红肉类时用红葡萄醋,而制作海鲜类、鸡肉、鱼类等白肉类菜肴时选用白葡萄醋。苹果醋广泛用于菜肴的赋酸或用于制作酸渍蔬菜,特别适用于深色菜点的制作,而且成菜色泽光亮。调制果醋常用于沙拉酱、沙司、辣酱油的赋酸增香。

三、白醋

1. 概述

白醋一般特指醋液无色透明的食醋。主要有酿造白醋、脱色醋和合成醋三类。

(1)酿造白醋　以大米为原料经微生物发酵而成。我国福建、丹东等地生产的最为著名,成品清澈透明,酸味柔和,醋香味醇厚,如丹东白醋、福建白米醋。

(2)合成醋(化学醋)　将冰醋酸加水稀释后再添加食盐、糖类、味精、有机酸和香精等配制而成的。酸味较强,风味较差,香味单调,刺激性较大。

(3)脱色醋　以粮食醋、果醋等为基醋,经过活性炭脱色或将醋缓缓流过离子交换树脂柱而脱色,使之成为无色透明的白醋。在脱色处理中,风味物质有所损失。

2. 应用建议

白醋主要用于本色或浅色制品赋酸,亦用于沙拉酱的调制。此外,在原料的去腥除异、防止褐变等方面也有很好的作用。西餐中常用来制作泡菜。

四、番茄酱

1. 概述

番茄酱是鲜番茄的酱状浓缩制品,是一种富有特色的来自西方的酸味调味品,即将成熟的番茄经破碎、打浆、去皮和籽等粗硬物质后,经浓缩、装罐、杀菌而成的酸味调味品。

除番茄酱外,另外还有两种形式的产品。一是番茄浆,其色红润、味酸甜,所含干物质在20%以下;二是番茄沙司,因加工方法不同分为红润、鲜红、深红色,含干物质20%~35%。番茄沙司在加工过程中添加了果酸、白糖、精盐、香料等,主要用于汉堡、三明治、薯条、炸鸡块等食品的夹馅或蘸料,尤其适宜佐食油腻的食物。

2. 应用建议

番茄酱色泽红艳，味酸甜，主要起到调味、增色、赋酸、增加果香、增加营养和提高风味的作用，常用作鱼、肉等食物的烹饪。

番茄酱是西餐尤其是意大利菜点制作中不可或缺的酸味调味品，广泛用于烧炖菜、制汤、调制番茄沙司等。番茄沙司除直接用于夹馅或蘸料外，亦适用于各种面食和蔬菜类菜肴。

在中式餐饮中，番茄酱的运用，是形成港粤菜风味特色的一个重要调味内容。番茄酱主要用于甜酸味浓的"茄汁味"型菜品中。在冷菜中常用于糖粘和炸收菜品，如茄酥花生、茄汁排骨等；在热菜中常用于炸熘和干烧菜品，如茄汁瓦块鱼、茄汁冬笋等菜品。

应用时需注意：番茄酱用前需小火炒制，使其色泽红艳、风味突出。此外，若酸味不够，可添加少量柠檬酸补足。

五、柠檬

1. 概述

柠檬为芸香科柠檬属植物柠檬的果实，因其味极酸，肝虚孕妇最喜食，故又称益母果或益母子。柠檬中含有丰富的柠檬酸，可作为上等调味料，用来调制饮料和菜肴。

2. 应用建议

柠檬在调味中的应用主要起到提高风味和增加花色品种的作用，以及作为防腐剂、酸度调节剂及抗氧化剂的增效剂。

柠檬汁是西餐烹饪中必备的酸味调味品，具有调和滋味、增加果香、去腥除异、配色装饰、杀菌的作用。常用于调制饮料、鸡尾酒和甜酸菜品，如柠檬煎软鸡、柠檬牛扒等；并常作为佐食生鲜海产品（如生蚝）的用料。近年来，柠檬汁在中餐的冷菜调味中也有一定的应用，如柠檬果藕。

六、酸角

1. 概述

酸角又称酸豆、酸枳、酸梅（海南）、"木罕"（傣语）、印度枣，为豆科云实亚科酸豆属，是热带、亚热带常绿大乔木的荚果，有甜型酸角和酸型酸角两种。

2. 应用建议

实际应用中可将酸角的荚果晒干，碾磨成粉；或将荚果浸泡成糊浆后制成果酱。主要作为复合调味料、饮料、果酱、鸡尾酒的基础酸味调味品，如调制加勒比海的清凉饮料"拉马丹"、配制沙嗲酱和咖喱粉时均常用之。此外，酸角也是东南亚国家饮食中酸味原料的来源之一，在炒饭、炒面或煮汤时，常加入少许酸角汁或酸角酱调味。

七、酸性奶油

1. 概述

酸性奶油是用从合格鲜奶中分离出来的稀奶油，脂肪含量 $80\% \sim 82\%$ ，经消毒后，加入发酵剂，在一定温度下，使奶油经过复杂的微生物发酵而成熟，再经摔油、洗涤、压炼（加盐或不加盐）等工序加工而制成。

2. 应用建议

酸性奶油一般要贮藏在低温环境中，主要用于烘焙业，增加蛋糕、曲奇饼或饼干面团的风味。调味中可用于沙拉酱、沙司的调制，如酸性奶油与酒醋、洋葱、糖等可调制酸奶沙司，亦可直接作为面包等的涂抹食品。

八、浆水

1. 概述

浆水又称酸浆、酸浆水、米浆水，是我国传统的酸味调味品，多见于甘肃、宁夏、青海和陕西等地，尤其是甘肃天水一带。以夏季常见，多为家庭制作。

其主要制作方法如下：取蔬菜切碎蒸煮，放在缸中，另以豆面和面粉煮成稠汤，倒入缸中，适量加一点冷开水，搅匀密封。经旺盛的乳酸发酵，夏季 2 至 3 日即成，揭盖后酸香扑鼻即可食用。

2. 应用建议

民间常用于主味的调味。如炝锅后加浆水煮沸，称为"炝浆水"，以此煮面条，叫浆水面。此外还可制浆水散饭、浆水拌汤、浆水面鱼等；夏季常用浆水作清凉饮料，用于清热解暑、和胃止渴；也可用于点豆花、豆腐，如陕西汉中的浆水豆花。

九、梅

1. 概述

梅为蔷薇科落叶乔木或灌木梅的果实，球形，绿色，成熟后变黄。其未成熟的鲜果称为青梅，将青梅经低温烘干并闷至变黑后称为乌梅。

2. 应用建议

梅在食品加工中的应用主要是赋酸、提味、增香和解腻，是我国传统的酸味调味品。青梅和乌梅可用于独特风味菜点的制作，成菜口感清爽宜人，如梅子排骨、明炉梅子鸭等菜肴和姜茶乌梅粥、乌梅山楂粥等药膳。

十、树莓

1. 概述

树莓即山莓,又称覆盆子、种田泡、翁扭、牛奶母等,为蔷薇科悬钩子属落叶灌木红树莓、悬钩子的果实。

2. 应用建议

树莓的果实味微酸、涩,具有清香。西餐烹饪中,常作为赋酸、增果香的调料,或增色、装饰料,应用于酒醋、沙司、西点、甜品等的调料中。亦可制成果酱,作为甜品的淋汁或装饰。

十一、橄榄

1. 概述

橄榄别名青果,又称谏果,因果实尚呈青绿色时即可供鲜食而得名。橄榄原产中国,可供鲜食或加工。

2. 应用建议

橄榄在食品加工中的应用主要起到增味、增香、提高风味和增加营养的作用。

十二、常用酸味剂

酸味剂按照 GB 2760 的功能分类管理办法命名,称为酸度调节剂,表2-1 列出了复合调味料中常用的酸味剂。

表 2-1　复合调味料中常用的酸味剂

酸度调节剂名称	CNS 号	应用范围	最大使用量/(g/kg)
冰乙酸(又名冰醋酸)	01. 107	各类食品	按生产需要适量使用
冰乙酸(低压羰基化法)	01. 112	各类食品	按生产需要适量使用
l-酒石酸,dl-酒石酸	01. 111 01. 103	固体复合调味料	10.0
柠檬酸	01. 101	各类食品	按生产需要适量使用
柠檬酸钾	01. 304	各类食品	按生产需要适量使用
柠檬酸钠	01. 303	各类食品	按生产需要适量使用
柠檬酸一钠	01. 306	各类食品	按生产需要适量使用
l-苹果酸	01. 104	各类食品	按生产需要适量使用
dl-苹果酸(钠)	01. 309	各类食品	按生产需要适量使用
乳酸	01. 102	各类食品	按生产需要适量使用
乳酸钠	15. 012	各类食品	按生产需要适量使用

酸度调节剂名称	CNS 号	应用范围	最大使用量/(g/kg)
碳酸钾	01.301	各类食品	按生产需要适量使用
碳酸钠	01.302	各类食品	按生产需要适量使用
碳酸氢钾	01.307	各类食品	按生产需要适量使用
碳酸氢钠	06.001	各类食品	按生产需要适量使用
磷酸	01.106	复合调味料	20.0
焦磷酸二氢二钠	15.008	其他固体复合调味料 (仅限方便湿面调味料包)	80.0
焦磷酸钠	15.004		
磷酸二氢钙	15.007		
磷酸二氢钾	15.010		
磷酸氢二铵	06.008		
磷酸氢二钾	15.009		
磷酸氢钙	06.006		
磷酸三钙	02.003		
磷酸三钾	01.308		
磷酸三钠	15.001		
六偏磷酸钠	15.002		
三聚磷酸钠	15.003		
磷酸二氢钠	15.005		
磷酸氢二钠	15.006		
焦磷酸四钾	15.017		
焦磷酸一氢三钠	15.013		
聚偏磷酸钾	15.015		
酸式焦磷酸钾	15.016		
乳酸钙	01.310	复合调味料 (仅限油炸薯片调味料)	10.0
盐酸	01.108	蛋黄酱、沙拉酱	按生产需要适量使用
乙酸钠	00.013	复合调味料	10.0
葡萄糖酸钠	01.312	各类食品	按生产需要适量使用

第三节　甜味调味基础料及甜味剂

　　甜味是含生甜团及氨基、亚氨基等基团的化合物对味蕾刺激所产生的感觉。甜味是菜品中独立存在的味道，甜味调味品可单独用于菜品调味，也可与其他调味品共同组成复合味。人的舌尖对甜味最敏感。

甜味要求纯正，强度适中，能很快达到甜味的最高强度，并且还要能迅速消失。甜味的高低称之为甜度，是衡量甜味调味品的重要指标。不同的甜味调味品甜度不同，目前只能用人的味觉来判别甜度。甜味是以蔗糖为代表的味，一般以蔗糖为基准物，将5%或10%的蔗糖溶液在20℃时的甜度定义为1或100，当某种浓度的甜度与标准蔗糖溶液的甜度相同时，根据两者浓度上的差别，可换算出该种甜味剂的甜度。常用糖的甜度分别是蔗糖100，麦芽糖32～60，果糖114～175，葡萄糖74。

糖的甜度受各种因素影响。一般来说，糖溶液的浓度越高，甜度愈大。温度变化也对甜度有影响，果糖在低于40℃时较甜，40℃与蔗糖甜度相等，高于40℃时甜度降低，葡萄糖和蔗糖的甜度随温度的变化不大。两种或两种以上的糖混合后有增甜作用，并可改善甜味品质。糖的结晶越小，甜度越大。甜度还受其他调味品的影响，如在3%～10%的蔗糖溶液中加入1%的食盐，甜度降低；加入0.5%的食盐，则甜度增高。在6%以上的蔗糖溶液中加入0.04%～0.06%的醋酸，甜度降低。另外，苦味、酸味和咸味调味品在较高浓度下均有降低甜度的作用；反之，甜味调味品也可降低苦味、酸味和咸味。

甜味调味品品种繁多，常用的有蔗糖、淀粉糖、果糖、蜂蜜等。

一、红糖

1. 概述

红糖又称土红糖，通常是指带蜜的甘蔗成品糖，一般是指甘蔗经榨汁，通过简易处理，经浓缩形成的带蜜糖。红糖按结晶颗粒不同，分为赤砂糖、红糖粉、碗糖等，因没有经过高度精练，它们几乎保留了蔗汁中的全部成分，除了具备糖的功能外，还含有维生素和微量元素，如铁、锌、锰、铬等，营养成分比白砂糖高很多。

2. 应用建议

中医认为，红糖具有益气养血、健脾暖胃、祛风散寒、活血化瘀之效，特别适于产妇、儿童及贫血者食用。因还含有一定的无机盐和维生素，所以营养价值较高，通常是体弱者、孕妇等的理想甜味剂。

在调味的过程中，除了赋予食品甜味外，还常用于上色，制复合酱油、卤汁等，或制作色泽较深的甜味调味品，并且是民间制作滋补食物的常用甜味料。红糖除甜味外，还有独具一格的特殊风味，适合运用在做法简单的料理上，如用红糖赋甜的红豆汤、红糖糕、红茶、咖啡等，其甜味醇厚独到，营养丰富。

二、白砂糖

1. 概述

白砂糖又称白糖，为调味中最常用的甜味调味品，以甘蔗、甜菜（一步法）或原糖（二步法）为直接或间接原料，通过榨汁、过滤、除杂、澄清（以上步骤原糖不需要）、真空浓缩煮晶、脱蜜、洗糖、干燥后得到。白砂糖是食用糖中最主要的品种，在国外基本上100%食用糖都是白砂糖，在国内白砂糖占食用糖总量的90%以上。白砂糖分为精制、优级、一级、二级。白砂糖按结晶颗粒大小，可分为粗砂糖、中砂糖和细砂糖。

2. 应用建议

白砂糖除为制品赋甜外，能缓和咸味、增鲜，还具有保色、增色、黏结、拔丝、增光等作用。

三、绵白糖

1. 概述

绵白糖简称绵糖，也叫白糖，又称细白糖，多由甜菜制得，是我国人民比较喜欢的一种食用糖。它质地绵软、细腻，结晶颗粒细小，并在生产过程中喷入了2.5%左右的转化糖浆。故绵白糖的纯度不如白砂糖高。

2. 应用建议

绵白糖常用于凉菜、面点的调味。由于不易结晶，更宜于拔丝菜肴的制作。

四、冰糖

1. 概述

冰糖为白砂糖的再制品，即将白砂糖熔成糖浆后，经过再次澄清、过滤，以进一步除去杂质，然后再蒸发掉水分，达到饱和的白糖膏，使其在40℃左右条件下进行自然结晶。由于养晶过程较长，晶体形成较大，形如冰块而得名。

2. 应用建议

冰糖可以增加甜度，中和多余的酸度。

冰糖可用于烹羹炖菜或制作甜点，著名的"冰糖湘莲"是八大菜系中湘菜的珍馐。另外还有"冰糖雪梨""冰糖燕窝"等菜肴。

冰糖可作为糕点的馅心，如陕西名点"水晶饼"；或用于药膳的制作，如冰糖贝母蒸梨。

五、淀粉糖

1. 概述

利用含淀粉的粮食、薯类等为原料，经过酸法、酸酶法或酶法制取的糖，包括麦芽糖、葡萄糖、果葡糖浆等，统称淀粉糖。

淀粉糖种类按成分组成来分大致可分为液体葡萄糖、结晶葡萄糖（全糖）、麦芽糖浆、麦芽糊精、麦芽低聚糖、果葡糖浆等。

（1）液体葡萄糖　是控制淀粉适度水解得到的由葡萄糖、麦芽糖以及麦芽低聚糖组成的混合糖浆，葡萄糖和麦芽糖均属于还原性较强的糖，淀粉水解程度越大，葡萄糖等含量越高，还原性越强。淀粉糖工业上常用葡萄糖值（dextrose equivalent），简称 DE 值（糖化液中还原性糖全部当作葡萄糖计算，占干物质的百分率称葡萄糖值）来表示淀粉水解的程度。液体葡萄糖按转化程度可分为高、中、低 3 大类。工业上产量最大、应用最广的中等转化糖浆，其 DE 值为 30%～50%，其中 DE 值为 42% 左右的又称为标准葡萄糖浆。高转化糖浆 DE 值在 50%～70%，低转化糖浆 DE 值 30% 以下。不同 DE 值的液体葡萄糖在性能方面有一定差异，因此不同用途可选择不同水解程度的淀粉糖。

（2）葡萄糖　是淀粉经酸或酶完全水解的产物，由于生产工艺的不同，所得葡萄糖产品的纯度也不同，一般可分为结晶葡萄糖和全糖两类，其中葡萄糖占干物质的 95%～97%，其余为少量因水解不完全而剩下的低聚糖。

（3）果葡糖浆　如果把精制的葡萄糖液流经固定化葡萄糖异构酶柱，使其中葡萄糖一部分发生异构化反应，转变成其异构体果糖，得到糖分组成主要为果糖和葡萄糖的糖浆，再经活性炭和离子交换树脂精制，浓缩得到无色透明的果葡糖浆产品。这种产品的质量分数为 71%，糖分组成为果糖 42%（干基计），葡萄糖 53%，低聚糖 5%，这是国际上在 20 世纪 60 年代末开始大量生产的果葡糖浆产品，甜度等于蔗糖，但风味更好，被称为第一代果葡糖浆产品。20 世纪 70 年代末期世界上研究成功用无机分子筛分离果糖和葡萄糖技术，将第一代产品用分子筛模拟移动床分离，得果糖含量达 94% 的糖液，再与适量的第一代产品混合，得果糖含量分别为 55% 和 90% 两种产品。甜度高过蔗糖，分别为蔗糖甜度的 1.1 倍和 1.4 倍，也被称为第二代、第三代产品。第二代产品的质量分数为 77%，果糖 55%（干基计），葡萄糖 40%，低聚糖 5%。第三代产品的质量分数为 80%，果糖 90%（干基计），葡萄糖 7%，低聚糖 3%。

（4）麦芽糖浆　是以淀粉为原料，经酶或酸结合法水解制成的一种淀粉糖浆，和液体葡萄糖相比，麦芽糖浆中葡萄糖含量较低（一般在 10% 以下），而麦芽糖含量较高（一般在 40%～90%），按制法和麦芽糖含量不同可分别称为饴糖、高麦芽糖浆、超高麦芽糖浆等，其糖分组成主要是麦芽糖、糊精和低聚糖。

2. 应用建议

有赋味、增色、保水保湿等作用。可代替蔗糖赋甜味；淀粉糖中的麦芽糖受热后易呈现金黄色至金红色，故多用于提高食品色泽；饴糖、淀粉糖浆持水性强，亦常用于烧烤类菜肴如烧烤乳猪、烤鸭、叉烧肉等的制作中，使制品色泽红润、明亮。也常用于糕点、面包、蜜饯等制作中，起上色、保持柔软、黏合、增甜等作用。

六、蜂蜜

1. 概述

蜂蜜是由蜜蜂采集植物的花蜜酿造而成的天然甜味食品，主要成分为葡萄糖、果糖、含氮物质、矿物质以及有机酸、维生素和多种酶类，是营养丰富且具有良好风味的天然果葡糖浆，有益补润燥、调理脾胃等功效。

2. 应用建议

蜂蜜可直接食用；也常用于糕点制作中，制品松软爽口、质地均匀、富有弹性、不易翻硬，并有增白的作用；或用于蜜汁菜肴的制作中，以产生独特的风味，如蜜汁藕片、蜜汁白果、蜜汁火方。此外，亦可作为涂抹食品和蘸料，用于佐食面包、馒头、粽子、凉糕等食品。用蜂蜜代替部分蔗糖可生成更有特色的和营养价值的运动员、儿童和老年人专用食品，其特点是营养全面、吸收快。

在使用中应注意用量，防止过多而造成制品吸水变软。同时要掌握所用温度及加热时间，防止制品发硬或焦煳。

七、常用甜味剂

近些年来，由于科学技术水平的不断发展和进步，新糖源不断产生，并应用于食品生产和调味品制作中，如甜菊糖苷、木糖醇、三氯蔗糖等（表2-2）。

表2-2　复合调味料中常用的甜味剂

甜味剂名称	CNS号	应用范围	最大使用量/(g/kg)
赤藓糖醇	19.018	各类食品	按生产需要适量使用
N-[N-(3,3-二甲基丁基)]-L-α-天冬氨酰-L-苯丙氨酸-1-甲酯(纽甜)	19.019	复合调味料	0.07
罗汉果甜苷	19.015	各类食品	按生产需要适量使用
木糖醇	19.007	各类食品	按生产需要适量使用
乳糖醇(4-β-D-吡喃半乳糖-D-山梨醇)	19.014	各类食品	按生产需要适量使用
天冬氨酰苯丙氨酸甲酯(阿斯巴甜)	19.004	固体复合调味料	2.0
		醋	3.0
		半固体复合调味料	2.0
		液体复合调味料（不包括12.03,12.04）	1.2
甘草,甘草酸铵,甘草酸一钾及三钾	19.009,19.012,19.010	调味品	按生产需要适量使用
环己基氨基磺酸钠(甜蜜素),环己基氨基硫酸钙	19.002	复合调味料	0.65

甜味剂名称	CNS 号	应用范围	最大使用量/(g/kg)
麦芽糖醇,麦芽糖醇液	19.005, 19.022	液体复合调味料 (不包括 12.03,12.04)	按生产需要适量使用
		半固体复合调味料	按生产需要适量使用
乳糖醇	19.014	香辛料类	按生产需要适量使用
山梨糖醇和山梨糖醇液	19.006	调味品	按生产需要适量使用
邻苯甲酰磺酰亚胺钠(糖精钠)	19.001	复合调味料	0.15
甜菊糖苷	19.008	调味品	0.35
乙酰磺胺酸钾(又名安赛蜜)	19.011	调味品	0.5
		酱油	1.0
三氯蔗糖(蔗糖素)	19.016	醋,酱油,酱及酱制品	0.25
		香辛料酱 (如芥末酱、青芥酱)	0.4
		复合调味料	0.25
		蛋黄酱、沙拉酱	1.25
天冬氨酰苯丙氨酸甲酯乙酰硫胺酸	19.021	调味品	1.13

第四节　苦味调味基础料及苦味剂

　　苦味是中国烹饪传统五味之一，其最显著的特征在于阈值很低，如奎宁，当含量在 0.00005% 时就可以品尝出来。但它不能单独调味，单纯的苦味一般不为人所喜好，菜肴中的苦味多为隐形的苦味。在烹调某些菜肴时，略加一些含苦味的原料或调味品，可使菜肴具有香鲜爽口的特殊风味，刺激人们食欲，但要特别注意其用量。如"啤酒炖仔鸡"用啤酒调味，不但可除腥增香，且风味别具一格；部分火锅中就有杏仁作调料，其苦味溶解于汤中，可解除异味，增进食欲，还可帮助消化，解热去暑；鲁菜中的"九转大肠"因放了适量的苦味调味品而别有风味。带有苦味的烹饪原料，如茶叶、苦瓜等，加入菜肴中烹制调味时，仅是为增加其特殊的芳香气味，绝不为突出苦味。烹饪原料中自身的苦味，如苦瓜焖黄鱼、花茶鸡柳、龙井虾仁、龙井茶饺、苦笋炒肉丝等，也要通过一定的技术处理，使其苦味减弱，力求形成清鲜微苦的风味特色。

　　在自然界中，单纯呈苦味的调味品几乎没有，主要来源于带有苦味的烹饪原料或苦味化合物，如银杏、莲子、茶叶、苦咖啡、啤酒等。其种类要比甜味物质多许多。

中医认为苦能泄、能燥、能坚阴。而且许多苦味物质不仅仅赋予食品的苦味，还有其他的功能作用，如抗肿瘤、降血压、提高免疫力。苦味在调味和生理调节上不可缺少，当它与甜、酸或其他味感调节得当时，能起着某种改进食品风味的特殊作用。膳食中的苦味成分特别是多酚、黄酮类、萜和硫苷等化合物虽很苦，但却具有抗氧化、降低肿瘤和心血管疾病发病率的作用，常被称为植物性营养素。

一、银杏

1. 概述

银杏又名白果，为落叶乔木银杏的果实，4月开花，10月成熟，种子为橙黄色的核果状。

2. 应用建议

银杏具有益肺气、治咳喘、止带虫、缩小便、平皱皱、护血管、增加血流量等食疗作用和医用效果。常用于制作白果全鸭或椒盐银杏。在复合调味料中常用其磨碎后的粉体，因过多食用会中毒，故需谨慎使用。

二、莲子

1. 概述

莲子是睡莲科水生草本植物莲的种子，又称白莲、莲实、莲米、莲肉。在我国主要产于湖南、湖北、福建、江苏、浙江、江西等地。

2. 应用建议

中医认为莲子味甘、涩、平（鲜者甘平，干者甘温），有养心安神、益肾固精、补脾止泻的功效，莲心味苦、性寒，具有清心安神、交通心肾、涩精止血的作用。可用来配菜、做羹、炖汤、制饯、做糕点等，可以与其他药食搭配。

三、苦杏仁

1. 概述

苦杏仁别名杏仁，为蔷薇科植物山杏的种子。夏季采收成熟果实，除去果肉及核壳，取出种子，晒干。主产于内蒙古、吉林、辽宁、河北、山西、陕西。杏仁分为甜杏仁及苦杏仁两种。我国南方产的杏仁属于甜杏仁（又名南杏仁），味道微甜、细腻。

2. 应用建议

中医认为苦杏仁性属苦泻，性温，有降气止咳平喘，润肠通便之功效。需煮熟或炒熟后食用，可作为原料加入蛋糕、曲奇和菜肴中。

四、苦瓜

1. 概述

苦瓜又名凉瓜，是葫芦科植物，含有奎宁、苦瓜苷等，是蔬菜中唯一以"苦"而独具特色的瓜果菜。苦瓜原产地不清楚，但一般认为是原产于热带地区。

2. 应用建议

中医认为，苦瓜味苦、性寒，有清暑涤热、明目解毒的功用。现代医学研究发现，苦瓜中含有类似胰岛素的物质，有明显降低血糖的作用，是糖尿病患者理想的疗效食品。

苦瓜在调味料的加工生产中，主要是为了提供苦味，同时增加了产品的营养。

五、酒花

1. 概述

酒花，又称忽布、啤酒花，属桑科葎草属，为多年生蔓性草本植物，雌雄异株，酿造上所用的均为雌花。1079年，德国人首先在酿制啤酒时添加了酒花，从而使啤酒具有了清爽的苦味和芬芳的香味。从此，酒花被誉为"啤酒的灵魂"，成为啤酒酿造不可缺少的原料之一。

2. 应用建议

在调味品的生产中常用酒花酊或酒花浸膏，除赋予产品苦味外，还提供清香，同时增加产品的防腐性能。

六、咖啡

1. 概述

咖啡（coffee）一词源自埃塞俄比亚的一个名叫卡法（kaffa）的小镇。

咖啡树是茜草科咖啡属常绿小乔木，原产于埃塞俄比亚。果实内之果仁即为咖啡豆。其味苦，却有一种特殊的香气，是西方人的主要饮料之一。

咖啡豆只有经过烘焙才能变成供研磨和饮用的咖啡豆，一般分为浅度、中度、深度和特深度烘焙。咖啡主要的加工方式有三种，即水洗法、半水洗法和自然干燥法。因不同地区、气候、咖啡豆的种类等因素而采用不同的加工方法，经过不同方法加工后的咖啡豆味道也会呈现不同。

咖啡中所含的糖分在烘焙后大部分变为焦糖，所以咖啡粉是一种深褐色的粉状物，味道微苦，有一种特殊的咖啡香气。

2. 应用建议

咖啡在调味品中主要用咖啡粉，起到赋予产品咖啡苦味和香味的同时，还能起到调色的作用。咖啡粉作为色素使用，其耐热性、耐光性好，并且很容易溶于水，使水溶液成为褐色。

七、茶叶

1. 概述

茶叶为山茶科山茶属植物茶树的叶子。中国是茶叶的故乡，是名副其实的产茶大国。

我国产茶的历史悠久，茶叶的种类也非常丰富。由于所根据的区分标准不同，其分类方法也各有不同，概括起来可分为红茶、绿茶、乌龙茶、黄茶、黑茶和白茶六大类。

2. 应用建议

中医认为，茶叶苦、甘、微寒，有强心利尿、抗菌消炎、收敛止渴的作用。茶叶作为复合调味料生产中的一种原料，它的苦味使调料具有一种特殊的风味。

茶叶因具有特殊清香而作为调味料。可直接用于菜肴、小吃的调味；可直接烧煮，或用作熏料，如广东的红茶焗肥鸡、四川的樟茶鸭、安徽的茶叶熏鸡、龙井虾仁、五香茶叶蛋等；在牛肉烹制时可作嫩肉剂使其易酥烂，也可增香。有的还直接作主料成菜，如江苏菜香炸云雾、安徽的金雀舌等。此外，茶叶也是制作酥油茶、奶茶等的必用原料。

茶叶除了赋予复合调味料特殊滋味外，茶叶中含有的芳香族化合物，可以增加产品的清香气，还能为制品着色。茶叶的提取物——茶多酚，作为天然的抗氧化剂已经广泛应用在各类食品中，它不仅能防止油脂氧化，还能防止食品褐变，除去食品中不良气味，提高食品的营养价值。在调味料生产中，除直接使用茶叶外，还常使用茶叶的提取物和茶粉。

八、可可

1. 概述

可可树遍布热带潮湿的低地，常见于高树的树荫处。可可树栽培4年后，每年每株产豆荚60~70枚。采收后，豆自荚中取出，发酵若干天，经一系列之加工程序，包括干燥、除尘、烘焙及研磨，乃成为浆状，称巧克力浆；再压榨产出可可脂和可可粉，或另加可可脂及其他配料，制成各种巧克力。

2. 应用建议

可可豆中含有咖啡因等神经中枢兴奋物质以及单宁，单宁与巧克力的色、香、味有很大关系。可可脂使可可具有柔滑的口感；可可碱、咖啡因赋予可可令人愉快而柔和的苦味，同时会刺激大脑皮质，消除睡意、增强触觉与思考力以及可调整心脏机能，还有扩张肾脏血管、利尿等作用。

复合调味料中常用可可浆、可可脂浆、可可粉及可可脂，除能赋予产品可可的独特风味外，还能赋色增香。

九、其他苦味料

苦味物质的种类繁多，多半是药品，与食品有关系的较少；一些天然食品有苦味，代表性的苦味物质有茶、咖啡和可乐饮料中的咖啡因、巧克力中的可可碱、柚子或葡萄果品中的柚皮苷、啤酒中的酒花葎草酮类、苦瓜中的苦瓜苷等。

第五节　鲜味调味基础料及鲜味剂

鲜味是原料本身所具有的或经加热分解产生的部分氨基酸、核苷酸、酰胺、肽、有机酸等物质对味蕾刺激所产生的感觉。鲜味需在咸味存在时，方能显现其味道。鲜味调味品一般不单独使用，多与咸味调味品及其他调味品共同组成复合味。

鲜味是复合调味料中非常重要的味感，是决定复合调味料质量高低的重要因素。鲜味是多种食品的基本呈味成分，使用得当可使菜肴风味变得柔和、诱人，能促进唾液分泌，增强食欲。所以人们利用鲜味调味品或原料自身的鲜味调和食物，以期达到良好的调味效果。在使用鲜味调味品时，应注意避免在碱性、过酸性条件下使用，也不要过度加热，否则会影响效果。

鲜味物质广泛存在于动植物原料中，如畜禽肉、海鲜类、海带、豆类、蘑菇类等原料。使用中可用这些动植物原料煮汤，以其鲜汤来调味。食品工业上则将这些原料中的鲜味物质加工成各类鲜味调味品，以方便人们使用。

鲜味调味品品种颇多，最常用的如味精、琥珀酸钠、呈味核苷酸二钠等单一鲜味料和畜禽肉骨提取物、水产类抽提物、酵母抽提物、鸡精、水解蛋白粉等复合鲜味料。

一、畜禽肉骨类提取物

1. 概述

畜禽肉骨类抽提物生产实际上就是中式菜肴烹调的重要辅助原料——汤的工业化生产的浓缩产品，是形成风味特色的重要调料，用于调配出鲜美的味道。

（1）中式制汤

1）中式制汤的工艺　制汤一般可分为毛汤、奶汤、清汤三类。原料、方法上的差异，使它们的特点不同，使用不同。

① 毛汤（一般白汤）　白色浑浊，浓度较低，鲜味不足。用鸡、鸭、猪肉、蹄

髈、猪骨等原料，用水冲洗干净后在大汤锅中烧沸，去掉汤上面的血沫和浮污，加盖继续加热至成熟（成熟度应根据原料、用途而定）取出，猪骨继续熬煮，至汤呈混白色。这种汤只能调味一般菜肴，是应用最普通、最简单的一种汤。

② 奶汤（白汤） 色泽乳白、口味鲜美，浓度较高。一般是用鸡和鸭的骨架、猪肉、猪脚、猪骨等，用水冲洗干净后在锅内加冷水用旺火烧沸，去掉汤面上的血沫和浮污，然后再加入葱、姜等调味料，加盖继续以中火煮汤呈乳白色。这种汤能使菜肴香鲜、浓厚，一般作为煨、焖、煮等白汤菜肴的汤汁和烧、扒等菜肴调味之用。

③ 清汤 汤汁澄清，口味鲜醇，用料一般以鸡为主，用于高档菜肴中熬制菜或汤菜等。清汤按加工程度可分为一般清汤和高级清汤。

一般清汤：洗净老母鸡放入锅中加冷水用旺火煮至沸腾，立即改用小火长时间加热（必须维持小火，否则汤汁就浑浊），使鸡内的蛋白质、脂肪溶于汤中。一般1.5kg鸡加水4kg，得汤2.5kg。有些地方菜用猪精肉与老母鸡同煮，但以鸡为主。

高级清汤（顶汤、上汤）：高级清汤是在一般清汤的基础上再加工，使汤色更澄清、味更鲜醇。其制法是用纱布将已制成的清汤过滤除渣，将用鸡腿肉去皮斩成的蓉和葱姜（也有不加的）在绍酒及少许清水中浸泡后，投入已过滤好的清汤中；用旺火加热，同时用铁勺顺着固定的方向不断搅拌，待汤将沸时改用小火（要注意不能使汤沸滚），用勺撇静汤面上的渣状物与鸡蓉黏结物后，就得到澄清的鲜汤。如果要求再高，可再加一些鸡脯肉，按上述方法再提炼一次。

有的菜肴制高级清汤不是在一般清汤基础上加工加料，而是另行配制的。老母鸡、瘦猪肉、带骨生火腿和清水一起在汤锅内用旺火煮沸后，改用小火熬（汤不可大开，以成"菊花心"为度），不歇火、不加水熬4h，撇去汤面泡沫浮油，过滤后加适量味精。

2）制汤技术要点

① 精心选料 必须选用鲜味浓厚、无腥膻气味的原料。各地方菜用料也略有差别，但一般都是以动物性原料为主，有家畜中猪的蹄髈、瘦肉、脚爪、骨头等，家禽中的鸡和鸡的骨骼等。

② 冷水下锅 中途不加水，沸水锅会使原料的表面骤受高温，蛋白质凝固后就不能大量溶入汤中。水量最好一次加足，中途加水也会影响质量。

③ 恰当把握火候 奶汤一般以旺火煮沸，中火保持汤沸腾状态。火力过旺容易焦底，产生不良气味，使汤汁变坏；火力过小呈味成分的溶出差、乳化不良，使汤汁不浓、滋味不好、黏性较差。奶汤的制作过程约需2h左右。

清汤与奶汤的需求不同，清汤先旺火煮沸，再转用小火使水保持微滚（翻小泡状态），直至汤汁制成为止。火力过旺会使汤色变为乳白（类似奶汤），不易澄清；火力过小原料中的呈味成分蛋白质等物质浸出不良，影响汤的质量。清汤的制作时间比白汤长，约需4h。

④ 掌握调味的时机　先加葱、姜和黄酒等调味料，但食盐必须在起锅前加。因为反渗透作用使原料中的水分排出，盐凝作用会使蛋白质凝固，导致汤汁不浓、鲜味不足。味精要后加，以避免分解。

（2）日式肉类抽提物

1）工艺流程　分离法

原料→分选→水洗→破碎（或切断）→酸或酶分解（或加水蒸煮）→过滤（除去不溶物）→离心分离（得油脂产物）→浓缩→粉末化（或不经粉末化，直接冷却包装）→检验→成品

2）制作方法

① 原料处理　选择新鲜的精瘦肉、边角肉、内脏、骨、筋、皮等为原料，并确保所需部位的数量。用自来水或热水洗去附着的血液及污物，然后将原料破碎，以便取得好的提取效果。

② 成分提取　提取方法有物理体提取法、酶分解提取法和化学提取法。物理提取法是用热水蒸煮的提取方法，可采用常压或者高压。常压提取法与制作烹调用汤料的条件相似，产品的香味也很相似。高压提取法提取效果好，固形物得率较高，但是有特殊的焦臭味，风味不如常压提取的产品。酶分解提取法是采用蛋白酶将肉蛋白分解为肽和氨基酸使之溶于水中的提取方法。化学提取法是先用酸分解肉蛋白，然后进行中和、精制的提取方法。但是通常用化学提取法生产的产品一般归入水解动物蛋白制品。因为与前两种方法相比较，有着不同香和味成分。

提取工艺中应考虑的条件有蒸汽压、加水量、湿度、时间、搅拌度、设备密封情况，以及有无其他原料的添加等。对于酶分解法来说，除热水提取条件之外，还需考虑酶的选择和添加量及酶失活的温度。在决定所采用的提取方法和提取条件时，应从香、味和固形物等因素及最后商品的用途来考虑选择。

③ 分离浓缩　提取工艺结束后，未分解的残渣通过过滤分离除去，然后一般用离心机等设备除去脂肪。采用脱脂工艺是为了防止脂肪氧化或者控制脂肪含量，以保证产品质量，或生产清汤用的透明汤料。

为了便于产品的保存和运输，需要对提取液进行浓缩，有常压浓缩和减压浓缩两种方法。减压浓缩由于是在低温下进行的，因而可维持提取液的原有风味，而且可大量浓缩。常压浓缩与减压浓缩相比较，浓缩温度较高，糖和氨基酸产生的美拉德反应等可引起产品的褐变和风味物质的变化。从香味上看，常压浓缩品附加有因加热而产生的风味。不论哪一种浓缩方法都使提取液的香味减弱了，从原料中挥发出的香气成分同水蒸气一起馏出。

提取时掌握最适的温度和时间是保留香味浓度的重要因素。如果重视风味成分和固形物得率，则加水量较多好，甚至进行两次提取。但是考虑到香味成分的残留量不一定合适，因为随着水分的蒸发，香气也一同散失。

④ 粉末化 为了方便实用,常将提取物制成粉末制品。粉末制品是将赋形剂和其他风味成分等溶于肉类抽提物中,经喷雾干燥而制成的。它已作为快餐食品的主体而广泛应用于各种加工食品中。制成粉末制品后,肉类抽提物原来的香气被减弱了,其香气的变化受喷雾前的加热温度和时间、喷雾干燥时的热风和赋形剂的风味等因素影响。对于含脂肪的肉类抽提物来说,脂肪的乳化可使一些香气成分保留下来。除喷雾干燥法外,其他粉末化方法有冷冻干燥法、被膜干燥法等。

工业化生产的清汤一般含盐约 14%,蛋白质含量大于 25%,脂肪含量小于0.5%,按 1% 用温水冲开后澄清透明,有原料的特有香气,无异味,口感醇厚,味道鲜美。

白汤一般含盐约为 12%,蛋白质含量大于 20%,脂肪含量依据产品的要求不一,一般在 10%~30% 之间,按 1% 用温水冲开后均匀乳白,无分层及油花漂浮,有原料的特有香气,无异味,口感醇厚,味道鲜美。

2. 应用建议

目前,按日式抽提物工艺生产的以调味为主要目的的畜禽肉骨类提取物产品最多,分别有牛肉、鸡肉、猪肉的清汤类、白汤类和调味汤类等三大类以及酱体和粉体等形式的畜禽肉抽提物等产品。

畜禽肉抽提物类可应用于肉制品、水产制品、快餐食品、各种汤菜、小菜、罐头、液体调味料、烹调冷冻食品等加工食品的调味。

使用量因食品而异,也因质量要求而不同,并受其他调味料用量的影响。表 2-3 是畜禽肉骨类提取物应用效果试验。

表 2-3 畜禽肉骨类提取物应用效果试验

食品分类	项目	添加量	评价
调味品	风味调味料	2%~5%	突出主体肉香,增醇厚味,抑制异味和臭味
	粉状豆酱汁	1%~3%	减轻豆酱的过热臭
	粉状食品	1%~3%	增强风味
	汤	1%~3%	突出天然风味
面包糕点	美味面包	2%~5%	减轻添加物的不良味
	油炸食品	2%~5%	抑制油变坏,改良品质
	日本糕点	3%~10%	抑制甜度,使之具有良好的甜度和色泽
	西式糕点	3%~10%	提高保水性,上色好并具有光泽
其他	干炸食品粉	2%~5%	改良糖色、光泽、风味
	炸虾粉	2%~5%	改良糖色、光泽、风味
	美味寿司	1%~3%	增进醋香味,抑制鱼腥味
	仿生肉制品	2%~3%	突出天然肉香味,增加鲜甜味

二、水产类抽提物

1. 概述

水产抽提物按其加工方法的不同，大体上可以分为分解型和抽出型两大类，根据各自的原理与特点分别讨论如下。

（1）抽出型水产抽提物　抽出法是传统的水产抽提物的制造方法，用于生产天然鲜味剂。抽出型水产抽提物是以水产品或水产类的加工副产品为原料，经煮汁、分离、混合、浓缩等工序制成的富有原料特色香气的调味品。抽出方法有低温抽出（50～90℃），此温度下抽出物能保持原料风味；热水抽出法是在沸腾状态进行抽出，还有用1%～6%的乙醇进行抽出的。采用抽出方法制备水产抽提物时，应针对不同的原料选择溶剂。例如虾头中含有脂溶性色素，用乙醇作溶剂，不仅可以抽提其风味，而且还保留了虾的色泽。对于贝类，其呈味物质大部分是水溶性的，用水作溶剂是非常经济的。

例如，蚝油（酱）也称贝肉调味汁，在日本被看作是中国式调味品中最有代表性的产品。蚝油（酱）是以牡蛎肉为原料，用热水提取其有效成分，经过滤得到提取液，然后在其中添加食盐、糖类等调味原料以及淀粉等，再加热到规定的温度后，经过滤、冷却、质量检查和装瓶得到产品。

（2）分解型水产抽提物　分解型水产抽提物使用富含蛋白质的水产动植物原料，加酸（盐酸、硫酸、磷酸）、碱（氢氧化钠等）或蛋白酶进行水解，形成富含氨基酸、肽类、无机盐的调味液。蛋白质分解物调味料分为水解动物蛋白和水解植物蛋白两种。分解型调味料包括三种类型：自溶型、生物酶解、化学水解。

① 自溶型水产抽提物　食品生物材料中，存在着多种水解酶如蛋白酶、脂酶、磷酸化酶、糖苷酶等。在一定的条件下，它们常常自发地对组织细胞结构起着协同一致的分解作用，但这种作用非常缓慢而持久。这种对组织细胞的分解作用即自溶作用往往被用来改善食品原料的风味和质构。

典型的自溶型水产天然鲜味剂是鱼露。日本鱼露的生产方法有两种，一是用新鲜的鱼盐浸后，让其发酵自己消化而成；二是添加酶和酱油曲温酿速效而成。所用原料有沙丁鱼、乌鱼的内脏、叉牙鱼、小秋刀鱼等以及鱼加工的副产品。鱼露呈红褐色，澄明有光泽，味道鲜美，入口留香持久，香气四溢，具有原鱼特有香质，营养丰富。

② 化学水解水产抽提物　水解植物蛋白是在催化剂的作用下水解含蛋白质的植物性原料得到的产物。催化剂一般有酶、酸两种，酶解使用蛋白酶，作用温和，专一性高，产品纯度好，但水解速度慢，在40～50℃温度下水解易染菌，使水解液变质；酸水解则无此弊病且效率较高，所以工业规模生产通常是把植物蛋白质原料添加盐酸，在100～120℃加热10～24h进行水解，然后把水解物冷却，用碳酸

钠或氢氧化钠中和至 pH 4.0～6.0，再除去固体的水解物，调配后即为成品。

（3）生物酶解水产抽提物　强酸、强碱水解法由于条件过于剧烈，含盐量高，对环境影响较大。现在较多采用酶解法，因为其具有反应条件温和、水解效率较高等优点，在生产中得到广泛应用。

酶解法是利用外界蛋白分解酶对原料进行蛋白质水解。此法在开发水产调味料中研究较为广泛，多数用于改进水抽出工艺，以鲜味抽出为主要目的，同时增加蛋白质利用率，并使煮汁中可溶性氨基酸增加。酶处理后，应迅速使酶失活。不同种类的酶，对底物的分解能力有差异。因此，使用前，经过充分的试验研究，了解酶的最适温度、pH 等。使酶失活的简单有效的方法是，水解后将物料煮沸即可。工艺为：原料→酶解→过滤→灭酶→成品。

这种工艺加工出的抽提物，可能失去原料的原有风味，但鲜味大大增强，也很易为消费者接受，而且得率高，成本低。需说明的是，根据不同的原料控制酶解条件，会改变产品的风味、得率等。现在已形成的产品有虾脑酱、贻贝汁、鱼汁等。

2. 应用建议

以下列举几种重要的水产抽提物的生产与应用。

（1）鲣鱼汁　鲣鱼汁是日式天然调味料的重要代表之一。它是在 90℃ 以上用热水浸提日本传统鲣鱼干（鲣节），再经精制、浓缩或调配得到的风味独特的液体调味品。

鲣节即鲣鱼干，是日本独特的传统调味料之一，将去掉鱼头、内脏的鲣鱼，分割成片煮熟，然后经数次干焙使其干燥，最后经霉菌的固体发酵后制成。用左右两侧肉制成的鲣鱼片称作龟节。大的鲣鱼通常分为背、腹两部分，用背肉制成的鲣鱼片称作雄节或背节，而腹肉做成的鲣鱼片称作雌节或腹节，并以地名命名，如土佐节、伊豆节等。另外，全工艺产品为枯节，部分工艺产品叫荒节，而含水分较多的称为裸节。用于制作鲣节的鱼肉油脂含量一般要限制在 2％ 左右。

制作过程中酶系的作用使可溶性氮化合物和肌苷酸成分增多，中性脂肪减少。鲣节呈味成分有肌苷酸、游离氨基酸类、有机酸类等，肌苷酸是特征成分，其中肌苷酸含量在干燥的鲣节中占 0.3％～0.9％。而鲣鱼汁中游离氨基酸的大部分成分是组氨酸以及一定比例的丙氨酸、甘氨酸、赖氨酸及谷氨酸等。由于鲣鱼汁是利用鲣节发酵生产的，脂肪成分对特征风味有重要影响，因此鲣鱼汁在作为鲜味剂给食品增鲜的同时，还赋予传统的、特殊的、地区色彩浓厚的风味。

制作鲣鱼汁时，先用水湿润（必要时可以用蒸汽吹或稍蒸），再用刀将鲣鱼干削成薄片。根据需要，有时还可以先放些海带干片一起煮，能使味道更浓鲜。制作鲣鱼汁的配料见表 2-4。煮开了后立即停火，待鱼的固形物沉下去之后，将浸汁用滤布过滤，即可得到头汁，它属于最高级的鲣鱼汁，一般用于荞麦面条的蘸食调味

表 2-4　制作鲣鱼汁的配料　　　　　　　单位：kg

原料	配方 1	配方 2	配方 3
鲣鱼枯节	25.0	30.0	40.0
鲣鱼荒节	30.0	20.0	10.0
干海带片	5.0	4.0	3.0
水	850.0	850.0	850.0

汁。通常浸提两次。

除生产浓缩产品外，习惯上还可以用酱油、味淋为鲣鱼汁调味，生产荞麦面条的专用佐食味汁。除了鲣鱼干以外，还有用青花鱼干制成的味汁。可以说鲣鱼（或青花鱼）汁、酱油和味淋是日本式调味汁最基本的组成。

（2）蚝油　蚝油属于贝肉调味汁（膏），是中国水产抽提物的代表性产品，是我国粤菜的重要调味料，因而在广东和港澳等地使用较为广泛，近年也逐渐为一些北方省市，特别是大城市的消费者所喜爱。蚝油生产应首推李锦记集团，不仅将蚝油成功打入日本市场，而且使其成为中国调味品的代名词。

蚝油是以牡蛎肉为原料，用热水提取其有效成分，经过滤获得牡蛎肉的抽提液，用食盐、糖、淀粉等调味和调整质构，再经过杀菌、过滤、冷却、灌装等工序生产出来的。根据加盐量的多少，蚝油分淡味蚝油和咸味蚝油两种。

蚝油的加工方法有三种：用加工牡蛎干时的煮汁，经浓缩制成的原汁蚝油；将鲜牡蛎肉捣碎、研磨后，取汁熬成原汁蚝油；将原汁蚝油改色、增稠、增鲜处理后制成精制蚝油。

蚝油在选择时以色泽棕黑而有光泽、质感细腻均匀、黏稠度适中、鲜中带甜、鲜味浓厚者为佳。

蚝油中呈味成分多样，营养丰富，如含有多种有机酸、醇类、酯类、核苷酸等有机物，以及铜、锌、碘、铬、硒等微量元素。蚝油中的呈鲜味成分主要是琥珀酸钠、谷氨酸钠，呈甜成分是蚝油中特有的氨基乙磺酸及甘氨酸、丙氨酸、丝氨酸、脯氨酸和糖类等，从而形成蚝油浓厚的鲜甜一体的特征性风味。

蚝油在烹调中可作鲜味调味品和调色料使用。蚝油的运用范围十分广泛，可用于冷菜、小吃、面食中，如蚝油三丝、蚝油拌面；热菜调味多用于烧、炒烹饪方式，如蚝油牛肉、蚝油鸡丝、蚝油生菜等；或用于味碟的调制。

蚝油很符合粤菜的特点，烹饪时少量添加蚝油就可以使菜肴的香气丰满、味道鲜香、独具特色。在日本使用蚝油是用其烘托主味，即可作为隐味原料使用，以用量极少，但能使整个食物的味道发生微妙的变化甚至升华为特点。显然，蚝油只适合清淡、鲜亮型的菜肴，浓厚、酱味将遮盖和抑制蚝油的风味和调味特点。实际应用时需注意，蚝油不宜与辛辣调料、糖、醋共用，否则会使油风味降低；也不宜长时加热，否则会使蚝油的鲜香味减少，一般在起锅时或起锅后淋入；但若不加热直接使用，其风味不能充分体现，因此，无论用于冷热菜点，蚝油均应短时加热以激发其风味。

（3）海藻抽提物　由于海藻含有鲜味成分，首先被日本人用于调味增鲜。目前产业化的海藻抽提物主要有海带抽提物和裙带菜抽提物。海藻和海藻抽提提物含有一些独特的营养成分和生理活性物质，如丰富的钙、铁、碘和 B 族维生素；海藻类含有大量甘露糖醇、山梨糖醇等糖醇，对其呈味效果影响很大，特别是甘露糖醇有令人爽快的甜味。海藻黏液含有丰富的硫酸多糖，具有提高人体免疫力和抗肿瘤的功效；还含有较丰富的多烯不饱和脂肪酸、牛磺酸、甜菜碱等生理活性物质，因此海藻抽提物是一类很有发展前景的保健食品原料和调味料。

海藻抽提物和海藻粉生产的典型工艺流程如下所示。海藻抽提物主要用于风味型增鲜的配料和保健营养食品的强化剂。

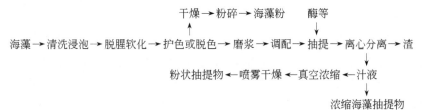

（4）虾油　虾油是以鲜虾为原料，经盐渍、发酵、炼卤、抽卤而成的鲜味调味品。其加工方法主要有三类。

① 为腌渍虾酱的浸汁，虾的鲜香味十分浓郁。因加工过程需经过头伏、中伏、末伏，又称为三伏虾油。主产于东北、河北、江苏等地的虾油最为正宗，质量最佳。

② 将制成的豆酱、面酱中抽出的汁液中加入鲜虾，经晒制（约 90 天左右，虾肉全部溶解）、过滤、杀菌而成。主产于广东番禺，与酱油类似。

③ 将加工虾米时的煮汁经过滤、加盐和香料熬制而成。质量较差。

虾油在烹调中具有提鲜和味、增香压异的作用，一般用于汤菜，亦可用于烧、蒸、炒、拌菜中，或用于面条，或作味碟直接使用。用虾油腌渍的虾油渍菜，是辽宁锦州的名特产品，地方特色鲜明。

（5）鱼露　鱼露又名鱼酱油、水产酱油，是以各种小杂鱼、虾、贝及下脚料等为原料，用盐或盐水腌渍，经长期发酵分解、过滤、杀菌而成的一种鲜味调味品。我国主产于福建、广东、浙江、广西等沿海地区，以福州所产质量最佳。东南亚许多国家亦有生产，名品较多。

鱼露的生产一般有酶解法、酸解法和煮制法三种。以酶解法为主要加工方法。

鱼露味道鲜美，营养价值高于普通酱油。呈鲜成分主要为肌苷酸钠、鸟苷酸钠、琥珀酸钠等，咸味仍以食盐为主。鱼露中所含的氨基酸很丰富，含量较多的是赖氨酸、谷氨酸、天冬氨酸、丙氨酸、甘氨酸等。选择时以透明清澈、气香味浓、色泽橙黄或棕红或琥珀色为上品。若呈乳状浑浊，则为次品。

鱼露是东南亚地区普遍使用的鲜味调味品，烹调运用和酱油相同，具有较强的提味增鲜的作用。可用于煎、炒、蒸、炖制的菜肴中，尤其适合拌菜和勾兑汤料使用，也可做味碟。民间还用于腌制禽类、畜肉制品，风味独佳。

三、蔬菜抽提物

1. 概述

蔬菜抽提物的品种非常多，在我国以番茄类和辣椒类为主，有少量的洋葱、大蒜等的抽提物。由于是用于调味，所以生产蔬菜抽提物的原料多选择有特殊风味的蔬菜，像有丙烯基化合物特殊臭味的洋葱、大蒜为代表的葱蒜类，以及特殊香气很强的芹菜和莴苣，还有胡萝卜、白菜、萝卜、菠菜等蔬菜类，马铃薯更多地是用于调整食品的质构。

蔬菜抽提物的香味是抽提操作的目标之一。蔬菜抽提物中的氨基酸像动物抽提物一样对风味有影响，但由于含量较低，对整体风味的影响不像动物抽提物那样重要。蔬菜中一般含谷氨酸、天冬氨酸、缬氨酸、丙氨酸和脯氨酸较多，而瓜类和葱类中丝氨酸、脯氨酸、丙氨酸较多。人们使用蔬菜抽提物的目的也不是要求赋予蔬菜味，更多的是利用蔬菜的特征香气，烘托食品的主香，突出风味，协调和丰富口感。日本使用较为普遍。

葱加热后产生甜味，是因为所含二硫化物加热生出有甜味的正丙基硫醇，其甜味约为砂糖的 50 倍。一些蔬菜含有机酸和单宁物质，会给蔬菜抽提物带来涩感。有时，这些特殊的风味是协调需要的，有时又是绝对不能出现的。根据不同的需要，生产不同的产品，选择不同的产品。

（1）蔬菜抽提物生产常用方法

① 纯蔬菜榨汁。生产过程包括榨汁、真空浓缩、干燥、粉碎、包装、保存。葱、洋葱、大蒜、韭菜等葱类，荷兰芹、芹菜、茼蒿菜等香菜类，这些类型蔬菜适用于此方法生产。

② 把蔬菜充分加热煮烂，将呈味成分尽量抽出制成抽提物产品：这种风味料在要求菜肴有香的蔬菜风味时使用，以白菜、胡萝卜、甘蓝、洋葱、大蒜为代表。为了使其保存性能良好，通常采用真空浓缩成为浓缩液，浓缩时逃逸的香味从馏出物中截取归还到原来提取物中的方法。和糖类、畜肉类提取物一起使用，可烹调出具有某种菜香味特点的菜。这类提取物近年来需求量很大。

③ 焙干蔬菜的香味用加热油萃取。挥发性的香味用植物油或动物油吸收，而得到蔬菜香味油制品。香味蔬菜（大蒜、洋葱、葱、姜、白菜、甘蓝）的单一品或混合品，用于软包装食品、调味汁、烤肉汁等最适合。

（2）不同蔬菜品种的预处理方法

① 根茎类蔬菜的预处理方法 根茎类蔬菜的预处理过程一般可分为清洗、去皮、热烫、打浆几个工序。一般采用 3% 左右的复合磷酸盐在 80～90℃ 处理 3～5min 的方法可以很好地达到去皮的目的。这种方法处理根茎类蔬菜不但可以达到高效去皮的目的，而且不会导致蔬菜组织结构的破坏，对蔬菜内部无腐蚀作用，也不会影响外部形状和颜色，可以减少蔬菜在去皮过程中营养成分的损失，而碱法去皮一般不适合蔬菜的加工。热烫的目的一方面是为钝化多酚氧化酶、过氧化物酶等有害酶系，防止变色和 β-胡萝卜素、维生素 C 等营养成分的破坏，另一方面是软化蔬菜组织，有利于打浆和有效成分的溶出和抽提。

② 绿色叶菜类蔬菜类的预处理方法 这类蔬菜的预处理方法一般包括挑选、清洗、护色、榨汁和脱气等过程。护色一般采用在碱性水溶液浸泡（如 0.5% 左右 Na_2CO_3）20～30min，然后再在 pH 值 9～10 的溶液中 95～100℃ 热烫 2～3min 的方法，可以达到保护绿色和钝化酶的目的；也可在 $(50～100)×10^{-6}mol/L$ 的 $CuSO_4$ 溶液或 $(100～200)×10^{-6}mol/L$ 的 $ZnCl_2$ 溶液中热烫 2～3min，可以达到更佳的护色效果。榨汁一般采用螺杆榨汁机榨汁，最后离心或压滤去渣可以得到绿色的抽提汁。

一般蔬菜粉的生产工艺流程如下：

破细→过筛→调和→杀菌→喷雾干燥→过筛→检查→菜粉
水→↗
原料→清洗→破碎→榨汁→提取菜汁→酶解→调和→杀菌→喷雾干燥→过筛→检查→菜汁粉
水→↘
蒸煮→过滤→提取→杀菌→浓缩→检查→调和→干燥→过筛→检查→菜提取物

2. 应用建议

把蔬菜加工成抽提物制品作为天然调味料来使用，近 20 年来得到了迅速的发展。蔬菜抽提物虽然在呈味能力方面比动物性提取物差，但能赋予加工食品浓郁的滋味和风味，增强食品的醇厚味和天然感，并有掩盖异味和臭味的作用。因此，食品工业对蔬菜抽提物的需求量迅速增加，其已成为天然提取物一个重要的增长点，研究开发生产这类天然提取物和复合调味料具有广阔的市场前景。对蔬菜抽提物的开发应特别强调：①能完全保持加工前蔬菜的风味；②具有天然蔬菜的味，突出蔬菜特征性的浓郁口味和风味；③追求健康形象；④同时要进行菜谱应用的开发，按菜谱的要求，追求蔬菜素材的调味；⑤追求蔬菜同肉类、鱼贝、果类、香辛料等复合化的素材调味。

以笋油为例说明蔬菜抽提物的使用，笋油又称"笋汤"，是将加工竹笋干时产生的汤汁浓缩而成的鲜味调味品。加工方法有两类。

① 将煮笋的笋汤经过熬煮，浓缩成胶状，即为笋油。

② 将鲜笋煮熟，穿通竹节，铺板上，上加一板压榨之，使汁水流出，加炒盐，调制成笋油。

笋油中含丰富的氨基酸，尤其是含丰富的天冬氨酸以及嘌呤、胆碱等非蛋白含氮物，具有鲜美的风味。常用于菜点的调味，用于烧、蒸、炒、拌和汤类中，拌面条食用，作味碟直接食用。风味独特的庆元笋粽因制作时使用笋油，味道鲜美，深受人们喜爱。

四、菇类抽提物

1. 概述

目前我国的蘑菇生产加工除了罐头制品外，仍以鲜品、干品直接销售为主，也有少量蘑菇酱油、蘑菇蜜饯等产品面市。蘑菇不但味道鲜美，而且营养丰富。蘑菇含有丰富的蛋白质、肽类、游离氨基酸、纤维素及一些具有特殊保健作用的多糖类物质。近年来，欧美、日本市场上流行一种蘑菇抽提物，作为一种新型保健食品调味料，同时具有调味、增香的作用，适合于做日式、西式和中式烹调的调味料，具有广阔的市场前景。蘑菇抽提物是指经自溶或外加酶作用，将蘑菇中的有效成分抽提出来，经过滤、浓缩制得的一类产品。

香菇特有的气味成分属于含硫的环状化合物，称为香菇精，浓度仅 $(2\sim3)\times10^{-6}\,mol/L$ 时就可产生诱人的香菇气味。平时嗅到的干香菇或鲜香菇会有一种同蘑菇相同的"霉气味"，并没有独特的香菇气味。但干香菇用水泡软后，香菇的特征香气会立即释放出来，而且与鲜味一样逐渐增强。如果将鲜香菇磨碎，其香气也会逐渐的增强，都是因为有水解酶的原因。香菇的主要鲜味成分是鸟苷酸，游离型鸟苷酸在鲜香菇和干香菇中含量极少，大部分是作为核糖核酸的构成成分存在，1g 干香菇仅含有 $1\sim2mg$ 鸟苷酸。鸟苷酸是核糖核酸在水解酶的作用下水解而成。因为该水解酶的耐热性较好，因而可以用 $60\sim70℃$ 的温度抽提。

菇类含有相当数量的核苷酸类的 $5'$-腺苷酸、$5'$-鸟苷酸和 $5'$-尿苷酸，主要鲜味成分还有谷氨酸。由于谷氨酸和 $5'$-鸟苷酸、$5'$-腺苷酸之间显著的鲜味相乘效果，使菇类具有强烈的增鲜作用，而成为传统烹调的"鲜味剂"。

下面以草菇抽提物的生产为例对菇类提取物生产过程和方法作一简单说明。

草菇又名华南菇，目前可大量人工栽培，一年四季有供应，成本相对较低，所含鲜味成分如核苷酸、谷氨酸、鹅膏氨酸等含量较高，味道鲜美，是生产菇类抽提物较为理想的原料，其生产工艺流程如下：

原料预处理→称重→护色处理→打浆→调配→恒温水解→灭酶→过滤→真空浓缩→液状草菇抽提物→喷雾干燥→粉状草菇抽提物

将草菇清洗干净后，用 $2.0\times10^{-4}\,mol/L$ 的焦亚硫酸钠和 $5.0\times10^{-5}\,mol/L$ 的异抗坏血酸钠处理 $10\sim15min$ 后，进行机械破碎或打浆，然后加水 $3\sim4$ 倍调整 pH 值至 $5.5\sim7.0$，外加一定量的蛋白酶和纤维素酶在 $55℃$ 左右酶解 $60\sim120min$。酶解完毕后，升温至 $95\sim100℃$ 灭酶 $10min$，离心过滤分离，在分离清液中加入

0.5% β-环状糊精、1.0%左右的阿拉伯胶搅拌溶解均匀后，在真空度 0.09MPa 下浓缩至固形物含量 50%左右，得草菇提取物浓缩液，也可进一步喷雾干燥得到草菇抽提物精粉。

2. 应用建议

菇类中含有核苷酸组成的鲜味成分，具有十分强烈的鲜味和香味，是食品加工中不可缺少的原料。近年来发现菇类提取物中的多糖物质具有抗癌作用，作为保健食品的调味料和原料日益受到欢迎。

五、酵母抽提物

1. 概述

酵母抽提物是酵母菌经水解、精制、减压浓缩后支撑的粉状、膏状或酱状制品，是继味精、水解蛋白、呈味核苷酸之后的第四代纯天然调味料。它集安全性、营养性、保健性和调味性为一体，受到人们的喜爱。

酵母抽提物营养丰富，具有浓郁的鲜味和肉香味，口感醇润圆融、回味绵长。此外，酵母抽提物可明显地增强肉的成熟风味，突出动物性原料的鲜香本味，掩盖肉腥味、鱼腥味、豆腥味、涩味、苦味等异味以及减缓酸味、咸味，从而具有除异矫味的作用。在理化特性上，酵母抽提物的品质稳定，可耐受 120℃的高温、冷藏后风味不受影响、耐酸。

由于具有以上的特点，酵母抽提物的生产和应用在许多国家已有 60 多年的历史。美国食品药物管理局（FDA）批准酵母精作为一种天然的风味添加剂和营养强化剂，应用在多种普通食品、保健食品以及某些特种人群食品如老年食品、儿童食品等中。

目前，酵母抽提物在我国除普遍用于食品工业中外，在烹饪中的应用处于初期阶段，如应用于菜肴的制作、火锅底料的调制等。但可以预测，酵母抽提物将作为一种使用方便的优良鲜香调味料在烹饪中得到更多的使用，如用于高汤、面点馅心、卤汤等的调味，作为味精的替代品。但需要注意，由于酵母抽提物为高核酸调味品，痛风病患者应避免使用。

2. 应用建议

酵母抽提物具有浓郁的肉香味，在欧美各国作为肉类提取物的替代物而得到广泛应用。它有许多其他天然调味料所不具有的特征：具有复杂的调味特性，调味时可赋予食品浓重的醇厚味，有明显的增鲜、增咸、缓和酸味、去除苦味的效果，并且对于异味和异臭具有屏蔽剂的功能。以上调味特性主要来自酵母抽提物的氨基酸、低分子肽、呈味核苷酸和挥发性芳香化合物等成分。此外，酵母抽提物的鲜味增强作用主要体现在呈味核苷酸 5′-鸟苷酸和 5′-肌苷酸上，这两种 5′-核苷酸与氨基酸按一定比例混合时可使氨基酸的鲜味成倍增强。

下面就酵母抽提物在食品工业中的应用作简要说明。

（1）家庭以及饮食业用调味品

① 家庭以及餐饮业日常烹调用作料汁　菜肴及汤快出锅时加入 0.5%～1% 的酵母抽提物，可代替味精等鲜味剂，并赋予醇厚的肉香味。在烧鸡、烧肉、烤肉、卤制品等的各种自制作料中加入 2%～4% 的酵母抽提物，可以使作料风味更突出，并接近天然风味。

② 各类调味料　酱油、蚝油、鸡精、各类酱类、腐乳、食醋等加入 1%～5% 的酵母抽提物，可与调味料中动植物提取物以及香辛料配合，引发出强烈的鲜香味，具有相乘效果。一般调制蚝油所使用的蚝水为大蚝煎煮所得的蚝汁，蛋白质含量 6% 以上。酵母抽提物蛋白质含量可达 40% 以上，与耗水共用，其蛋白质可代替部分蚝蛋白质，降低蚝水用量，还可以改善风味和口感，增强肉香。

（2）肉类食品加工　将酵母抽提物添加到肉类食品如火腿、香肠、肉馅等中，可抑制肉类的不愉快气味，有强化肉味、增进肉香形成等效果，赋予肉汁特殊的浓郁香味。在火腿肠中添加糊状酵母精，添加量 0.2% 左右，火腿肠的色、香、味均得到明显改善，效果极好，与对照相比，不仅色感好，而且颜色稳定，贮存过程中不易退色，香气更为浓郁，味道更为醇厚，肉香味增强。

（3）水产品类加工　酵母抽提物可应用在鱼肉火腿、鱼糕等制品中。由于水产品本身缺乏天然肉香呈味成分，有腥臭味，因此在制作水产品时，可以将酵母抽提物和香辛料同时使用，减少或消除腥臭气味，增加肉香，以达到较理想的调香效果。

（4）快餐食品　酵母抽提物主要应用在各式快餐食品中以突出肉类香味和增强鲜味。

（5）面类食品　高档方便面均有调味包，酵母抽提物是制作调味包的极好原料。中高档方便面包中大多添加了酵母抽提物，目的是让酵母抽提物与其他调料配合使用，使香气与味道更加浓郁。另外在方便面、干食面制作中，和面时可以直接加入酵母抽提物，添加量 0.5%。试验表明，添加酵母抽提物的方便面、干食面，其口味、风味得到明显改善。

（6）饼干、膨化食品以及各类风味小吃　膨化食品的生产中，选用合适的调味料是决定产品成败的关键。添加 0.5%～1.5% 酵母抽提物的葱油饼、炸薯条、玉米条等经高温烘烤，更加美味、香酥可口。也可直接喷洒于食品表面，按最佳赋味比例测算，一般为 4%～8%。

（7）腌制菜类作料　榨菜、咸菜、梅干菜等，添加 0.8%～1.5% 酵母抽提物，可以起到降低咸味的效果，并可掩盖异味，使酸味更加柔和，风味更加香浓持久。

六、味精

1. 概述

味精又称味素，其主要成分为L-谷氨酸一钠（MSG），是以面筋蛋白质、大豆蛋白等为原料经盐酸水解法或以淀粉为原料经微生物发酵制得的粉末状或结晶状的鲜味调味品。味精易溶于水，微有吸潮性，味道鲜美。

味精一般分为四大类。

（1）普通味精　主要鲜味成分是谷氨酸钠。

（2）强力味精（特鲜味精）　在普通味精的基础上加入肌苷酸或鸟苷酸钠盐而制成。其鲜味比普通味精强几倍到几十倍。

（3）营养强化味精　向味精中加入一般人群或特殊人群容易缺乏的营养素而制成。如赖氨酸味精、维生素A强化味精、中草药味精、低钠味精等。

（4）复合味精　在普通味精或强力味精中加入一定比例的食盐、牛肉粉、猪肉粉、鸡肉粉等，并加适量的牛油、虾油、辣椒粉、姜黄等香辛料而制成。由于比例不同可制成不同种类、鲜味各异、不用风味的味精来。

2. 应用建议

味精广泛应用于各种食品之中。

（1）烹饪调味　家庭和餐馆调味用的谷氨酸钠的用量一般为食品量的 $0.2\%\sim0.5\%$。如：

菜类加入 MSG $0.15\%\sim0.2\%$；鱼肉加入 MSG $0.17\%\sim0.25\%$；汤加入 MSG $0.10\%\sim0.20\%$；油炸食品加入 MSG $0.17\%\sim0.20\%$；凉拌菜加入 MSG $0.15\%\sim0.35\%$；肉馅肉排加入 MSG 0.2% 左右。

（2）改善、加强食品的自然风味和克服异味　味精使食品原味更为浓郁、协调、圆润，并可抑制异味，如菠菜的金属味、豆腐的腥苦味、罐头肉类的铁腥味等。

（3）食品加工　随着国家现代化、社会化的需要，食品加工业不断发展壮大，谷氨酸钠在罐头、冷藏食品、熟食品加工、小食品和快餐调料等方面的应用日益广泛。

往食品中加入单一谷氨酸钠参考数量：冻鸡、鸭 0.16%，冻鱼 0.18%，蘑菇 0.2%，脱水类蔬菜 $2.5\%\sim3.0\%$，肉汤块料 $8\%\sim9\%$，人造奶油 $0.17\%\sim0.2\%$。

在谷氨酸和谷氨酸钠的使用过程中，要注意温度、pH、离子强度、与其他食品鲜味剂或调味剂配合使用等有关问题。

（4）与其他增味剂配合使用　谷氨酸和谷氨酸钠作为食品鲜味剂可单独使用，一般使用浓度为 $0.2\%\sim0.5\%$。也可与其他增味剂配合使用，通常谷氨酸钠都与食盐配合使用，才能充分发挥其作为鲜味剂的作用。也可以与天冬氨酸钠、甘氨酸、丙氨酸等其他氨基酸配合使用。此外还可以与核苷酸类鲜味剂、有机酸类鲜味剂、复合鲜味剂等配合使用。

① 谷氨酸钠与核苷酸鲜味剂配合使用　研究表明，谷氨酸钠可以与 5′-肌苷酸二钠、5′-鸟苷酸二钠等核苷酸类鲜味剂配合使用，而且两者之间具有协同增效作用。例如，谷氨酸钠与 1%（质量分数）的 5′-肌苷酸二钠混合，其鲜味强度增加一倍；当谷氨酸钠和 5′-肌苷酸二钠以 1∶1 的比例混合时，鲜度强度增加 8 倍；在谷氨酸钠中加入其量的 10% 的 5′-鸟苷酸二钠，鲜度强度提高一倍；在谷氨酸钠与等量的 5′-鸟苷酸二钠混合，其鲜度强度提高 30 倍。

② 谷氨酸钠与有机酸鲜味剂配合使用　琥珀酸二钠又称丁二酸二钠，具有鲜味，是一种有机酸类食品鲜味剂。但是，琥珀酸二钠一般不单独使用，通常与谷氨酸钠按一定比例配合使用，才能得到较为理想的增鲜效果。琥珀酸二钠的用量一般为谷氨酸钠的 10% 左右。

③ 谷氨酸钠与复合鲜味剂配合使用　复合鲜味剂是由多种食品增味剂复合而成。一般由动物、植物或微生物的蛋白质、核酸、细胞或组织经过水解而得到的含有多种鲜味剂成分的天然食品鲜味剂。例如，各种蛋白水解液、核酸水解液、酵母水解液等。

在复合鲜味剂中，有些本身含有谷氨酸和谷氨酸钠；有些在生产过程中已加入一定量的谷氨酸或谷氨酸钠；有些不含谷氨酸或谷氨酸钠的复合鲜味剂。在使用过程中，可以与谷氨酸钠按一定比例配合使用，获得更好的增鲜效果。

④ 配方举例

配方 A：谷氨酸钠 14.7%，5′-肌苷酸二钠 0.3%，食盐 85%。

配方 B：谷氨酸钠 88%，5′-呈味核苷酸 8%，柠檬酸 4%。

配方 C：谷氨酸钠 98%，5′-肌苷酸二钠 1%，5′-鸟苷酸二钠 1%。

配方 D：谷氨酸钠 41%，5′-呈味核苷酸 2%，水解动物蛋白 56%，琥珀酸二钠 1%。

(5) 使用范围与使用量　谷氨酸与谷氨酸钠的使用范围与使用量可参考以下规定。

① 谷氨酸与谷氨酸钠广泛应用于各种食品的烹调和加工中。在食品中的使用量一般为 0.1%～1.0%。若超过最适使用温度，则会降低其可口性。在使用谷氨酸钠的食品中，与一定量的食盐（氯化钠）共存时可增加其呈味效果。

② 我国《食品添加剂食用卫生标准》（GB 2760—1996）规定，可在各类食品中按实际需要适量使用。

七、鸡精

1. 概述

鸡精产品的研制在国内始于 20 世纪 80 年代，到 20 世纪 90 年代开始上市，虽然只是短短的二十几年，但鸡精却以极快的速度进入了千家万户，尤其是在大中城市，消费者对鸡精的认识有较快的提高，相当一部分年轻人已经被培养起消费鸡精的习惯。

鸡精是由鸡肉、鸡蛋、鸡骨头和味精、超鲜味精等为原料经特殊工艺制作而成的产品，属于复合调味料。特点是既有鸡肉的香味，又有味精的鲜味，可用于烹饪餐饮调料和各种汤料，也可以产生鲜味相乘的效应，产生更浓郁、美味的复合香味。

2. 应用建议

由于各种原料的比例不同，故不同地区、国家乃至不同厂家生产的鸡精风味也有差异，但其共同点是鸡肉的鲜香味十分突出。鸡精可以用于任何使用味精的场合，适量加入菜肴、汤、面食、方便食品和快餐食品中，均有很好的增鲜赋香作用。在汤中加入鸡精，其香气、滋味相互适应，更能体现浓郁的鲜香味。

应用时需注意，若在菜点中加入过多的鸡精，则会破坏菜点原有的本味，所以使用量不宜过多。而且，鸡精中含有大量的食盐，烹制中加盐要适宜；鸡精中含有核苷酸，其代谢产物为尿酸，痛风病患者应适量减少摄入；鸡精溶解性较味精差，应先溶解后再使用；鸡精吸潮性强，贮存时应密封。

八、呈味核苷酸二钠（I+G）

1. 概述

目前在我国市场上，呈味核苷酸流通的渠道主要靠进口，核苷酸的进口主要有日本味之素株式会社生产的"I+G"和韩国希杰公司生产的"I+G"。国产的有梅花生物科技集团股份有限公司和星湖生物科技股份有限公司生产的"I+G"。

在家庭的食物烹饪过程中并不单独使用核苷酸类调味品，一般是与谷氨酸钠配合使用。市场上的强力味精等产品就是以谷氨酸钠和5′-核苷酸配制的复合化学调味品。

2. 应用建议

在食品加工过程中，可以使用肌苷酸钠或者肌苷酸钠和鸟苷酸钠的等量混合物。将这些物质与谷氨酸钠搭配使用，构成基本调味品。在使用鲜味剂谷氨酸钠的加工食品中，除特殊情况外，都是与核苷酸类增味剂配合使用，其添加量因加工食品的种类而异。通常情况下，在使用鸟苷酸和肌苷酸等量混合物时，其标准用量是谷氨酸钠用量的2%～5%。

九、甘氨酸

1. 概述

甘氨酸又名氨基乙酸是结构最为简单的氨基酸，几乎存在于所有的动物蛋白质内，尤其是在虾、蟹、海胆、海扇等海产动物中含量丰富。在食品添加剂中作为增味剂使用。

2. 应用建议

甘氨酸的甜度是蔗糖的 0.8 倍，具有与糖不同的柔和甜味，在清凉饮料和合成酒等饮料中作矫味剂，如和丙氨酸合用添加于葡萄酒为 0.4%，威士忌 0.2%，香槟酒 1.0%，在糖果、饼干中也单独作甜味剂。

甘氨酸除了本身提供清甜美味外，还能减少苦味及除去食物中令人不悦的口味，在果汁中加 0.02% 糖精和 0.4% 甘氨酸，可除去糖精的苦味，因甘氨酸为具有氨基和羧基的两性离子，故有很强的缓冲性，对食盐、食醋等的味感能起缓冲作用，减轻对味感的刺激，添加量为盐腌品 0.3%～0.7%，酸渍品 0.05%～0.5%。

甘氨酸能一定程度呈虾味、墨鱼味，可用于调味酱。同其他物质混合，可生产各种天然物味道的调味品，如甘氨酸 19.5 份，天然氨基酸 8 份，琥珀酸钠 0.5 份，可制成具有虾仁味粉末汤料。著名的日本酱菜在制作过程中不可缺少甘氨酸。

按 GB 2760 的要求，在调味品中的用量≤1.0g/kg。

十、L-丙氨酸

1. 概述

L-丙氨酸具有甜味及鲜味，与其他鲜味剂合用可以增效。

2. 应用建议

属于非必需氨基酸，是血液中含最多的氨基酸，有重要的生理作用。用于鲜味料中的增效剂。按 GB 2760 的规定，作为增味剂可在各类食品中按生产需要适量使用。

十一、琥珀酸二钠

1. 概述

琥珀酸二钠呈味的阈值为 0.03%，L-天冬氨酸钠仅为 0.16%，L-谷氨酸钠为 0.03%，5'-肌苷酸二钠为 0.025%，5'-鸟苷酸二钠为 0.0125%。作为食品中的强力鲜味剂，琥珀酸二钠普遍存在于传统发酵产品，如清酒、酱油、酱中。如与食盐、谷氨酸钠或其他有机酸醋酸、柠檬酸合用，其鲜味更可增强。

2. 应用建议

琥珀酸二钠用作增味剂，与味精、I+G、水解蛋白等多种鲜味剂，有良好的风味协同效应，通过风味互补形成完美醇厚的鲜味感，同时可明显减少 I+G 等价格昂贵的鲜味剂的用量。主要用于调味酱油、酱料、海产品加工品、火腿、香肠、方便面汤包、鸡精、肉味香精增味剂等。在酱油、酱料中用量为味精的 8%～

10%；鱼糕、鱼肉卷中添加量为味精的 10%～15%；按照按 GB 2760 的要求，在调味品中的用量≤20.0g/kg。

十二、水解蛋白

1. 概述

动植物水解蛋白这种新型的食品添加剂属于复合氨基酸类天然鲜味剂，由动植物蛋白经水解、中和、过滤、浓缩、粉末化或造粒等工序制造而成，原料丰富，制造可大规模工业化，产品质量稳定均一。动植物水解蛋白一般分为水解植物蛋白和水解动物蛋白两类。

动植物水解蛋白都是从天然的动植物原料中提取的，含有人体需要的各种氨基酸，营养价值高，速溶性好，又可充分发挥动植物原料中的固有风味。近些年来，在许多发达国家如日本等都十分重视对这种复合鲜味剂的开发和利用。

2. 应用建议

在鸡精、鸡粉、鸡汁、方便调料、汤料、肉制品、膨化食品中添加，可补充氨基酸、提高营养成分，且能起到增加鲜度、改善口感、掩盖异味的作用，还可降低味精、I+G 的使用量，提高产品档次，降低成本。

在肉味香精的生产中添加，参与美拉德反应，提供反应所需要的氨基酸，使反应出的肉味香基更为纯正，口感更为饱满。水解蛋白推荐使用范围及用量见表 2-5。

表 2-5　水解蛋白推荐使用范围及用量

分类	适应范围	参考用量	效果
肉食制品	午餐肉、火腿肠、水产品肉丸等	1%～3%	肉鲜味突出，降低脂肪
汤基料包	鸡精、汤料、酱包、火锅料	3%～5%	风味突出，汤鲜味香绵柔齿
调味品	高级酱油、腌制菜、各种调味酱	5%～8%	增香，提鲜，着色
烘焙食品	膨化食品、糕点、饼干、方便面	3%～5%	增加食欲，提高风味
家庭调料	菜肴、中国面食、煲汤、红烧肉类	2%～3%	菜和汤浓厚自然，突出鲜味
速冻食品	馅(饺子、蒸包)	3%～5%	增鲜，延长风味

十三、酱油粉

1. 概述

酱油粉又称粉末酱油，是以鲜酱油为基本原料，添加其他辅料，利用原料风味的相乘作用，通过调香、调色、调鲜，喷雾干燥而成的一种固体酱油。它最大限度地保留了普通发酵酱油本身的发酵香味，又克服了普通酱油的焦煳味和氧化味，复水性能好，色泽诱人，风味浓郁，调味效果显著，便于保存运输。广泛地应用于调味食品加工的各个方面，是食品工业重要的调味配料。

2. 应用建议

酱油粉以酱香浓郁、风味诱人，色、香、味俱佳，调味效果卓越，复水性能好，而广泛地应用于调味食品加工的各个方面。

（1）低盐固态酱油粉　低盐固态酱油也是目前我国产销量最多的酱油品种。低盐工艺酱油的特点是氨基酸含量适中，酱香和焦香味突出，通过科学的微胶囊包埋、喷雾干燥技术加工而成的酱油粉，有效地保留了酱油的香气成分，并在加工过程中的美拉德反应，使得酱油粉的酱香、焦香味更加突出。在方便食品，尤其是膨化食品中的使用起到了良好的调味效果。

（2）高盐稀发酵酱油粉　高盐稀发酵酱油的高盐指的也是在发酵工艺过程中酱油醪的盐分相对较高（18%以上），发酵产生的香气成分较多，酱香尤其是醇香、酯香味突出，故而也有称其为酯香风格的酱油。北京圣伦食品公司的日式发酵工艺酱油就属于这一种，为了最大限度地保留高盐稀发酵工艺酱油中易挥发的香气成分，采用了科学的微胶囊包埋技术，适宜的喷雾干燥条件。生产的高稀工艺酱油粉基本上保持了日式发酵酱油的特点，而且经干燥加工过程中的美拉德反应，弥补了普通酱油酱香（焦香）味不足的缺点，鲜味、酱香、焦香、醇香、酯香融为一体，是配制汤料、餐饮菜肴、肉食品调味及高档膨化食品的良好调味料。

（3）原池浇淋发酵酱油粉　原池浇淋发酵工艺酱油粉是采用原池浇淋发酵工艺酱油加工而成的粉末酱油。这种发酵工艺的条件是介于固态发酵工艺和高盐稀发酵工艺之间，原池浇淋工艺酱油的特点是氨基酸含量高，风味介于低盐和高稀工艺酱油之间，兼而有之，以其为原料加工的酱油粉鲜味突出，酱香、酯香味适中，是配制汤料、加工菜肴、复配加工食品调味粉的优良调味料。

第六节　辛　香　料

辛香料，是指在食品调味调香中使用的芳香植物的干燥粉末或精油、具有各种独特而浓厚的香气的调料。辛香料大多来自植物的根、茎、树皮、叶、花蕾、果实，常以干燥品使用；而人们通常称为"香草"的大多为具有独特风味的一年生草本植物，常以干品或鲜品使用，在此也归于辛香料。辛香料产生香味的物质主要是挥发性的芳香醇、芳香醛、芳香酮、芳香醚及酯类、萜类等化合物。

根据香型的不同，在本书中将辛香料分为麻味辛香料、辣味辛香料、芳香辛香料三大类。实际使用辛香料时，应根据主辅料的不同情况、产品的质量要求和使用方法的不同选择具体的香料品种和运用形式，以求最佳的风味效果。为了达到对香料合理使用的目的，应遵循以下使用辛香料的原则。

① 根据辛香料香味的浓郁程度来确定用量。在新鲜本味复合调味料中宜少放为好，尤其是芳香味重的香料，用量不能过大，否则压抑主味，甚至产生药味感。

② 由于一些辛香料之间有香味相乘的作用，所以混合使用比单独使用的效果好。但有时也会产生相杀作用。

③ 在制作汤品、烧卤等复合调味料时，为产品使用时的美观，尽量使用辛香料的油树脂或粉碎成的粉体或其提取物。

④ 根据不同的要求灵活选择运用形式。目前辛香料的运用形式有整体、粉末、油脂性抽提物及用先进工艺制成的微胶囊等。在烧、炖、卤、煮等复合调味料色味生产中一般用整体状的；烤、抹、拌品可用粉状、油状的。若要使粉末状香料产生强烈的香味，可于成品前撒入。

⑤ 辛香料最常用于抑制、消除动物性原料的腥臭味；有时也用于植物性原料的增香赋味。

辛香调味料在保管应特别注意防潮防霉，最好能密闭贮藏，以防止香气散失及串味现象的发生。

一、麻味辛香料

麻味辛香料主要是花椒。

1. 概述

花椒又称大椒、川椒、汉椒，为芸香科植物花椒的果实，其叶也可作为香味调味品。我国栽培的花椒主要有四个品种。

（1）大花椒　又称油椒，果皮成熟时呈红色，香味浓，果皮厚，果柄短，干花椒为酱红色。

（2）豆椒　又称白椒，香味淡，果柄长，淡红色，干花椒为暗红色。

（3）大红袍　又称六月椒，果粒较大，干花椒为红色。

（4）狗椒　又称小花椒，果实小，香味浓而带腥味，果皮红而薄，干花椒为淡红色。

花椒每年在 8～10 月采收，干品四季均有。

2. 应用建议

生花椒味麻且辣，炒熟后香味溢出。花椒在烹调中具有去异增香、增添麻味、防腐抑菌的作用，花椒不但能独立调香，同时还可以与其他调味料和香辛料按一定比例配合使用，从而衍生出五香、椒盐、葱椒盐、怪味、麻辣等各具特色的风味，用途极广，是制备川菜不可缺少的调味料。

需要指出的是，由于青花椒具有特别的清香鲜麻感，在新派川菜中得到了广泛的使用。目前使用的青花椒是竹叶椒和崖椒的幼嫩果实。

二、辣味辛香料

1. 辣椒

（1）概述　辣椒为茄科一年生草本植物（热带为多年生灌木）辣椒的果实，是在世界范围内广泛应用的一种辣味调味品。经人们的不断培育，辣椒的品种繁多。我国栽培的主要有 5 大类。

① 樱桃椒类　果小如樱桃，圆形或扁圆形，红、黄或微紫色，辣味甚强。制干辣椒或供观赏，如成都的扣子椒、五色椒等。

② 圆锥椒类　果实为圆锥形或圆筒形，多向上生成，味辣，如广东仓平的鸡心椒等。

③ 簇生椒类　果实簇生，向上生长，果实深红，果肉薄，辣味甚强，油分高。主要用于制干辣椒，如四川七星椒等。

④ 长椒类　果实一般下垂，为长角形，先端尖，微弯曲，似牛角、羊角线形，果肉薄或厚。果肉薄且辛辣味浓者，主要供干制、腌渍或制辣椒酱，如陕西的大角椒；果肉厚且辛辣味适中者，主要供鲜食，如长沙牛角椒等。

⑤ 甜柿椒类　果实大，肉厚，味甜。主要供蔬食。

辣椒的果实未成熟时为绿色，成熟后一般为红色或橙黄色。辣椒的辣味主要来自辣椒碱和二氢辣椒碱，主要分布在种子、子房隔和果皮中，其中，果皮中的辣味成分＜种子＜子房隔。通常情况下，果皮薄、果形小的辣椒比果皮厚、果形大的辣椒辣，老熟果比嫩果辣。

辣椒的辣味强弱用辣度来衡量，现在多采用 Scoville 方法，即将辣椒制备成一定量的辣椒素提取物，通过不断地稀释直至尝不出辣味为止，在此过程中的稀释倍数即为辣度单位，表示为 Scoville Heat Value（SHV）。目前，该方法以及得到国际标准化组织（ISO）的确认，亦已制定了辣椒的 SHV 标准测定方法，并在全球辣椒贸易中使用该标准衡量辣椒及其制品的质量。

（2）应用建议　在调味应用中，辣椒具有赋辣增香、去腥除异、增色装饰等作用，常用于调制多种复合味型，具体的运用形式多样，如干辣椒、辣椒面、辣椒油、辣椒酱及泡辣椒等。

① 干辣椒　干辣椒是用新鲜尖头辣椒的老熟果晒干而成，主产于云南、四川、湖南、贵州、山东、陕西、甘肃等地，品种有朝天椒、线形椒、羊角椒等。成品色泽红艳、肥厚油亮、辣中带香。

干辣椒在烹饪中运用极为广泛，具有去腥除异、解腻增香、提辣赋色的作用，广泛使用于荤素菜肴的制作。使用时应注意投放时机，准确掌握加热时间和油温，从而保证既突出其辣味又不失鲜艳色泽。

② 辣椒粉　辣椒粉又称辣椒面，是将干辣椒碾磨成的一种粉面状调料。因辣

椒品种和加工的方法不同，品质也有差异。选择时以色红、质细、籽少、香辣者为佳。

辣椒粉在烹调中的应用较广，不仅可以直接用于各种凉菜和热菜的调味，或用于粉末状味碟的配制，而且还是加工辣椒油的原料。

③ 辣椒油　辣椒油是用油脂将辣椒面或辣椒节中的呈香、呈辣和呈色物质提炼而成的油状调味品。成品色泽艳红，味香辣而平和，是广为使用的辣味调味料之一，主要用于凉菜和味碟的调味。

④ 辣椒酱　辣椒酱也是一种常用的辣味调料，即将红辣椒剁细或切碎后，加入或不加蚕豆瓣，再配以花椒、盐、植物油脂等，然后装坛经发酵而成，为制作麻婆豆腐、豆瓣鱼、回锅肉等菜肴及调制"家常味"必备的调味料。使用时需剁细，并在温油中炒香，以使其呈色呈味更佳。

⑤ 泡辣椒　泡辣椒又称鱼辣子，常以鲜红辣椒为原料，经乳酸菌发酵而成。成品色鲜红，质地脆嫩，具有泡菜独有的鲜香风味，是调制"鱼香味"必用的调味料。使用时需将种子挤出，然后整用或切丝、切段后使用。

⑥ 酢辣椒　酢辣椒是将红辣椒剁细，与糯米粉、粳米粉、食盐等调味原料拌和均匀，装坛密封发酵而成。成品辣香中带有酸味，鲜香适口。可直接炒食或作配料运用。

2. 胡椒

（1）概述　胡椒为胡椒科藤本植物胡椒的干燥果实及种子，是中外烹调中最主要的香辛调味品之一。由于采摘的时机和加工方式的不同，胡椒主要分为黑胡椒和白胡椒两类。

① 黑胡椒　将刚成熟或未完全成熟的果实采摘后，堆积发酵1～2天，晒3～4天，当颜色变成黑褐色时干燥而成。1kg鲜果一般可制得0.185kg成品。黑胡椒气味芳香浓郁，味辛辣。以粒大饱满、色黑皮皱、气味强烈者为佳。

② 白胡椒　将成熟变红的果实采摘后装入布袋，浸在流动的清水中7～8天，搓去果皮后装袋，用流水冲洗3天左右，除净果皮，使种子变白，晾晒3天左右即成。1kg鲜果一般可制得0.125kg成品。白胡椒辛辣味足，芳香味淡。以个大、粒圆、坚实、色白、气味强烈者为佳。

此外，还有绿胡椒和红胡椒。绿胡椒是将未成熟的果实采摘后，浸渍在盐水、醋里或冻干保存而得。红胡椒是将成熟的果实采摘后，浸渍在盐水、醋里或冻干保存而得。

（2）应用建议　胡椒是中外肉制品加工常用的香辛料之一，具有去腥膻、提味、增香、增鲜、和味、提辣和除异味等作用，还有防腐、防霉的作用。

胡椒有整粒、碎粒和粉状三种使用形式。整粒的胡椒多用于煮、炖、卤制等烹制方法中；亦可压碎成碎粒状，如西餐中常使用的黑胡椒碎；更常加工成胡椒粉，但胡椒粉的香辛气味易挥发，多用于菜点起锅后的调味。西餐中为了使胡椒粉的味道更浓烈，常装在专门的胡椒研磨瓶中现磨现用。

使用时需注意：用量不宜过多，否则压抑主味，而且对人体的消化器官有较大的刺激，不利于食物的消化吸收。

3. 芥末

（1）概述　芥末是用十字花科一年生草本植物黑芥子菜和白芥子菜的种子干燥后研磨成的一种粉状辛辣调味品，又称芥子末、西洋山芋菜。芥末微苦，辛辣芳香，对口舌有强烈刺激，味道十分独特，芥末粉润湿后有香气喷出，具有催泪性的强烈刺激性辣味，对味觉、嗅觉均有刺激作用。

（2）应用建议　由于芥子苷具有苦味，必须酶解生成芥子油才有独特的辛辣风味，因此一般用温水调制成糊状，可加快酶解速度，然后静置半小时，再加入少许糖、醋和植物油搅匀即可。芥末酱要低温保存或及时食用，否则会继续酶解使辣味减弱；调制好的芥末糊易发生褐变，应加盖保存，或加入醋、柠檬酸等酸性物质减缓褐变。目前，市面上销售的有芥末酱、芥末油成品，使用起来更加方便。

芥末主要起提味、刺激食欲的作用，多用于冷菜的调味，即"芥末味"，如芥末三丝、芥末鸭掌、芥末皮冻等；还可用于拌制凉面、凉粉、春卷馅；或与酱油、醋一起调制味碟，充当生鱼片的美味调料；芥末还可用作泡菜、腌渍生肉或拌沙拉时的调料。芥末不仅是很好的调料，同时还是有效的防腐剂。

4. 蒜

（1）概述　蒜为百合科葱属植物，味辛辣。地下鳞茎分瓣，按皮色不同分为紫皮种和白皮种。蒜分为大蒜、小蒜两种。中国原产有小蒜，蒜瓣较小，大蒜原产于欧洲南部和中亚，最早在古埃及、古罗马、古希腊等地中海沿岸国家栽培，汉代由张骞从西域引入中国陕西关中地区，后遍及全国。

（2）应用建议　大蒜的突出功能是去腥、解腻，同时具有赋辣增香、杀菌、开胃等作用，为重要的辛辣调味品，生用于冷菜、面食、味碟的调味；也可作为蔬菜熟食，适于炒、爆、烧、炸等烹调方法，如大蒜鲇鱼、大蒜肚条。此外，蒜头也可腌渍成醋蒜、糖蒜、泡蒜等。

使用时需注意：蒜加热后，其辛辣味消失，故用于调味、杀菌等时，应生用；制成蒜泥后，若放置时间过久，会发生褐变，故应现用现加工。

5. 姜

（1）概述　姜为姜科多年生宿根草本植物姜的地下根状茎。

姜按皮色可分为灰白皮姜、白黄皮姜和黄皮姜三个品种。若按采收上市期的不同，可分为嫩姜、老姜和种姜。嫩姜又称子姜、仔姜，在姜块刚膨大时采收，含水量大，辣味淡，纤维少，脆嫩清香；老姜是在姜块充分膨大、老熟后采收，质老水分少，辣味浓厚，耐贮藏；种姜是作种的姜块在长出新的地下茎后采收，质地粗糙，辣味浓。优良品种有上庄姜、犍为白姜、莱芜生姜等。

（2）应用建议　在调味应用中，姜具有去腥除异、提辣增香，调和滋味的作用，是"姜汁味"的主要调味料。嫩姜适用于炒、拌、泡蔬食及增香，如子姜牛肉丝、姜爆鸭丝等；老姜主要用于调味，还可干制、酱制、糖制、醋渍及加工成姜汁、姜粉、干姜、姜油等。此外，将姜汁与食醋调和，用来蘸食蟹肉、虾肉，不仅可以去腥增鲜，还可防止虾蟹寒凉伤胃的不良作用。

使用时需注意：腐烂后的姜块中产生毒性很强的黄樟素，不宜食用。

6. 葱

（1）概述　葱为百合科多年生草本植物葱的嫩叶及叶鞘组成的假茎（葱白）。葱的品种较多，根据形态特征可将葱分为四种。

① 大葱　主要分布于淮河秦岭以北和黄河中下游地区。植株粗壮高大，按假茎形态可分为长白型、短白型、鸡腿型，代表品种有山东章丘大葱、陕西华县谷葱、山东莱芜鸡腿葱等。

② 分葱　又称小葱，主要分布于南方各地。假茎和绿叶细小柔嫩，辛香味浓，代表品种有合肥小官印葱、重庆四季葱、杭州冬葱等。

③ 楼葱　又称龙爪葱，假茎较短，叶深绿色，中空，假茎和嫩叶作调料。

④ 胡葱　又称火葱、蒜头葱、瓣子葱，能形成鳞茎，嫩叶作调料用，鳞茎为腌渍原料。

（2）应用建议　葱与姜、蒜、辣椒合称为调味四辣，具有提味、去腥、增香的作用，是中餐制作中不可或缺的调味蔬菜。

用葱作调味原料时，可将葱切成葱段、葱丝、葱末或单独取葱叶或葱白利用，也可加工成葱油或葱泥等，运用于爆炒、炸、烤、蒸、煮、熘、扒等烹制的菜肴中。可生食、调味、制馅心或作菜肴的主、配料，如葱爆肉、京酱肉丝、大葱猪肉饺等。

7. 辣根

（1）概述　辣根又称为山葵萝卜、马萝卜等，为十字花科植物辣根的地下根茎。

（2）应用建议　辣根在烹饪中主要起到调辛辣味、增香及防腐的作用。

辣根一般可磨糊为辣根汁，或切片干制，还可加工成辣根粉。西餐中常用于畜肉、鱼类的调味增香，或与酒、醋或柠檬汁混合配制成复合调味料；或将辣根粉与奶油、奶酪或蛋黄一起可调制成辣根沙司；或制成辣根酱。此外，亦是咖喱粉、辣酱油的常用配料之一。

8. 洋葱

（1）概述　洋葱为百合科二年生草本植物洋葱的鳞茎。按鳞茎皮色分为红皮、黄皮、白皮三类。

（2）应用建议　在调味运用中，洋葱除可生食或熟吃，多作荤类用料的配料，适用于煎、炒、炸、拌、泡等多种烹制方法，如洋葱炒肉片、洋葱烧肉、炸洋葱圈等。

洋葱是西餐烹调中最重要的蔬菜。既可作为蔬食，广泛运用于开胃菜、配菜、沙拉、汤品、馅料等的制作中，也是西餐的调味蔬菜之一。

9. 韭葱

（1）概述　韭葱为百合科葱属多年生宿根草本植物。

（2）应用建议　韭葱含有具有刺激性气味的挥发油和辣素，能祛除油腻厚味菜肴中的异味，产生特殊香气，并有较强的杀菌作用，可以刺激消化液的分泌，增进食欲。

韭葱具有一定的香辛气味，但比葱的气味要淡，具有增香、去异等作用，是西餐烹饪中常用的香辛蔬菜，其嫩苗、鳞茎、假茎和花薹均可应用。韭葱的嫩叶通常生用于菜肴、汤品等的调味和装饰，假茎部分则常作为熬制汤料、调制热沙司的调味。在我国，韭葱则常作为蒜苗的代用品。

三、芳香辛香料

1. 八角茴香

（1）概述　八角茴香又称大茴香、大料、八角等。北方常称为大料，南方称唛角。为木兰科植物八角茴香的干燥果实。

八角茴香按照采收季节的不同分为秋八角、春八角两种。秋八角又称为大红八角、大造果、红果，色泽红艳、果实肥壮，香气浓郁，质佳；春八角又称角花八角、四季果、花红、角花，色泽棕红，蓇葖果薄而瘦，先端较尖，香气较淡，质差。另外，干枝八角为未及时采收，老熟风干后掉落的八角，质量最差。选择时以色泽棕红、有光泽、蓇葖果饱满、边缝完全开裂、质地干燥、新鲜度高者为佳。此外，以贮存 2～3 年者香气为最佳。

（2）应用建议　果实除可入药外，还作为应用最为广泛的芳香调料，所用形式有整八角、八角粉以及八角精油。常作为主香料与其他香料用于炖、焖、烧、卤、酱等成菜方式中，如德州扒鸡、道口烧鸡、符离集烧鸡、红烧鱼、红烧肉、冰糖排骨等；并常用于制作五香茶叶蛋、酱香瓜子、茴香豆等小吃的制作中；也是配制复合调味料如五香粉、十三香、"云南卤药"等的主要香料。此外，还常用于腌制肉类、蔬菜、蛋类等。

使用时需注意：八角属中仅有八角茴香可用于调料，而同属的毒八角茴香（即东毒茴）、莽草果等的聚合蓇葖果形似八角，但颜色多为土黄色，蓇葖通常多于八个，且每一蓇葖的顶端尖长，有的还向后弯曲。此类假八角微具香气，味常苦并具有麻辣感，均有毒性甚至剧毒，误食会危及生命，所以，在实际应用过程中需注意鉴别。

2. 肉桂

（1）概述　肉桂又称为中国肉桂、玉桂，也混称为桂皮，为樟科植物肉桂的树皮。

除肉桂外，同属植物细叶香桂的树皮中也含有桂油，其主要成分为肉桂醛，此外还有芳樟醇、香叶醇等。

同属另种锡兰肉桂原产于斯里兰卡、马达加斯加、塞舌尔群岛。其树皮、枝叶均含芳香油。当地的人们将树皮采剥下来后，卷成捆，堆放发酵24h，去除粗糙外层，再经干燥、分割成20cm长的小段后使用。成品呈卷筒状，褐色。

此外，同属的天竺桂、阴香、川桂的树皮也可作为桂皮使用，但质量均次于肉桂。

根据肉桂所采取树皮的宽度不同，可以加工成多种规格的产品，主要有官桂、企边桂、板桂、桂心。官桂呈半槽状或圆筒形，长约40cm，宽1.5～3cm，皮厚1cm以上，卷成筒状，质硬而脆，断面紫红色或棕红色，气芳香，味甜辛；企边桂呈长片状，左右两边向内卷曲，中央略向下凹，长40～50cm，宽4.5～6cm，皮厚0.3～0.6cm，内表面红棕色，香气浓烈；板桂呈板片状，通常长30～40cm，宽5～12cm，皮厚0.4cm，两端切面较为粗糙；桂心是将加工官桂的外层粗皮刮掉而得，表面较平滑，红棕色。

（2）应用建议　肉桂及各种桂皮风味甜香而浓郁，是使用最为广泛的调味香料之一，并常与八角一同应用。常以筒状、块状或粉状的形式广泛应用于肉类原料的烧、卤、煮、酱等菜式中，具有去腥除异、增香矫味、杀菌防腐的作用，如酱牛肉、烧鸡等；也常加工成粉，作为配制复合调味料如五香粉、十三香的重要原料。此外，也是加工腌腊制品、咸菜的常用香料，如香肠、咸肉、腊肉、五香大头菜等，并常作为酒类、饮料的调香料。

注意事项：中医认为阴虚火旺者忌食，孕妇慎用。

3. 小茴香

（1）概述　小茴香又称为小茴、谷茴香等，为伞形科多年生宿根草本植物茴香的果实。

（2）应用建议　小茴香全株气味芳香，鲜嫩茎叶也可作为香辛蔬菜用于凉拌，或制馅心。小茴香作为香料具有赋香增香、压异矫味的作用。常用于烧、卤、酱类菜式的制作，因其颗粒细小，常包裹后使用；亦常研磨成粉，作为配制复合调味料如五香粉、十三香等的重要原料。

在西餐中，小茴香的鲜嫩茎叶可做调味蔬菜，多切碎后撒在沙拉、热菜或汤的表面，用于提味、增香、点缀，但通常不单独成菜；小茴香粉多用于鱼类菜式、甜品、色拉的增香，以及调味酒的调香。

4. 丁香

（1）概述 丁香为橄科常绿小乔木丁香的干燥花蕾。

丁香夏季开花，花淡紫色，顶生聚伞花序，其干燥花蕾称"公丁香"。浆果红棕色，长倒卵形至长椭圆形，长 2～3cm，直径 0.6～1cm，干燥后称"母丁香"。当丁香花蕾长约 1.5cm 左右，颜色已变红但未开放时，将其干制即得到干燥花蕾。

（2）应用建议 丁香具有浓烈的特征性香气，并略带辛辣味和苦味，但加热后味道会变柔和。调味中具有赋香、压异、去腥膻、杀菌的作用，常用纱布或香料球包裹后用于卤、酱菜的制作，如酱鸭、丁香鸡、玫瑰肉，偶用于烧菜，常用于制作卤汤、鲜汁，且是复合香料的常用配料之一。此外，也常用于肉制品的调香，如灌肠、香肚等。

注意事项：在某些色泽艳丽或较清淡的产品中，防止由于丁香的使用量过大，造成产品发黑、发灰，影响质量。

5. 月桂叶

（1）概述 月桂叶又称香叶，为樟科月桂树属常绿小乔木月桂的树叶。

月桂叶具有丰富的油腺，揉碎后，散发出独特的清香气。月桂的树皮亦是甘甜、温和、芳香的调味香料，剥下晒干后成为细长且两边卷起的形态。

（2）应用建议 月桂叶具有浓郁的甜辛香气，并间有柠檬和丁香样气息，后味略苦。常使用其干燥的叶片或干叶碎片，具有增加清香、压异矫味的作用，常用于肉类、鱼类的烹制，多采用烧、烩、烤、焖、煮、卤、酱等烹调方法中，也常用于腌腊制品的调味。

月桂叶是西式食品中最常使用的香料之一，尤其是法式和意式菜点的制作中。常用于烧烤、炖烩肉类、禽类、鱼类、野味的调味，如法式菜红葡萄酒煨牛尾、鹅油煮鹌鹑，意式菜烩什锦肉；并且是调制番茄沙司、辣酱油、咖喱粉、腌料的重要香料。另外，法式烹调中使用广泛的调味香草束的配料之一即是香叶，用于制作各种肉汤、煮菜时的去异添香。月桂树皮在西式烹饪中也用于米饭、蛋糕、甜品、布丁的增香。

6. 芝麻

（1）概述 芝麻又称脂麻、胡麻等，为胡麻科一年生草本植物胡麻的种子。

芝麻根据颜色的不同通常分为黑芝麻和白芝麻两类；也可分为白芝麻、黑芝麻、黄芝麻和杂色芝麻四类。

（2）应用建议 除作为加工芝麻油、芝麻酱、芝麻糊的原料外，芝麻是我国和日本最常用的香料之一，可直接用于烹饪中，具有增香赋味、装饰点缀的作用。作为冷热菜肴的配料，如芝麻羊肉丸子、芝麻鱼排、夫妻肺片；作为凉面、烧饼、包子、糕点、小吃等的配料或馅料，如芝麻凉面、芝麻烧饼、麻圆、黑芝麻汤圆等；

或炒香擀压成碎粒、碎末后作为馒头、面包、冷菜等的蘸料、夹馅料或调味料。并且也是糖果生产中的常用原料之一，如麻糖、饴糖等。

注意事项：由于熟制后的芝麻香气浓郁，使用时用量不宜过多，以免压抑主味。

7. 安息茴香

（1）概述　安息茴香又名阿拉伯小茴香、孜然、枯茗，为伞形科植物安息茴香的干燥果实。

（2）应用建议　安息茴香一般在秋季采收果实干制后作香辛料使用，具有增香赋味、压异矫味、杀菌防腐的作用。可整粒或研磨成粉状使用。由于其压抑膻味的效果明显，因此，最常用于膻味较重的牛羊肉菜点的制作，如烤羊肉串、烤全羊、孜然炒羊肉等及新疆特色的"手抓饭"中；现也常用于猪肉、鱼肉等其他肉类菜肴中，以及休闲小食品、特色面点中，是"烧烤味"型不可或缺的调味香料之一，如孜然烤饼、烤鱿鱼、烤鸡腿等。此外，还用于酒类、腌渍蔬菜的增香。孜然的嫩茎叶可作为蔬菜食用。

在外国菜系中，安息茴香是埃及、印度、土耳其等国家调制咖喱粉必不可少的原料；墨西哥菜式中也常用于菜肴的制作；而印度特有的芒果酱和辣椒酱也用其调味增香；法式菜肴中常用于牛羊肉的烹制，以及家禽、蔬菜、色拉的赋味。

注意事项：由于安息茴香的味道浓烈，使用时量不宜过大；由于香味易挥发，所以，粉末状的安息茴香多用于加热成熟后的涂抹、裹蘸或撒拌，长时间加热时宜使用整粒的安息茴香。

8. 芫荽

（1）概述　芫荽又称香菜、香荽、胡荽等，为伞形科芫荽的带根全草。

（2）应用建议　芫荽的嫩茎叶常鲜用，具有去腥除异、增香赋味的作用。多用于牛羊肉菜点的压抑膻味，常在起锅前或食用时加入，如粉蒸牛肉、羊肉汤锅、羊肉泡馍；也常用于其他菜肴、面点、凉菜的赋味以及味碟的调制；现也常用于菜肴、馅心的主配料，如香菜饺子、盐水香菜等。此外，芫荽嫩绿的色泽、纤巧的叶形常被用作菜点的装饰和点缀，赋予了菜点别样的美感。

芫荽子具有类似于鼠尾草、柠檬、小茴香的香气，并略带甜味，也是很好的香味调料，在印度、中国以及欧洲等国均普遍使用。在腌渍食品时，常用整粒的芫荽子赋味增香；磨碎后的芫荽子粉广泛用于肉类菜肴和制品（如波兰香肠）、蔬菜制品及酒类（如杜松子酒）、快餐食品（如热狗）、汤料、烘焙食品（如甜点、面包、饼干）、巧克力的增香。在配制咖喱粉及其他混合香料粉时，芫荽子粉也是必不可少的重要组成香料。从芫荽子中提取出的精油，则可调配多种食品香精，用于糖果、饮料的赋香。

注意事项：由于芫荽鲜嫩茎叶的香味易受热散失，故应在起锅前或使用时加入。

9. 欧芹

（1）概述 欧芹为伞形花科欧芹属一二年生草本植物，是西餐中不可缺少的香辛调味菜及装饰用蔬菜。

（2）应用建议 鲜嫩的欧芹具有特殊香气和浓绿色泽，在西餐中得到广泛的应用。嫩叶除了普遍用于冷热菜、拼盘的配色点缀外，还常用于动物性原料的制作，尤其是鱼类菜肴和高加索式菜肴；亦可直接炒食等；或是用于调味酱汁的制作，如欧芹酱、欧芹烧汁等；或用于大型雕刻的装饰。此外，干燥的欧芹叶碎片在烹饪中也作为调味料加以应用。

10. 香芹菜

（1）概述 香芹菜为页蒿属二年或多年生草本植物。

（2）应用建议 在西餐调味中，香芹菜多采用德式菜的制作，另外，印度、东南亚菜式中也有较为广泛的使用。香芹菜的白色肉质直根可以作为西菜的配料，如制作沙拉时添加。嫩叶常用于冷热菜中，起增香、配色、装饰的作用。此外，香芹子可供提取精油或磨成粉末，广泛用于肉类制品、乳制品如奶酪以及面包、罐头等食品的增香。

11. 细叶芹

（1）概述 细叶芹为伞形科一年生草本植物。

（2）应用建议 细叶芹全株具有甜茴香与荷兰芹的综合香气，风味独特，具有增进食欲、帮助消化的作用，为欧洲西餐中使用十分普遍的香草，尤其是法式烹调中。可鲜用，不仅增香除异，还可点缀装饰菜点；也可将叶片干制后使用。广泛用于蛋类、鱼类、肉类、沙拉和汤品的调味，如俄式菜"胡椒土豆烧牛肉"常用之；或作为禽、鱼的填馅料。此外，也是配制各类调味料、奶酪和烘焙食品的风味料的主要香料，如法国著名的调料"Fine herbes"即是细叶芹、龙蒿、欧芹等香辛蔬菜的叶混合而成。

注意事项：由于细叶芹的风味加热后会大大减弱，因此，应在起锅前或食用时再添加。

12. 龙蒿

（1）概述 龙蒿又称为狭叶青蒿、茵陈蒿，根据英文名又常音译为他拉根香草、太兰刚香草，为菊科艾属多年生草本植物，但与我国传统药用植物茵陈蒿不同。

（2）应用建议 龙蒿是西菜制作中常用的香辛料，通常选用其嫩苗叶广泛用于肉食菜肴如禽肉、畜肉、鱼肉、海鲜等以及汤品的调味、装饰，如番茄夹蜗牛馅、煎牛仔肉片、扒鱼、芝士焗龙虾、白菌汤、鸡沙拉等。同其他新鲜香草一样，人们亦常将整片的条形龙蒿叶摆放在菜肴表面，或切碎后撒在汤、沙司、菜肴上起增香装饰的作用。

龙蒿是法式菜肴中最常用的香料之一。除以上用法外，法国名菜"法国芥菜"就必须用龙蒿增香，法国的 Bearnaise 辣酱油龙蒿风味突出；干枝龙蒿可浸没在红酒醋中制作成别具风味的龙蒿香醋，常用于沙司的调味。若将干燥的龙蒿磨成细粉可直接用于法式沙拉、汤品的调味。

13. 迷迭香

（1）概述　迷迭香又称海洋之露，为唇形科迷迭香属常绿小灌木。

（2）应用建议　在法式和意式西餐烹饪中，常将迷迭香新鲜的茎叶及其干燥品作为香辛料，用于肉类、禽类、海鲜、蔬菜等菜肴和汤品的调香，如腌肉、家禽馅料的调香。也常将迷迭香连枝之叶随时扫油于烤肉上，以增加香味。

注意事项：由于迷迭香风味浓烈，用量宜少，以免压抑主味。

14. 牛至

（1）概述　牛至又称满坡香、五香草等，根据英文又音译为阿里根奴香草，为唇形科牛至属多年生草本植物。

（2）应用建议　牛至具有浓烈的芳辛香气，微带苦味、辣味，后味回甜。西餐烹饪中以叶和花序顶端部分的干品作香辛料，整体或搓碎后广泛使用于多种味浓菜点的赋味和调味料的调配，如炸鱼、香草奄列、牛仔肉、奶油鸡、杂菜沙拉、酿白菌、苋菜汤等；尤其是在制作意大利的"披萨薄饼"时，必须添加牛至，因此，又称为"披萨草"。此外，牛至的风味与番茄及干酪十分相配，也多用于配制番茄沙司。牛至还常与其他香料混合使用，是调配墨西哥、意大利、希腊等国风味菜式的重要香辛料。

注意事项：由于牛至风味浓烈，使用时应注意用量，如肉食品中的添加量应为0.5%。另外，由于牛至碎叶的香气易挥发，因此，应在使用前粉碎；如需加热烹调，应在起锅前加入。

15. 甘牛至

（1）概述　甘牛至又称为花薄荷、马郁兰、墨角兰、牛膝草等，根据其英文名字，又音译为马佐连或茉荞奕那，意大利称之为"蘑菇草"，为唇形科牛至属多年生草本植物。

（2）应用建议　甘牛至作为香辛料使用的主要为花期干燥植物体上端的茎、叶和花序部分。

甘牛至具有温和而文雅的芳香气息，并带有令人愉悦的苦辛香味和樟脑味，是餐饮烹调中常用的香辛料，起提香、增味、去腥膻味的作用，主要见于英式菜、德式菜和意式菜的制作中。广泛用于肉类、禽类、鱼类及其他水产类、多种蔬菜的增香赋味，尤其是为鸡肉和火鸡的填馅料增香效果很好；也用于味重的意式面点如披萨饼的调香；并常作为各种调味汁和蔬菜、肉制品腌料的用料。

注意事项：甘牛至香气十分浓烈，宜少量使用。需加热的菜点最好是起锅后直接撒在菜点的表面。

16. 百里香

（1）概述　百里香又称麝香草、山椒、山胡椒等，为唇形科百里香属多年生半灌木植物。

（2）应用建议　百里香具有特殊而浓郁的香气，略苦，微有刺激味，是西餐主要的香料之一，鲜用或干用，最常见于法式菜、意式菜、英式菜和美式菜的烹制，是法式香草束的组成之一。常用于鱼类、肉类、汤类、沙司等的调味，美国新奥尔良地区的特色菜肴风味即是来自于百里香，法国勃艮第辣酱油的调配也必用之，烧烤小羊肉和猪肉时也要用百里香压异增香，并常与其他香料配制成调味粉。另外，鲜嫩的百里香还可供拌制沙拉或烹炒后作为配菜食用。

注意事项：百里香香气十分浓烈，宜少量使用。

17. 罗勒

（1）概述　罗勒又称为毛罗勒、甜罗勒、九层塔等，为唇形科罗勒属一年生草本植物。

（2）应用建议　鲜罗勒的风味辛甜似薄荷，并略带丁香味感，干燥后味略苦。西餐烹饪中，鲜嫩茎叶可做香辛蔬菜使用，生食、制汤或煎熟后用油盐调味食用，如著名的意大利"热那亚风味罗勒酱"。此外，新鲜的茎叶或干品可用于菜肴的调味，多见于美式菜、意式菜中，如番茄汤、番茄杂菜沙拉等；也用于水鱼清汤、意大利杂菜汤以及含醇饮料、酒醋的调香，如法国的罗勒香醋。

注意事项：由于干品罗勒的香味大大减低，因此，可将新鲜的罗勒叶浸泡在橄榄油中，既可长期保存，也为橄榄油添加罗勒的香味。

18. 洋苏叶

（1）概述　洋苏叶根据其英文名称又音译为茜子、水治香草，或根据其拉丁文学名音译为撒尔维亚，为唇形科鼠尾草属灌木状草本植物。

（2）应用建议　洋苏叶具有强烈的特殊芳香气味和令人愉快的清凉感，并略带苦涩味和辛辣味，是西餐中常用的香草，尤为英国人、意大利人所喜爱。在西餐菜肴的制作中，常将洋苏叶经阴干后粉碎作为香辛料使用，主要用于以肉类、禽类、海产类等为原料的菜肴制作及其制品的加工，尤其是常常加入猪肉馅中用来制作猪肉饼、灌肠等；或是与大葱粉、胡椒粉混合，用于上述原料烹制前的增香除异。此外，新鲜的洋苏叶叶片常用于沙拉、奶酪等的调香；或作为面包、小松饼等其他食品食用时的香辣调味汁的香料。

洋苏叶在意大利菜肴中使用广泛，如在奶油调味汁中加入洋苏叶以增添独特的香味；在烤小羊排时撒上用迷迭香、百里香、洋苏叶混合而成的香辛粉以去膻增香。

19. 藿香

（1）概述　藿香为唇形科多年生草本植物。

藿香产于我国大部分地区，因产地不同而有不同名称。产于江苏者称苏藿香；产于浙江者称杜藿香；产于四川者称川藿香。因其大多野生于山坡、路旁，故统称为野藿香。

除藿香外，尚有同科另种广藿香，亦称南藿香，原产于菲律宾等东南亚各国，我国南方广东、云南、台湾等地有栽培。广藿香的风味浓郁，具有特异清香，味微苦而辛。

（2）应用建议　藿香和广藿香除风味的浓郁程度不同而外，均具有薄荷和艾蒿混合型香气。鲜品可作蔬菜食用，清炒、配荤素料均可，或用于甜菜的制作，如山东夏令名菜"炸藿香"，也可用于汤菜以及腌制鱼、肉和蔬菜。若作为香料使用，干、鲜枝叶均可，最适于鱼、肉菜肴的制作，具有去腥除异、增香解腻的作用，如藿香鲫鱼、藿香岩鲤；亦可将叶片切碎后添加在汤饭中，或用于制作清凉饮料、调酒等。

注意事项：由于藿香的香气易挥发，故加热时间不宜过长。

20. 薄荷

（1）概述　薄荷又称为野薄荷，为唇形科薄荷属多年生宿根草本植物。

（2）应用建议　薄荷具有令人愉快的芳香和清凉感，并略带甜味，用于烹饪中具有赋香、除异、解腻、防腐的作用。可用于肉类、鱼类菜肴的烹制，面点、小吃的赋香，以及冷饮、酒类的调味。如在西餐制作中，将新鲜的薄荷叶撒在牛肉、羊肉菜肴的表面，或榨汁后淋入；作为沙拉的用料或配菜；用于甜点的制作等。此外，薄荷也常用于果醋或辣酱油的调味，以及菜点的装饰。在食品工业中，薄荷精油是制作口香糖、清凉糖果、冰激凌、清凉饮料的重要香料。

注意事项：由于薄荷的香气容易受热损失，故多用于冷菜、冷点中，若用于热菜中，则需在起锅后或食用前加入。

21. 留兰香

（1）概述　留兰香又称为香花菜、绿薄荷、青薄荷，为唇形科薄荷属多年生草本植物。

（2）应用建议　留兰香具有清新凉爽的特征气息，略有甜味和辛辣味。除了广泛应用于日化用品及食品工业中外，在西餐烹饪上也常以其嫩茎叶的鲜品或干品作为香料使用，尤以鲜品的香味浓郁宜人，可加入酒或果汁中增香，如鸡尾酒、威士忌、汽水、冰茶、果子冻等；或添加在菜肴中赋味，如沙拉、汤、肉类菜肴。此外，也常用于菜点的装饰。

注意事项：由于留兰香的香气易受热损失，故多用于冷菜、冷点中，若用于热菜点，则需在起锅后或食用前加入。

22. 莳萝

（1）概述　莳萝又称土茴香，为伞形科莳萝属一年生或多年生草本植物。

（2）应用建议　莳萝的干燥果实与小茴香相似，但其色深形圆，气味较淡。莳萝鲜草及干燥果实可作为香料应用，主要用于西式烹饪中，尤其是美式烹饪中。鲜嫩的茎叶可作为香辛蔬菜应用，既可单独蔬食，亦可用作鱼类菜式、汤品、沙拉、腌渍蔬菜的调味料，如德国腌制"酸甜甘蓝"时需用之。莳萝籽干燥去脂后磨成粉末用作香辛料，为调味汁、红肠、面包、咖喱粉或腌制品等调香，如欧洲某些地区将莳萝粉撒在三明治或奶酪上以增香。

注意事项：若要将莳萝的风味激发出来，则需注意用于热的调味料配制时，需烧煮 10min 以上；用于冷的调味料配制时，需拌和 30min 以后。

23. 番红花

（1）概述　番红花又称为西红花、藏红花，为鸢尾科多年生草本植物。

（2）应用建议　番红花的花柱具有独特而强烈的苦香味，烹饪中可作为香料应用，即从新鲜的尚未盛开的番红花花朵中将柱头去除，然后晒干，便为番红花丝，为世界上最昂贵的香料。番红花中含藏红花酸，呈现黄色至红色，因此，亦可用于菜点的增色。

作为香料，番红花在印度、意大利应用较多，由于其价格昂贵，多用于非常有特色的地方菜肴制作，如西班牙鳕鱼、斯堪的纳维亚半岛地区的糕饼等。此外，也广泛运用于汤品、沙司、米饭、蛋糕、面包、冰激凌等的增色调香。

注意事项：由于番红花色重味香，使用极少量就可赋予菜肴、甜品独特的香味和色泽。另外，若要将其色泽和香味完全展现出来，使用前需先浸泡在热水中约 5min，再加以应用。

24. 香薄荷

（1）概述　香薄荷又称为夏香薄荷，为唇形科一年生草本植物。香薄荷在地中海沿岸国家栽培的称为夏香薄荷，同属另种冬香薄荷为野生种。后者叶片较狭长，先端锐尖，深绿色，香味较浓；夏末开粉红色花。香辛料选用的主要是夏香薄荷上部的干燥叶片。

（2）应用建议　香薄荷叶具有芬芳的清香气息，略辛辣，可替代胡椒使用。主要用于西式烹饪中，在法式菜中使用比较普遍，最常用于豆类菜点的烹制，故有"豆类香草"之称，在意大利香肠、鳟鱼等的制作中亦需用香薄荷增香。此外，也常用于制作小牛肉、猪肉、沙拉、烤鱼等菜肴。法国五香粉的主要成分即为香薄荷，并常用于各式辣酱油和沙司的调味。香薄荷精油可用于苦啤酒、苦艾酒等调味酒的赋味。

注意事项：由于香薄荷风味浓郁，使用时宜少量。热菜在起锅时加入为宜。

25. 多香果

（1）概述　多香果又称为众香子、牙买加胡椒等，为桃金娘科常绿乔木多香果的果实。多香果的采收是在果实已成熟但仍是绿色时采收，然后在烈日下晒干。干燥后的果皮呈红棕色，此时的种子即产生类似锡兰肉桂、胡椒、丁香和肉豆蔻的刺激性混合芳香气味，故称多香果。

（2）应用建议　多香果具有提味的作用，是西餐烹饪中重要的香料，最常见于英国、美国和德国烹饪中，但在法国菜中少见。可作为畜肉、禽肉、鱼肉的增香料，尤其适用于熏制、烤制和煎制肉类的赋味，是著名的巴西烤肉的主香料。此外，亦广泛于汤品、蔬菜腌渍品、甜品、各式调味料、各式面点风味料等的调香以及作为焙烤食品、肉类加工品、糖果的增香剂。

26. 高良姜

（1）概述　高良姜又称海良姜、小良姜，为姜科多年生植物高良姜的根状茎。

（2）应用建议　高良姜的根茎具有特殊芳香气。烹饪中可作为卤、酱、烧制等菜品的香料，常和其他香辛料混合使用，也是制作五香粉等复合调味料的原料之一。在我国广东潮汕地区，高良姜是使用非常广泛的香料之一，常斩碎、搅碎后直接或取其汁液加入菜肴、面点、小吃及调味碟中增香赋味。

27. 柠檬香茅

（1）概述　柠檬香茅又称为柠檬草、香茅草等，为禾本科香茅属多年生草本植物。

（2）应用建议　柠檬香茅具有浓郁的柠檬香气，是一种重要的香料植物。除供香料工业中提取精油调配香料外，也常用于菜点的制作中。

烹饪中多选用柠檬香茅叶。鲜茎刮去外皮后使用里面的白色的茎髓部分，可整根使用，亦可切碎或与其他原料混合后捣成浆状；干茎则需浸泡后才能使用。常用于汤品、菜肴、甜点的增香。在东南亚菜式中，常用于鱼、鸡等的烤制增香，如香茅烤鱼、香茅鸡。我国云南少数民族常将鸡肉、牛肉、猪肉、鱼等原料用柠檬香茅捆扎后烤炙，或用于调味酱汁的调配。

注意事项：在孕妇的饮食中应避免使用柠檬香茅。

28. 香荚兰

（1）概述　香荚兰又称为香子兰、香草兰，俗称香草，为兰科香荚兰属多年生攀援藤本。

香荚兰的果实在未完全成熟时采收，然后通过蒸制、发酵等工艺提取香草精；或是于10～12月采摘后经过半年左右的初步加工，待生香后即成为芳香怡人的长条状薄干荚。

（2）应用建议　香草的价格仅次于藏红花，是世界上最重要的调味料之一。主要用于西点、甜品、巧克力、饮料的调香，如奶油蛋羹、香草冰激凌、蛋糕、布丁、奶油慕斯、香草巧克力、蛋奶酥、香草咖啡等。

注意事项：在为菜点赋香时，使用少量的香草即可。另外，若直接使用的是香草荚，在使用完毕并干燥后，存放起来可以继续使用。

29. 茅香

（1）概述　茅香又称为香麻、香茅，为禾本科茅香属多年生草本植物。

（2）应用建议　茅香味道香甜，气味醇香。在产地多作为香料运用于菜点制作中，如烹制肉类、鱼类、面条时取香草叶共烹，成菜即具五香之味。

30. 紫苏

（1）概述　紫苏又称为白苏、香苏、苏麻等，为唇形科紫苏属一年生草本植物。

（2）应用建议　紫苏具有特有的辛香气息，具有去腥除膻、增香的作用。烹饪中可用其嫩茎叶作为香料使用，鲜用或干用，但多鲜用。常以鲜叶或嫩茎用于腥味较重的鱼类、虾蟹类、螺类菜肴的制作；或作腌制蔬菜的调味品；或为酱油赋香；或取汁液用于粥品、饼糕、饮料的调香。此外，鲜嫩的茎叶也可直接作为蔬食，凉拌、炒食等或与其他原料配用。若将紫苏与鱼类短时共贮，可延缓鱼类的腐败变质。西餐制作中，常将紫苏叶用于调味、装饰，或干制后磨成粉用于肉制品、调味酱汁的赋味。

31. 姜黄

（1）概述　姜黄又称为郁金、黄姜，为姜科姜黄属多年生草本植物。

（2）应用建议　姜黄的根状茎呈黄色，具有独特香气，调味中常用干燥的姜黄粉，可作为增色增香料使用，是制作咖喱粉的基本原料，并常用于花色糕点、菜肴、蜜饯、果脯、腌菜、牛肉干等的赋色增香。

32. 麻绞叶

（1）概述　麻绞叶又称为咖喱叶、克尼格氏九里香叶、调味九里香，为芸香科九里香属常绿灌木。

（2）应用建议　麻绞叶摘取完整无缺的鲜叶作为香料使用，干燥后香气大大减弱，是印度南部、斯里兰卡、马来西亚、毛里求斯等地区和国家菜肴制作中常用的香味调料，为印度马德拉斯咖喱粉中不可或缺的香料成分之一，最常用于调制咖喱肉汤和烹制咖喱味型的菜点。此外，新鲜的咖喱嫩叶在这些地区也常用于清蒸蔬菜、米饭、炖菜的制作中，赋予菜点微妙的咖喱风味。

33. 灵香草

（1）概述　灵香草又称为灵草、黄香草、满山香，为报春花科多年生直立或匍匐生草本植物。

（2）应用建议　灵香草气味芬芳，味微苦，具有缓解神经紧张的作用。

过去，灵香草多作为药用，也是西北等地的人们在过端午节时制作香包的主香料。但近几年亦广泛用于火锅的调香，多用于麻辣火锅中。

34. 排草

（1）概述　排草又称为香排草、排香草，为报春花科一年生草本植物排草、细梗排草等的统称。

（2）应用建议　排草全株有香气，可入药及提取芳香油。

近年来在麻辣火锅、卤水中也有使用，但用量不宜过多。

35. 水瓜柳

（1）概述　水瓜柳又称水瓜钮，为白花菜科藤本状半蔓生多年生灌木。

（2）应用建议　水瓜柳的花蕾具有酸涩味和特殊的辛香，其味辛苦、性温。

在夏初未开花前收采水瓜柳的花蕾，然后浸在醋或盐水中腌制为香辛料，是欧洲南部及非洲北部居民常用的调酸调香料。常用于调制炖、烩肉类的调味料，或作为沙拉及披萨的调配料，也常用于沙司的调制。

注意事项：醋浸水瓜柳应密封于玻璃瓶中，并贮于暗处，以保存其风味。盐渍水瓜柳使用前应在水中浸泡脱盐后，再用于调味。

36. 杜松子

（1）概述　杜松子为柏科桧属多年生常绿灌木或乔木欧洲刺柏、杜松等的浆果状球果。

（2）应用建议　西餐烹调中，杜松子的球果干燥后被作为调味料使用于菜肴、饮用酒的调味中，尤其是在北欧地区。如在斯堪的纳维亚半岛的渍菜、野味、猪肉的烹调中都常加入杜松子，以增加独特的风味；法国菜色中也将杜松子用于肉类食物的制作或沙司的调制。此外，杜松子更是调制金酒不可或缺的香料。

注意事项：肝脏有问题的患者及孕妇避免食用，以免造成病情恶化或流产的发生。

37. 陈皮

（1）概述　陈皮为芸香科柑橘属多种柑、橘、橙的成熟果实的果皮干燥后陈放而得。

（2）应用建议　陈皮具有甜香的苦味，烹饪中具有提味增香、去腥除异的作用。常作为组合香料的成分之一用于卤、酱菜品的制作，如酱牛肉、烧鸡；或用于烧、炖、炸、炒等方式制作的畜禽类菜肴中，制成风味独特的"陈皮味"型，如陈皮兔丁、陈皮鸭子、陈皮牛肉、陈皮羊肉等。此外，亦可切成丝状、粒状用汤水浸泡后用于风味糕点、风味凉菜的制作或装饰，如陈皮甜酸白菜；也常用于复合香料粉的配制。

此外，新鲜的橙、橘、柠檬的外果皮（即有颜色、具油囊的部分）也常用于某些风味菜点的赋味增香，如拌萝卜丝、拌白菜丝，风味清新宜人；切碎后可作为甜、咸馅料的配料；也是西菜、西点的常用增香、装饰原料之一。

陈皮在使用前需先用水浸软，使其香味外溢，苦味降低，再改刀入烹。另外，使用量以少为宜。新鲜的柑橘类果皮在使用时，尽量切取最外层部分，不要用白色的部分，以免苦味过重。

38. 白豆蔻

（1）概述　白豆蔻也称为豆蔻、壳蔻、白蔻仁、蔻米等，为姜科多年生常绿草本豆蔻的果实。

（2）应用建议　白豆蔻气芳香，味辛凉似樟脑，略苦，具有去异味、增辛香的作用。常作为卤菜、酱菜等的组合香料成分之一，如制作酱牛肉、卤猪肉、烧鸡等；也有以白豆蔻为主要调味料制成的菜肴，如山西太原"六味斋"的"蔻肉"；也是咖喱粉、五香粉、码料粉的原料之一，或用于复制酱油的增香。

39. 草豆蔻

（1）概述　草豆蔻也称为漏蔻、草寇、大草蔻等，为姜科多年生草本植物草豆蔻的果实。

（2）应用建议　草豆蔻具有芳香、苦辣的风味，常用来去除原料的异味，增加香味。常作为组合香料的成分之一用于制作卤汤、卤菜，如酱牛肉、卤猪肝、卤鸡翅、烧鸡、卤豆腐等；也单用于烧、炖等菜式。此外，也常用于复合香料粉的配制。由于草豆蔻风味浓郁，一次用量不宜过多。

40. 肉豆蔻

（1）概述　肉豆蔻又称肉果、肉蔻，为肉豆蔻科常绿乔木肉豆蔻的种子。

（2）应用建议　肉豆蔻味浓香，略带甜苦味。新鲜的肉豆蔻衣晒干、磨成粉即可应用；肉豆蔻的种子十分坚硬，使用时需用专门的肉豆蔻研磨机、肉豆蔻擦板或小刮擦摩擦成粉。

中餐烹饪中常与其他香辛料混合使用于煮、卤、烧等菜式中。西餐烹饪中，肉豆蔻粉广泛应用于清汤、沙司、牛羊肉、鱼类、蔬菜等增香；亦是制作水果布丁、巧克力、饼干等甜点常用的赋味料；且在调制某些种类的鸡尾酒、五味酒时，可刮擦少许的肉豆蔻粉添加在酒中，风味别致；此外，亦是配制咖喱粉不可缺少的配料。

肉豆蔻衣具有比种子更浓烈的特征性风味，是印度人最喜爱的香料，并在西方许多国家也有很广的用途。由于其味更浓烈，用量要少于肉豆蔻使用量的20%左右。

由于肉豆蔻粉的味浓烈，而且在其精油中含约4%的有毒物质肉豆蔻醚，如食用过多，会使人麻痹，产生昏睡感，故使用量应少。

41. 砂仁

（1）概述　砂仁又称缩砂仁、春砂仁等，为姜科多年生草本植物砂仁的果实，砂仁在我国常用的有三种，即阳春砂（产于广东阳春等地）、海南砂（产于海南等地）、缩砂（产于泰国、缅甸等地）。

（2）应用建议　砂仁具有独特的芳香气味，具有增香矫味的作用。多用于配制卤菜、卤汤以及炖、焖、烧等成菜方式；亦常用于特色菜肴的制作，如砂仁肘子、砂仁蒸猪腰、春砂鸡等。此外，也常用于复合香料粉的配制。

42. 草果

（1）概述　草果又称草果仁、草果子，为姜科多年生丛生植物草果的果实。

（2）应用建议　草果是常用的一种香料调味料，具有增香除异的作用。多用于火锅汤料、卤汤、复制酱油等的调味，也可用于烧菜及拌菜，如草果煲牛肉、果仁排骨等；也常用于复合香料粉的配制。此外，草果对兔肉的草腥味具很好的去除作用。

由于草果的果皮坚硬，因此，应拍破后使用，以利香气外溢。

43. 山奈

（1）概述　山奈又称沙姜，为姜科多年生宿根草本植物山奈的干燥地下块状根茎。

（2）应用建议　山奈根茎味浓辣而芳香，具有去腥除异、增香、防腐的作用。烹饪中常与其他调味香料配合，是制作卤汤、酱汤的重要调味料，成菜风味别致，如德州扒鸡、符离集烧鸡、北京卷头肉等的制作中均需用之。

山奈在使用时用量不宜过大，否则苦味明显。

44. 白芷

（1）概述　白芷又称芳香、香白芷等，为伞形科当归属多年生草本植物兴安白芷、杭白芷、川白芷和白芷属多年生草本植物滇白芷（又称云南牛防风、粗糙独活）等的干燥根。

（2）应用建议　白芷在调味中多用于肉类原料的去腥除异、增香，常作为卤、酱类菜的香味配料，如天津酱猪肉、河北酱驴肉、河南道口烧鸡等均用之；也可用于风味菜肴的烹制，如川芎白芷鱼头；或用于复合香料粉的配制，在制作香肠、灌肠时使用。

45. 荜拨

（1）概述　荜拨又称为荜勃等，为胡椒科多年生藤本植物荜拨的果实。

（2）应用建议　荜拨在调味中具有矫味、增香、除异的作用，多用于其他香料配合使用于肉类烹调，以烧、烤、烩等方式成菜和制作卤菜。偶见单用，如荜拨鱼头、荜拨鲫鱼羹、荜拨粥等。

46. 阿魏

（1）概述　阿魏为伞形科阿魏属多年生多汁草本植物阿魏、新疆阿魏和圆茎阿魏根和根状茎切口流出的乳汁所形成的干品。

采收阿魏与橡胶相似，开花之前，将根、根状茎切断，即有乳白色的汁液流出，上面用树叶覆盖，约经 10 天，汁液凝固如脂，割下即为"阿魏"。

（2）应用建议　阿魏具有葱蒜样臭味，主要用于抑制动物性原料的膻燥异味，效果很好。在加工制作肉制品时，若原料异味过重，将阿魏磨成粉后与盐拌匀擦在原料表面，即可除去。此外，阿魏的根在新疆地区亦直接用于卤、酱、烧烤等方式中去除牛羊肉的膻腥气味。

47. 胡芦巴

（1）概述　胡芦巴又称苦豆、香豆，俗称"香苜蓿"，为豆科胡芦巴属一年生草本植物胡芦巴的种子。

（2）应用建议　胡芦巴的种子可以整粒或磨粉后作调味品用，如我国民间常将胡芦巴粉用于粉蒸肉制作中，起增苦香的作用；也用于调制复合调味料，如印度咖喱粉、印度式酸辣酱、辣椒油、蛋黄酱等。在我国西北地区，民间习惯将其嫩茎叶晒干、揉碎作调味品，带特殊的苦香，一般混用于面团中作花卷、烙饼、馍馍等面食，或用于面条、凉皮、凉粉中作调味品。因其色呈黄绿，也用于调色。此外，其嫩茎叶可作为蔬菜食用。

第七节　特征风味料

一、酒香风味料

酒在人类的日常生活中既是饮品，又是常用的重要调味料。按生产工艺的特点，将酒分为蒸馏酒、发酵酒和配制酒三类；按酒度高低不同，可分为低度酒和高度酒两类。

酒中的主要成分是乙醇，此外还含有其他的高级醇、酯类等多种成分，具有去腥除异、增香增色、助味渗透的作用。由于低度酒中的呈香成分多，酒精含量低，营养价值较高，所以在中西餐制作中常作为烹调用酒，如黄酒、葡萄酒、啤酒、醪糟等。而高度酒多用于一些特殊菜式的制作，如茅台酒、五粮液、汾酒、白兰地、威士忌等。

1. 黄酒

（1）概述　黄酒又称为米酒，由于在我国的烹饪过程中常常作为酒香调料使用，也常称为料酒。黄酒是以稻米、玉米、黄米等谷类为原料，经发酵、压榨、过滤等工序制成的低度酒，酒精含量为10%～20%。黄酒为我国特产酒类，在浙江、江苏、福建、山东、江西产量较高，以浙江绍兴所产最为著名，名品如绍兴花雕酒、山东即墨老酒、福建龙岩沉缸酒、福建老酒。

（2）应用建议　作为调味用酒，其去腥除异、增香赋味、消毒杀菌的作用十分明显。广泛应用于菜肴、点心的制作，如在烹制肉类菜肴的码味、加热过程中普遍使用之，如花雕爆海螺、花雕鸡；冷菜的制作中也常使用，去黄酒醉鸡、醉蟹。此外，民间还将黄酒应用于一些滋补菜点的制作，如黄酒炖蛋。

黄酒在使用时应注意用量，不可太多，以不影响菜肴口感、无残留酒味为宜；清淡味型的菜点中避免使用，如鱼片汤、肉丝汤。

另外，应根据黄酒在烹调中所起的作用不同，在不同时间加入。若主要是去腥除异、助味渗透，应在加工前码味过程中加入；若主要是为菜品增色增香，应在加工过程中加入；若主要是为增加醇香，应在起锅时加入。

2. 香糟

（1）概述　香糟又称酒膏，是酒糟的一种。酒糟为制造酒或酒精后的发酵醪经蒸馏或压榨后余下的残渣；香糟是将压榨黄酒后的残渣再加工制作而成的汁渣混合物。

香糟可分为白糟和红糟两种。白糟即普通香糟，白色至浅黄色；红糟为福建特产。此外，在山东等北方地区有一种特殊香糟，用新鲜的黍米、黄酒酒糟以及15%～20%炒熟的熟麸皮、2%～3%的五香粉制成，别具风味。

（2）应用建议　香糟具有去腥除异、增香增味的作用，红糟由于色泽红艳，还具有增色的作用。常用于糟制肉、禽、蛋或鱼类以及豆制品和少数蔬菜。若将原料煮熟后放入香糟中称熟糟，将原料腌制后浸入香糟中为生糟。适用于烧、熘、炝、煎、醉、爆等多种烹调方法。成菜糟香浓郁、口味清爽、色泽纯净。我国江南一带以及福建等地以糟制的各种食品见长，如糟鸡、糟凤爪、糟蛋、糟萝卜、红糟鸡丁、红糟肘子等。

糟制品品种较多，但也不是所有原料都适宜用来制作糟制品。如牛肉、羊肉，由于其本身带有腥膻气味，制作糟制品不但不能突出香味，还会使原料与糟结合后生成一种异味，使人难于接受。因此，在选择原料时，要注意其自身的特性和加热后的变化，采用适宜的原料，才能制作出鲜香味美的糟制品。

3. 醪糟

（1）概述　醪糟又称酒酿，是以糯米为原料，经浸泡、蒸煮后拌入甜酒曲发酵而成。其味醇香甘美，为我国传统的酿造食品。

（2）应用建议　可供直接食用，如醪糟粉子、蛋花醪糟、菠萝醪糟等；常作为调味料应用于菜点制作，具有去腥除异、和味增香的作用，如醪糟鱼、醪糟茄子；可作为面团的发酵剂；可作为火锅调料，增加醇香和回甜味；也可拌入蒸菜、烧菜中等。此外，亦用于其他发酵食品的赋味增香，如醪糟豆腐乳、贵州"独山盐菜"。

4. 露酒

（1）概述　露酒是以白酒、食用酒精、葡萄酒或黄酒为酒基，按一定比例加入糖料、香料和着色剂等配制而成的，配制的方法有浸泡法、预制香料法和直接配制法。配制好后，要经过一定时间的贮藏，各种成分相互融合在一起，酒味变得和谐而柔和，才可以饮用。

露酒因加入香料的不同而有所区别，通常见到的主要有青梅露酒、玫瑰露酒、橘子露酒、红果露酒、樱桃露酒等。

（2）应用建议　露酒是常用的烹调用酒，具有去腥除异、增香和味的作用，常用于河鲜、海鲜的烹制，或用于腌腊制品的调味。名菜如酸梅乳鸽、樟茶鸭子等。此外，露酒也深受欧美人的喜爱，除作为饮料酒外，也用于鸡尾酒的调制。

5. 葡萄酒

（1）概述　葡萄酒是以鲜葡萄或葡萄原汁为主要原料，利用葡萄表皮的天然酵母或接入纯种酵母，经发酵、陈酿等工艺制成的一种酿造酒。

葡萄酒成为世界上产量最大的果酒，生产历史悠久，种类繁多。按酒的颜色分红葡萄酒、白葡萄酒、桃红葡萄酒；按照酒的糖分含量分为干葡萄酒、半干葡萄酒、半甜葡萄酒、甜葡萄酒；按照酿造方法分为天然葡萄酒、加强葡萄酒、加香葡萄酒；按是否含 CO_2 分为静止葡萄酒、发泡葡萄酒、充气葡萄酒。以法国出产的葡萄酒最为著名。

（2）应用建议　其滋味是酒味、甜味、酸味和涩味的综合感受。

在西餐烹饪中，葡萄酒是应用非常广泛的调味酒之一，具有增酒香、除腥膻、增色泽的作用，以干红葡萄酒使用较多。红葡萄酒是西餐烹饪中制作红肉类菜肴时使用的最佳烹调用酒，如红酒烧牛肉、红酒烩牛尾、红酒烩酿牛肉卷、法式红酒烩牛肉等，也用于沙司的调制，如布朗沙司，也常用于野味的腌制和烹制。此外，白葡萄酒多用于白肉类、海鲜类菜肴的制作，如法式煮鱼、海鲜周打汤、白酒沙司、西班牙海鲜饭等。目前，葡萄酒在中餐烹调中也有一定的运用，运用于烧、烩等成菜方式，如贵妃鸡翅、葡萄酒烧鹌鹑。

6. 白酒

（1）概述　白酒为中国特有的一种蒸馏酒，是世界八大蒸馏酒（白兰地、威士忌、伏特加、金酒、朗姆酒、龙舌兰酒、日本清酒、中国白酒）之一，由淀粉或糖质原料制成酒醅或发酵后经蒸馏而得，又称烧酒、烧刀子等。酒质无色（或微黄）透明，气味芳香纯正，入口绵甜爽净，酒精含量较高，经贮存老熟后，具有以酯类为主体的复合香味。

（2）应用建议　白酒除作为饮用酒外，还广泛用于中餐烹饪中，具有去腥除异、增香、嫩肉的作用。

7. 啤酒

（1）概述　啤酒是以大麦芽、啤酒花、食用淡水为主要原料，经酵母菌发酵酿制而成的饱含二氧化碳的低度酒精饮料酒。

根据所采用的酵母和工艺，国际上分为下面发酵啤酒和上面发酵啤酒两大类；根据原麦汁浓度分为低浓度啤酒（酒精含量 0.8％～2.5％，如无醇啤酒）、中浓度啤酒（酒精含量 3.2％～4.2％，如各种淡色啤酒）和高浓度啤酒（酒精含量 4.2％～5.5％，少数高达 7.5％，如黑色啤酒）；根据色泽分为淡色啤酒、浓色啤酒和黑啤酒；根据杀菌方法分为纯生啤酒（三级过滤，不进行热杀菌）、鲜啤酒（不经巴氏杀菌）和熟啤酒（经巴氏杀菌）等。

（2）应用建议　啤酒除作为饮用酒外，还广泛用于中西餐烹饪中，具有去腥除异、增香、嫩肉的作用。若在烹调肉类、禽类、蛋类、鱼类等菜肴时，用啤酒代替黄酒、水进行调味和蒸煮出的菜肴风味独特，如啤酒鱼、啤酒鸭、啤酒鸡、啤酒焖牛肉、啤酒烩大虾等；制作面点制品时，加入鲜啤酒可有助于发酵，使成品松软，别具风味，如啤酒味面包、啤酒锅饼和啤酒炸馅饼等。

二、乳香风味料

1. 概述

乳汁是雌性哺乳动物产仔后分泌的汁液，除营养丰富、口感丰润外，乳汁及其制品尚具有独特的乳香味。日常食用的主要是牛乳、羊乳、马乳。其中，牛乳及其制品除供直接饮用、食用外，也常作为乳化剂和乳香料应用于烹调，尤其是西式菜肴、甜品的制作中。

在制作牛乳制品的过程中，鲜牛乳中的不同香气成分在加工过程中伴随着乳脂肪的转移而发生重新分配，以及在加工过程中由于酶促反应、加热反应、氧化反应和微生物发酵而生成新的风味物质。例如，在鲜乳脱脂过程中，脂溶性香味成分多进入鲜奶油中，水溶性香味成分进入脱脂乳中，从而使得鲜奶油和脱脂乳具有不同的香味。在奶酪的发酵过程中，由于后期发酵菌种的不同，而形成各种不同的特征性风味成分。此外，也有人工调配出的乳类香精。

2. 应用建议

中式调味中，可用牛乳或炼乳代替汤汁，赋予菜肴独特的奶香，如奶油菜心、牛奶熬白菜等；在面点及其馅心的制作中加入牛乳，不但可以促进水和油的相溶，还可使制品奶香浓郁、松软可口、色泽洁白、气孔细腻，如奶香小馒头、奶黄包。

西式调味中，牛乳及其制品是不可或缺的重要原料之一。

（1）牛乳和炼乳　常用于菜肴、汤品、西点、甜品等的制作。

（2）乳粉　多用于西点的制作。

（3）奶酪　常用于菜肴、西点、汤品、特色食品等的制作；亦常用于沙司的调制。

（4）黄油　作为烹调用油，广泛应用于菜点制作中；亦可加入汤汁内，具有增稠和赋奶香的作用；并可淋洒在煎、炸、烤的热菜上增加菜肴的芳香味和光泽感。

（5）鲜奶油　是制作西点和冷饮的绝好原料；也可用于汤菜、热菜和甜菜的调料，以及用于沙司的调制。如奶油慕斯是宴会的佳肴；加糖抽打成蓬松的甜奶油，是制作裱花蛋糕、冷饮、西点的装饰和赋味的原料。

（6）酸性奶油　可作为荤素菜肴的调料，用于赋味、增香。如德国的酸奶油沙司。

（7）酸奶　常用于某些菜肴及西点的调味。

三、果香风味料

1. 概述

在西式调味料的制作中，具有果香风味的调味料为一大特色。如欧美西餐中的水果沙拉、水果披萨、各种水果派、果酱蛋糕、水果布丁等；在东南亚菜点中更是将果香风味发挥到极致，从菜肴、汤品的制作，到点心、小吃的烹制，均使用了丰富的水果来达到增香、赋味、增色、装饰的目的。这种成菜成点特色，近些年来在中式调味料的制作中也有借鉴和运用，出现了一些深受人们欢迎的调味料。

2. 应用建议

下面介绍几种常用的果香风味料。

（1）椰汁　通常人们所称的椰汁为棕榈科植物椰子的胚乳内部的汁液，其味甘甜清凉，通常直接饮用，亦可供烹调之用，如鲜椰奶炖乳鸽。烹饪中常用的椰汁实际上是椰浆，即用椰子富含脂肪的胚乳（椰肉）经压榨、调配等工序加工而成。其色洁白，口感柔滑，椰香浓郁，营养丰富。调味中可用于多种菜肴、小吃、点心、甜羹等的赋味增香，如红豆椰汁糕、椰汁斑腩煲、椰汁西米露、牛奶椰汁火锅、椰汁糯米饭、椰汁雪蛤。

（2）菠萝　菠萝又称为凤梨、黄梨，为凤梨科多年生草本植物凤梨的聚花果。其果肉香气浓郁，风味独特。菠萝及菠萝汁在调味中可用于各种香甜、咸香菜式的制作，如酿菠萝、菠萝鸡片、鲜虾烩菠萝、菠萝咕噜肉、菠萝牛肉汤等。

（3）果酱　果酱是将鲜果破碎或榨汁后加糖煮制成的带有透明果肉的胶稠酱体。成品晶莹透明、果味浓郁、营养丰富、口感细腻。调味中具有赋甜、增果香以及丰富菜点质感等作用。可作为面包、馒头等的涂抹食品；作为点心的馅料或裹料；作为炸制类菜肴的蘸料。如果需要，在使用前应加热融化或用热水稀释。

（4）果汁　果汁是以鲜果为原料而制成的液体状加工品。一般采用压榨法和浸出法制作，可保持原浓度或进行浓缩，无论在风味和营养上都十分接近鲜果，如橙汁、木瓜汁、西番莲汁等。果汁在调味中可以作为甜菜类的浸汁，为制品赋味或增色，如橙汁藕片、柠檬仙人掌、橙汁萝卜等。

四、花香风味料

1. 概述

在自然界中，许多美丽的花卉都具有独特的芳香风味，如玫瑰花、桂花、茉莉花、栀子花等。各种花的香味或是来源于花瓣中的油细胞，其内含有芳香油；或是来源于花瓣细胞中的一种物质——配糖体，配糖体本身无香味，但经过酶的分解后可产生芳香物质。由于不同的花卉分泌芳香油和分解配糖体的能力不同，因此，花香的浓郁程度差异较大。

2. 应用建议

在调味运用中，花香风味料常用于甜菜、糕点、冷饮、花茶等的调香。

（1）玫瑰 玫瑰为蔷薇科多年生直立灌木玫瑰的花朵。其香优雅而细致，香甜如蜜，芳香四溢。鲜花所含芳香油 0.03%，主要成分为香茅醇（玫瑰醇）、橙花醇、丁香油酚、苯乙醇、玫瑰醚等。

调味应用中可利用干燥的玫瑰花蕾或用糖腌渍而成的蜜玫瑰用于糕点、甜菜的增香，或用于调制馅心，或用于甜菜调味汁的调香，如安徽菜玫瑰球、贵州菜玫瑰锅炸、北京菜玫瑰荸荠饼以及玫瑰浆汁。

（2）桂花 桂花又称为木樨花、木犀花、岩桂等，为木樨科木樨属常绿小乔木或灌木木樨的花。其香味清甜、浓郁、悠长。鲜花含芳香油 0.15%～1.7%，主要成分 α-紫罗兰酮、β-紫罗兰酮、芳樟醇、香叶醇、突厥酮、橙花醇等。

调味应用中可利用干燥的桂花或用糖腌渍而成的蜜桂花用于甜菜、甜羹的增香，如桂花山药、桂花莲子、桂花甜酒酿、桂花八宝饭；或作为元宵、年糕、点心的馅料，如桂花汤圆、桂花糖年糕；或用于花茶、饮料、药酒的调香，如桂花延寿酒。

五、肉香风味料

1. 概述

肉类食品是人类食品不可或缺的组成部分，肉香味是肉类食品的魅力所在。生肉几乎没有香味，经过炖、煮、烧、烤、煎、炸、爆、炒等热加工后便产生丰富多彩、风格各异的诱人香味，这是由于在热加工过程中肉中的微量香味前体物质之间发生了一系列复杂的化学变化，产生了成百上千的香味物质，正是这些香味物质决定了肉食品的香味特征。

影响肉类食品香味的因素是很复杂的，动物的种类（如猪、牛、鸡、羊肉）、性别（雌、雄）、营养情况（肥、瘦）、品种（如三黄鸡、固始鸡、乌鸡）、生长期、肌肉部位、烹饪方式（热加工设备、配料、工艺、热加工时间等）、各种辅料都会对其制成品的最终香味产生影响。这些因素是肉类食品加工和肉香风味料制造中都必须考虑到的问题。

肉味香精是肉香风味料中最为关键和精华的原料，肉味香精产品目前主要有液体、膏状和粉状3种体态。目前中国肉味香精大致有如下3种制造方式。第一种是由精油和油树脂通过调香制成的，这类香精尽管产品一般与肉有关，但并不提供肉香，其功能主要是调节和改善咸味食品的香味。第二种是由天然香料和合成香料通过调香制成的，这类肉味香精一般具有强烈的肉香味，可直接用于咸味食品加香或作为肉味香基添加到热反应风味料中去。第三种是以水解动植物蛋白、酵母抽提物、脂肪调控氧化产物、辛香料或其提取物、蔬菜汁、氨基酸、还原糖等为原料，通过热反应制备的，这类产品一般称为热反应肉味香精，可直接用于咸味食品加香。

2. 应用建议

目前在国内市场上以热反应与调香相结合是肉香风味料的主要生产方式。肉味风味料精的种类非常多，在中国几乎是有什么肉就有什么肉味风味料，如羊肉风味料、兔肉风味料、鸭肉风味料等，但市场主体是牛肉风味料、猪肉风味料、鸡肉风味料和各种海鲜香精。可广泛用于食品加工及为餐饮行业提供特征味道。

第八节　复合调味料中常用食品添加剂

世界各国对食品添加剂定义不尽相同。联合国粮食及农业组织（FAO）和世界卫生组织（WHO）联合食品法规委员会将食品添加剂定义为：食品添加剂是有意识地一般以少量添加于食品，以改善食品的外观、风味、组织结构或贮存性质的非营养物质。欧盟将食品添加剂定义为：食品添加剂是指在食品的生产、加工、制备、处理、包装、运输或贮存过程中，由于技术性目的而人为添加到食品中的任何物质。美国将食品添加剂定义为：食品添加剂是指有意使用的，导致或者期望导致它们直接或者间接地成为食品成分或影响食品特征的物质。

我国按照《中华人民共和国食品卫生法》第54条和《食品添加剂卫生管理办法》第28条，以及《食品营养强化剂卫生管理办法》第2条和《中华人民共和国食品安全法》第九十九条，对食品添加剂定义为：为改善食品品质和色、香、味，以及为防腐、保鲜和加工工艺的需要而加入食品中的人工合成或者天然物质。营养强化剂、食品用香料、胶基糖果中基础剂物质、食品工业用加工助剂也包括在内。

目前，中国商品分类中的食品添加剂种类共有35类，包括增味剂、消泡剂、膨松剂、着色剂、防腐剂等，含添加剂的食品达万种以上。其中，《食品添加剂使用标准》和卫生健康委员会公告允许使用的食品添加剂按功能分为23类，共2400

多种，制定了国家或行业质量标准的有 364 种。

在表 2-6～表 2-17 中详细列举了在复合调味料生产中常用的食品添加剂的使用要求与限量。本书所列食品添加剂的使用为 2019 年 8 月之前的规定，后续更新请持续关注国家卫生部门的规定。

表 2-6　食品添加剂的分类

编号	功能类别	定义
D.1	酸度调节剂	用以维持或改变食品酸碱度的物质
D.2	抗结剂	用于防止颗粒或粉状食品聚集结块,保持其松散或自由流动的物质
D.3	消泡剂	在食品加工过程中降低表面张力,消除泡沫的物质
D.4	抗氧化剂	能防止或延缓油脂或食品成分氧化分解、变质,提高食品稳定性的物质
D.5	漂白剂	能够破坏、抑制食品的发色因素,使其褪色或使食品免于褐变的物质
D.6	膨松剂	在食品加工过程中加入的,能使产品发起形成致密多孔组织,从而使制品具有膨松、柔软或酥脆的物质
D.7	胶基糖果中基础剂物质	赋予胶基糖果起泡、增塑、耐咀嚼等作用的物质
D.8	着色剂	使食品赋予色泽和改善食品色泽的物质
D.9	护色剂	能与肉及肉制品中呈色物质作用,使之在食品加工、保藏等过程中不致分解、破坏,呈现良好色泽的物质
D.10	乳化剂	能改善乳化体中各种构成相之间的表面张力,形成均匀分散体或乳化体的物质
D.11	酶制剂	由动物或植物的可食或非可食部分直接提取,或由传统或通过基因修饰的微生物(包括但不限于细菌、放线菌、真菌菌种)发酵、提取制得,用于食品加工,具有特殊催化功能的生物制品
D.12	增味剂	补充或增强食品原有风味的物质
D.13	面粉处理剂	促进面粉的熟化和提高制品质量的物质
D.14	被膜剂	涂抹于食品外表,起保质、保鲜、上光、防止水分蒸发等作用的物质
D.15	水分保持剂	有助于保持食品中水分而加入的物质
D.16	防腐剂	防止食品腐败变质、延长食品储存期的物质
D.17	稳定剂和凝固剂	使食品结构稳定或使食品组织结构不变,增强黏性固形物的物质
D.18	甜味剂	赋予食品甜味的物质
D.19	增稠剂	可以提高食品的黏稠度或形成凝胶,从而改变食品的物理性状,赋予食品黏润、适宜的口感,并兼有乳化、稳定或使呈悬浮状态作用的物质
D.20	食品用香料	能够用于调配食品香精,并使食品增香的物质
D.21	食品工业用加工助剂	有助于食品加工能顺利进行的各种物质,与食品本身无关。如助滤、澄清、吸附、脱模、脱色、脱皮、提取溶剂等
D.22	其他	上述功能类别中不能涵盖的其他功能

在前面章节中对酸度调节剂、增味剂、甜味剂已进行了介绍，下面介绍复合调味料中常用的其他类食品添加剂。

一、抗结剂

抗结剂是指用于防止颗粒或粉状食品聚集结块，保持其松散或自由流动的物质。抗结剂可以吸收多余水分或者附着在颗粒表面使其具有憎水性。复合调味料中常用的抗结剂如表 2-7 所示。

表 2-7　复合调味料中常用的抗结剂

抗结剂名称	CNS 号	应用范围	最大使用量/(g/kg)
二氧化硅	02.004	香辛料类，固体复合调味料	20.0
硅酸钙	02.009	复合调味料	按生产需要适量使用
聚甘油脂肪酸酯	10.022	调味品(仅限用于膨化食品的调味料)，固体复合调味料，半固体复合调味料	10.0
磷酸	01.106	复合调味料	20.0①
焦磷酸二氢二钠	15.008		
焦磷酸钠	15.004		
磷酸二氢钙	15.007		
磷酸二氢钾	15.010		
磷酸氢二铵	06.008		
磷酸氢二钾	15.009		
磷酸氢钙	06.006		
磷酸三钙	02.003		
磷酸三钾	01.308	其他固体复合调味料(仅限方便湿面调味料包)	80.0①
磷酸三钠	15.001		
六偏磷酸钠	15.002		
三聚磷酸钠	15.003		
磷酸二氢钠	15.005		
磷酸氢二钠	15.006		
焦磷酸四钾	15.017		
焦磷酸一氢三钾	15.013		
聚偏磷酸钾	15.015		
酸式焦磷酸钙	15.016		
硬脂酸钙	10.039	固体复合调味料	20.0
微晶纤维素	02.005	各类食品	按生产需要适量使用

① 表示可单独或混合使用，最大使用量以磷酸根（PO_4^{3-}）计。

二、消泡剂

消泡剂是指在食品加工过程中降低表面张力，消除泡沫的物质。复合调味料中常用的消泡剂如表 2-8 所示。

表 2-8　复合调味料中常用的消泡剂

消泡剂名称	CNS 号	应用范围	最大使用量/(g/kg)
吐温 20	10.025	固体复合调味料	4.5
吐温 40	10.026	半固体复合调味料	5.0
吐温 60 吐温 80	10.015 10.016	液体复合调味料(不包括 12.03,12.04)	1.0
聚二甲基硅氧烷及其乳液	加工助剂	调味品	0.05

三、抗氧化剂

抗氧化剂是指能防止或延缓油脂或食品成分氧化分解、变质,提高食品稳定性的物质。调味品中含有蛋白、多糖、脂肪等成分,因微生物、水分、光线、热等的反应作用,易氧化和加速分解,产生腐败、褪色、褐变,降低其质量和营养价值,乃至引起食物中毒。防止调味料的氧化,应保证原料新鲜、加工工艺、保藏保鲜环节上采取相应的避光、降温、干燥、排气、除氧、密封等措施,并使用安全性高、效果好的抗氧化剂。复合调味料中常用的抗氧化剂如表 2-9 所示。

表 2-9　复合调味料中常用的抗氧化剂

抗氧化剂名称	CNS 号	应用范围	最大使用量/(g/kg)
茶多酚(又名维多酚)	04.005	复合调味料	0.1
丁基羟基茴香醚(BHA)	04.001	固体复合调味料(仅限鸡肉粉)	0.2
二氧化硫 焦亚硫酸钾 焦亚硫酸钠 亚硫酸钠 亚硫酸氢钠 低亚硫酸钠	05.001 05.002 05.003 05.004 05.005 05.006	半固体复合调味料	0.05 (最大使用量以 二氧化硫残留量计)
乳酸钙	01.310	复合调味料(仅限油炸薯片调味料)	10.0
山梨酸及其钾盐	17.003, 17.004	醋、酱油、复合调味料	1.0
		酱及酱制品	0.5
维生素 E(dl-α-生育酚,d-α-生育酚,混合生育酚浓缩物)	04.016	复合调味料	按生产需要适量使用
乙二胺四乙酸二钠	18.005	复合调味料	0.075
乙二胺四乙酸二钠钙	04.020	复合调味料	0.075

抗氧化剂名称	CNS 号	应用范围	最大使用量/(g/kg)
D-异抗坏血酸及其钠盐	04.004, 04.018	各类食品	按生产需要适量使用
抗坏血酸(又名维生素 C)	04.014	各类食品	按生产需要适量使用
抗坏血酸钠	04.015	各类食品	按生产需要适量使用
抗坏血酸钙	04.009	各类食品	按生产需要适量使用
磷脂	04.010	各类食品	按生产需要适量使用
乳酸钠	15.012	各类食品	按生产需要适量使用
迷迭香提取物(超临界二氧化碳萃取法)	04.022	蛋黄酱、沙拉酱	0.3
没食子酸丙酯(PG)	04.003	固体复合调味料(仅限鸡肉粉)	0.1

四、漂白剂

漂白剂是指能够破坏、抑制食品的发色因素,使其褪色或使食品免于褐变的物质。复合调味料中常用的漂白剂含二氧化硫类,也作防腐剂和抗氧化剂用(表 2-10)。

表 2-10　复合调味料中常用的漂白剂

漂白剂名称	CNS 号	应用范围	最大使用量/(g/kg)
二氧化硫	05.001		
焦亚硫酸钾	05.002		
焦亚硫酸钠	05.003	半固体复合调味料	0.05(最大使用量以二氧化硫残留量计)
亚硫酸钠	05.004		
亚硫酸氢钠	05.005		
低亚硫酸钠	05.006		

五、膨松剂

膨松剂是指在食品加工过程中加入的,能使产品发起形成致密多孔组织,从而使制品具有膨松、柔软或酥脆的物质。复合调味料中常用的膨松剂如表 2-11 所示。

六、着色剂

着色剂又称食用色素,是指使食品赋予色泽和改善食品色泽的物质。按来源可分为食用天然色素和食用合成色素。食用天然色素有红曲红、辣椒红、焦糖色等,

表 2-11　复合调味料中常用的膨松剂

膨松剂名称	CNS 号	应用范围	最大使用量/(g/kg)
聚葡萄糖	20.022	蛋黄酱、沙拉酱	按生产需要适量使用
磷酸	01.106	复合调味料	20.0①
焦磷酸二氢二钠	15.008		
焦磷酸钠	15.004		
磷酸二氢钙	15.007		
磷酸二氢钾	15.010		
磷酸氢二铵	06.008		
磷酸氢二钾	15.009		
磷酸氢钙	06.006		
磷酸三钙	02.003		
磷酸三钾	01.308	其他固体复合调味料(仅限方便湿面调味料包)	80.0①
磷酸三钠	15.001		
六偏磷酸钠	15.002		
三聚磷酸钠	15.003		
磷酸二氢钠	15.005		
磷酸氢二钠	15.006		
焦磷酸四钾	15.017		
焦磷酸一氢三钠	15.013		
聚偏磷酸钾	15.015		
酸式焦磷酸钙	15.016		
麦芽糖醇和麦芽糖醇液	19.005, 19.022	液体复合调味料(不包括 12.03, 12.04)	按生产需要适量使用
		半固体复合调味料	按生产需要适量使用
山梨糖醇和山梨糖醇液	19.006	调味品	按生产需要适量使用
羟丙基淀粉	20.014	各类食品	按生产需要适量使用
乳酸钠	15.012	各类食品	按生产需要适量使用
碳酸钙(包括轻质和重质碳酸钙)	13.006	各类食品	按生产需要适量使用
碳酸氢铵	06.002	各类食品	按生产需要适量使用
碳酸氢钠	06.001	各类食品	按生产需要适量使用

① 表示可单独使用或混合使用，最大使用量以磷酸根（PO_4^{3-}）计。

食用合成色素是以从煤焦油中分离出来的苯胺染料为原料制成的，又称煤焦油色素与苯胺色素，如胭脂红、柠檬黄等。复合调味料中常用的着色剂见表 2-12。

表 2-12　复合调味料中常用的着色剂

着色剂名称	CNS 号	应用范围	最大使用量/(g/kg)
赤藓红及其铝色淀	08.003	酱及酱制品,复合调味料	0.05
二氧化钛	08.011	蛋黄酱、沙拉酱	0.5
番茄红素	08.017	半固体复合调味料	0.04
		固体汤料	0.39
核黄素	08.148	固体复合调味料	0.05
红花黄	08.103	调味品(12.01 盐及代盐制品除外)	0.5
红曲米,红曲红	08.119,08.120	调味品(12.01 盐及代盐制品除外)	按生产需要适量使用
姜黄	08.102	调味品	按生产需要适量使用
姜黄素	08.132	复合调味料	0.1
焦糖色(加氨生产)	08.110	醋	1.0
		酱油,酱及酱制品,复合调味料	按生产需要适量使用
焦糖色(普通法)	08.108	醋,酱油,酱及酱制品,复合调味料	按生产需要适量使用
焦糖色(亚硫酸铵法)	08.109	酱油	按生产需要适量使用
		酱及酱制品	10.0
		料酒及制品	10.0
		复合调味料	50.0
辣椒橙	08.107	半固体复合调味料	按生产需要适量使用
辣椒红	08.106	调味品(12.01 盐及代盐制品除外)	按生产需要适量使用
辣椒油树脂	00.102	复合调味料	10.0
亮蓝及其铝色淀	08.007	香辛料酱(如芥末酱、青芥酱)	0.01
		半固体复合调味料	0.5
萝卜红	08.117	醋,复合调味料	按生产需要适量使用
柠檬黄及其铝色淀	08.005	香辛料酱(如芥末酱、青芥酱)	0.1
		固体复合调味料	0.2
		半固体复合调味料	0.5
		液体复合调味料(不包括 12.03,12.04)	0.15
日落黄及其铝色淀	08.006	复合调味料	0.2
		半固体复合调味料	0.5
苋菜红及其铝色淀	08.001	固体汤料	0.2
胭脂虫红	08.145	复合调味料	1.0
		半固体复合调味料	0.05

着色剂名称	CNS 号	应用范围	最大使用量/(g/kg)
胭脂红及其铝色淀	08.002	半固体复合调味料(12.10,12.01 蛋黄酱、沙拉酱除外)	0.5
		蛋黄酱、沙拉酱	0.2
胭脂树橙(红木素,降红木素)	08.144	复合调味料	0.1
诱惑红及其铝色淀	08.012	固体复合调味料	0.04
		半固体复合调味料(12.10,02.01 蛋黄酱、沙拉酱除外)	0.5
栀子黄	08.112	调味品(12.01盐及代盐制品除外)	1.5
栀子蓝	08.123	调味品(12.01盐及代盐制品除外)	0.5
紫胶红(又名虫胶红)	08.104	复合调味料	0.5
β-胡萝卜素	08.010	固体复合调味料	2.0
		半固体复合调味料	2.0
		液体复合调味料(不包括 12.03,12.04)	1.0
柑橘黄	08.143	各类食品	按生产需要适量使用
高粱红	08.115	各类食品	按生产需要适量使用
天然胡萝卜素	08.147	各类食品	按生产需要适量使用
甜菜红	08.101	各类食品	按生产需要适量使用
β-阿朴-8′-胡萝卜素醛	08.018	半固体复合调味料	0.005

七、乳化剂

乳化剂是指能改善乳化体中各种构成相之间的表面张力,形成均匀分散体或乳化体的物质。它能稳定食品的物理状态,改进食品组织结构,简化和控制食品加工过程,改善食品风味、口感,提高食品质量,延长货架期等。乳化剂在复合调味料生产中主要作为水不溶物的增溶剂与分散剂。复合调味料中常用的乳化剂见表 2-13。

表 2-13 复合调味料中常用的乳化剂

乳化剂名称	CNS 号	应用范围	最大使用量/(g/kg)
丙二醇脂肪酸酯	10.020	复合调味料	20.0
单(双)甘油脂肪酸酯(油酸、亚油酸、亚麻酸、棕榈酸、山嵛酸、硬脂酸、月桂酸)	10.006	香辛料类	5.0
		各类食品	按生产需要适量使用
果胶	20.006	香辛料类	按生产需要适量使用

乳化剂名称	CNS 号	应用范围	最大使用量/(g/kg)
海藻酸丙二醇酯	20.010	半固体复合调味料	8.0
聚甘油蓖麻醇酸酯(PGPR)	10.029	半固体复合调味料	5.0
聚甘油脂肪酸酯	10.022	调味品(仅限用于膨化食品的调味料),固体复合调味料,半固体复合调味料	10.0
吐温 20	10.025	固体复合调味料	4.5
吐温 40	10.026	半固体复合调味料	5.0
吐温 60 吐温 80	10.015 10.016	液体复合调味料(不包括 12.03,12.04)	1.0
卡拉胶	20.007	香辛料类	按生产需要适量使用
麦芽糖醇和麦芽糖醇液	19.005	半固体复合调味料,液体复合调味料(不包括12.03,12.04)	按生产需要适量使用
乳酸钙	01.310	复合调味料(仅限油炸薯片调味料)	10.0
乳糖醇	19.014	香辛料类	按生产需要适量使用
山梨糖醇和山梨糖醇液	19.006	调味品	按生产需要适量使用
硬脂酸钙	10.039	固体复合调味料	20.0
蔗糖脂肪酸酯	10.001	调味品	5.0
改性大豆磷脂	10.019	各类食品	按生产需要适量使用
甘油	15.014	各类食品	按生产需要适量使用
酪蛋白酸钠(酪朊酸钠)	10.002	各类食品	按生产需要适量使用
磷脂	04.010	各类食品	按生产需要适量使用
酶解大豆磷脂	10.040	各类食品	按生产需要适量使用
柠檬酸脂肪酸甘油酯	10.032	各类食品	按生产需要适量使用
羟丙基淀粉	20.014	各类食品	按生产需要适量使用
乳酸脂肪酸甘油酯	10.031	各类食品	按生产需要适量使用
双乙酰酒石酸单(双)甘油酯	10.010	香辛料类	0.001
		半固体复合调味料	10.0
		液体复合调味料(不包括 12.03,12.04)	5.0
辛烯基琥珀酸淀粉钠	10.030	各类食品	按生产需要适量使用
乙酰化单(双)甘油脂肪酸酯	10.027	各类食品	按生产需要适量使用

八、复合调味料中常用的被膜剂

被膜剂是指涂抹于食品外表,起保质、保鲜、上光、防止水分蒸发等作用的物质。复合调味料中常用的被膜剂见表2-14。

表 2-14　复合调味料中常用的被膜剂

被膜剂名称	CNS 号	应用范围	最大使用量/(g/kg)
普鲁兰多糖	14.011	复合调味料	50.0

九、水分保持剂

水分保持剂是指有助于保持食品中水分而加入的物质。复合调味料中常用的水分保持剂见表2-15。

表 2-15　复合调味料中常用的水分保持剂

水分保持剂名称	CNS 号	应用范围	最大使用量/(g/kg)
聚葡萄糖	20.022	蛋黄酱、沙拉酱	按生产需要适量使用
磷酸	01.106	复合调味料	20.0[①]
焦磷酸二氢二钠	15.008		
焦磷酸钠	15.004		
磷酸二氢钙	15.007		
磷酸二氢钾	15.010		
磷酸氢二铵	06.008		
磷酸氢二钾	15.009		
磷酸氢钙	06.006		
磷酸三钙	02.003		
磷酸三钾	01.308	其他固体复合调味料(仅限方便湿面调味料包)	80.0[①]
磷酸三钠	15.001		
六偏磷酸钠	15.002		
三聚磷酸钠	15.003		
磷酸二氢钠	15.005		
磷酸氢二钠	15.006		
焦磷酸四钾	15.017		
焦磷酸一氢三钠	15.013		
聚偏磷酸钾	15.015		
酸式焦磷酸钙	15.016		
麦芽糖醇和麦芽糖醇液	19.005	半固体复合调味料,液体复合调味料(不包括12.03,12.04)	按生产需要适量使用
山梨糖醇和山梨糖醇液	19.006	调味品	按生产需要适量使用
甘油	15.014	各类食品	按生产需要适量使用
乳酸钾	15.011	各类食品	按生产需要适量使用
乳酸钠	15.012	各类食品	按生产需要适量使用

① 表示可单独使用或混合使用,最大使用量以磷酸根(PO_4^{3-})计。

十、防腐剂

防腐剂是指防止食品腐败变质、延长食品储存期的物质。使调味品腐败变质的原因有很多，包括物理、化学、生物等变化因素，在人们的生活中和食品生产中，这些因素有时单独起作用，有时共同起作用。防腐剂是针对微生物具有杀灭性、抑制或阻止细菌生长的食品添加剂，它不是消毒剂，不会使调味品的色、香、味消失，不会破坏食品的营养价值，对人体不会产生伤害。与速冻、冷藏、罐制、干制、腌制等方法相比，正确使用防腐剂，具有简单、无需设备、经济等特点。防腐剂的种类很多，随着国家对防腐剂安全性重视程度的增加，我国对每种防腐剂的使用范围进行了严格的限制，因此能用于复合调味料生产的防腐剂种类并不多。目前复合调味料中常用的防腐剂如表 2-16 所示。

表 2-16　复合调味料中常用的防腐剂

防腐剂名称	CNS 号	应用范围	最大使用量/(g/kg)
苯甲酸及其钠盐	17.001，17.002	醋，酱油，酱及酱制品，半固体复合调味料，液体复合调味料(不包括 12.03，12.04)	1.0
		复合调味料	0.6
丙酸及其钠盐、钙盐	17.029，17.006，17.005	醋、酱油	2.5
对羟基苯甲酸酯类及其钠盐(对羟基苯甲酸甲酯钠，对羟基苯甲酸乙酯及其钠盐)	17.032，17.007，17.036	醋，酱油，酱及酱制品，蚝油、虾油、鱼露等	0.25
二氧化硫 焦亚硫酸钾 焦亚硫酸钠 亚硫酸钠 亚硫酸氢钠 低亚硫酸钠	05.001 05.002 05.003 05.004 05.005 05.006	半固体复合调味料	0.05(最大使用量以二氧化硫残留量计)
ε-聚赖氨酸盐	17.038	调味品	0.5
纳他霉素	17.030	蛋黄酱、沙拉酱	0.02(残留量≤10mg/kg)
乳酸链球菌素	17.019	醋	0.15
		酱油、酱及酱制品、复合调味料	0.2
山梨酸及其钾盐	17.003，17.004	醋、酱油、复合调味料	1.0
		酱及酱制品	0.5
双乙酸钠	17.013	调味品	2.5
		复合调味料	10.0
脱氢乙酸及其钠盐	17.009(Ⅰ)，17.009(Ⅱ)	复合调味料	0.5

防腐剂名称	CNS 号	应用范围	最大使用量/（g/kg）
乙二胺四乙酸二钠	18.005	复合调味料	0.075
乙酸钠	00.013	复合调味料	10.0

十一、增稠剂

增稠剂也称食品赋型剂、黏稠剂，是指可以提高食品的黏稠度或形成凝胶，从而改变食品的物理性状，赋予食品黏润、适宜的口感，并兼有乳化、稳定或使呈悬浮状态作用的物质。增稠剂来源有两类，一为含有多糖类的植物原料，二是含蛋白质的动物及海藻类原料制取而成。一些复合调味料如蚝油、番茄酱、辣椒酱等，为了提高黏度，需要添加一定量的增稠剂。沙司或塔莱类的调味汁，一般有一定的黏度，这是因为这类复合调味料是浇在或抹在肉、鱼等类食品的表面起调味作用的，所以流动性要小，附着性要大，这就必须使用增稠剂。复合调味料中常用的增稠剂见表 2-17。

表 2-17　复合调味料中常用的增稠剂

增稠剂名称	CNS 号	应用范围	最大使用量/（g/kg）
淀粉磷酸酯钠	20.013	调味品	按生产需要适量使用
果胶	20.006	香辛料类	按生产需要适量使用
		各类食品	按生产需要适量使用
海藻酸丙二醇酯	20.010	半固体复合调味料	8.0
海藻酸钠	20.004	香辛料类	按生产需要适量使用
黄原胶（又名汉生胶）	20.009	香辛料类	按生产需要适量使用
		各类食品	按生产需要适量使用
甲壳素（又名几丁质）	20.018	醋	1.0
		蛋黄酱、沙拉酱	2.0
聚甘油脂肪酸酯	10.022	调味品（仅限用于膨化食品的调味料），固体复合调味料，半固体复合调味料	10.0
聚葡萄糖	20.022	蛋黄酱、沙拉酱	按生产需要适量使用
决明胶	20.045	半固体复合调味料、液体复合调味料	2.5
卡拉胶	20.007	香辛料类	按生产需要适量使用
麦芽糖醇和麦芽糖醇液	19.005	半固体复合调味料，液体复合调味料（不包括12.03，12.04）	按生产需要适量使用
普鲁兰多糖	14.011	复合调味料	50.0
乳酸钙	01.310	复合调味料（仅限油炸薯片调味料）	10.0

增稠剂名称	CNS 号	应用范围	最大使用量/(g/kg)
乳糖醇（又名 4-β-D 吡喃半乳糖-D-山梨醇）	19.014	香辛料类	按生产需要适量使用
山梨糖醇和山梨糖醇液	19.006	调味品	按生产需要适量使用
双乙酰酒石酸单（双）甘油酯	10.010	香辛料类	0.001
		半固体复合调味料	10.0
		液体复合调味料（不包括 12.03，12.04）	5.0
羧甲基淀粉钠	20.012	酱及酱制品	0.1
皂荚糖胶	20.029	调味品	4.0
α-环状糊精	18.011	各类食品	按生产需要适量使用
γ-环状糊精	18.012	各类食品	按生产需要适量使用
阿拉伯胶	20.008	各类食品	按生产需要适量使用
醋酸酯淀粉	20.039	各类食品	按生产需要适量使用
瓜尔胶	20.025	各类食品	按生产需要适量使用
海藻酸钾（又名褐藻酸钾）	20.005	各类食品	按生产需要适量使用
海藻酸钠（又名褐藻酸钠）	20.004	各类食品	按生产需要适量使用
槐豆胶（刺槐豆胶）	20.023	各类食品	按生产需要适量使用
甲基纤维素	20.043	各类食品	按生产需要适量使用
结冷胶	20.027	各类食品	按生产需要适量使用
聚丙烯酸钠	20.036	各类食品	按生产需要适量使用
卡拉胶	20.007	各类食品	按生产需要适量使用
磷酸酯双淀粉	20.034	各类食品	按生产需要适量使用
明胶	20.002	各类食品	按生产需要适量使用
羟丙基淀粉	20.014	各类食品	按生产需要适量使用
羟丙基二淀粉磷酸酯	20.016	各类食品	按生产需要适量使用
羟丙基甲基纤维素（HPMC）	20.028	各类食品	按生产需要适量使用
琼脂	20.001	各类食品	按生产需要适量使用
乳酸钠	15.012	各类食品	按生产需要适量使用
酸处理淀粉	20.032	各类食品	按生产需要适量使用
羧甲基纤维素钠	20.003	各类食品	按生产需要适量使用

增稠剂名称	CNS 号	应用范围	最大使用量/(g/kg)
微晶纤维素	02.005	各类食品	按生产需要适量使用
氧化淀粉	20.030	各类食品	按生产需要适量使用
氧化羟丙基淀粉	20.033	各类食品	按生产需要适量使用
乙酰化二淀粉磷酸酯	20.015	各类食品	按生产需要适量使用
乙酰化双淀粉己二酸酯	20.031	各类食品	按生产需要适量使用

十二、食品用香料

食品用香料包括天然香料和合成香料两种。咸味食品香精是我国近三十年来发展起来的产品，也是复合调味料中调香提味所使用的关键原料。QB/T 2640—2004对咸味食品香精的定义是"由热反应香料、食品香料化合物、香辛料（或其提取物）等香味成分中的一种或多种与食用载体和/或其他食品添加剂构成的混合物，用于咸味食品的加香。"根据这一定义，我们可以非常清楚地看到，咸味食品香精是用于咸味食品加香的一种食品香精。从品种来看，咸味食品香精主要包括牛肉、猪肉、鸡肉等肉味香精，鱼、虾、蟹、贝类等海鲜香精，各种菜肴香精以及其他调味香精。

食品用香料、香精的使用原则如下。

① 在复合调味料中使用食品用香料、香精的目的是使食品产生、改变或提高食品的风味。

除少数食用香料能直接用于食品加香外，一般均配制成食用香精后使用。这是因为绝大多数食用香料其香味是不完整的，很难直接加入食品中使食品产生典型的完整的香味。根据 CAC/GL 66—2008 等规定，食用香料香精不得直接消费，应加于食品后消费。这是因为一方面，食用香料香精从口味上难以直接消费；另一方面，食用香料香精是按加香食品中该香料香精的估计浓度（即暴露量）来评价的。食品用香料、香精不包括只产生甜味、酸味或咸味的物质，也不包括增味剂。

② 食品用香料、香精因具有自我限量性，故在复合调味料中按生产需要适量使用。即不规定使用范围和使用量。

③ 配制食用香精的食用香料必须是经过安全评价并已列入 GB 2760 的品种，这是显而易见的，与世界各国的食用香料法规一致。但是用物理方法、酶法或微生物法从食品制得的天然香味复合物以及由食品制得的热反应食用香味料可以不经评价和批准即可用于配制食用香精，也可直接用于食品。这是因为它们本身可视作食品，欧盟法规 No.1334/2008（2008.12）《关于食用香料香精和某些具有香味性质的食品配料在食品中的应用》条款 8 对此有同样明确的规定。

注：天然香味复合物是一类含有食品用香味物质的制剂。

④ 为了防止食用香料的滥用，即以食用香料的名义发挥非香料功效，还规定当一种物质既可用作食用香料，又可用作其他类别的食品添加剂时，则它必须获得另外的批准才能作为其他类别的食品添加剂使用。例如苯甲酸、肉桂醛、瓜拉纳提取物、二醋酸钠、琥珀酸二钠、磷酸三钙、氨基酸等。

⑤ 食品用香精可以含有对其生产、贮存和应用等所必需的食品用香精辅料（包括食品添加剂和食品）。食品用香精辅料应符合以下要求：

A. 食品用香精中允许使用的辅料应符合 QB/T 1505《食用香精》标准的规定。在达到预期目的前提下尽可能减少使用品种。

B. 作为辅料添加到食品用香精中的食品添加剂不应在最终食品中发挥功能作用，在达到预期目的前提下尽可能降低在食品中的使用量。

⑥ 食品用香精的标签应符合 QB/T 4003《食用香精标签通用要求》标准的规定。

⑦ 凡添加了食品用香料、香精的食品应按照国家相关标准进行标示。凡是加香的产品都应明确告诉消费者，使消费者对食品性质和质量不产生误解。

第三章

固态复合调味料

本书中的配方按照产品配方、工艺流程、操作要点进行整理归纳，关于产品的质量标准，多数是需要制定企业标准，制定的企业标准的详细项目需要参考国家相关部门的规定和当地药监部门的要求，本书不一一而论。

固体复合调味料是市场上最常见的一类调味料，具有运输、携带方便，保质期长，同时又易于使用，得到了广大消费者的认同。

第一节　固态复合调味料的生产关键点

1. 固态复合调味料生产基本操作

（1）原辅材料选用及预处理　原辅材料采购和验收的标准化是生产合格产品的关键之一，同时也要对原辅材料进行必要的清洗、干燥、粉碎和过筛等预处理，为固态复合调味料的生产提供符合要求的原料。对一些液体香精料要用环状糊精和麦芽糊精进行包埋，转化为稳定的粉状香精料等。

（2）混合　混合可以分为精料混合和大料混合。由于粉料混合过程中能耗的99％以上将以热的形式转化，混合时间越长，物料升温越高，对产品风味的影响越大。为了既保证粉状复合调味料混合的均匀度，又缩短混合操作时间，从而有效降低电耗，应先将肉类提取物、鲜味增强剂、水解蛋白粉、酵母精粉、香辛料、粉末化香精等精料（或小料）混合好，此即精料混合。一般精料混合要分成3~4次，在10min左右完成。对于不使用液体原料（或用量低于1％）的情况，可以采用大料混合。大料混合是指将食盐、糖类、味精、I+G等混合3~5min，同时边搅拌边加入熔化好的油脂，再加入精料、干燥剂（抗结剂），然后混合5~6min（分成2~3次完成）。

（3）使用液体原料的生产工艺特点　由于全部采用粉状原料生产复合调味料时，不用干燥工艺，整个生产过程简单到只将全部原料混合均匀即可，避免了因受热对芳香成分的破坏和挥发损失，属于冷加工工艺，称为最常见的、最好的选择。但是，全部使用粉末原料在调香方面有不可避免的缺陷。首先，由于粉末香精的种类与液体香精相比少得多，粉末香精之间混配可能产生的香型变化也就少得多，生产厂家调配特有风味的可能少，而且粉末香精混配后香气的熟化困难，更限制了粉末香精的使用，不可避免地影响和限制了复合调味料质量的提高。无疑采用液体香精是提高单粉包调料质量的方法之一。为提高复合调味料的质量多数厂家也使用液体香精，但受技术水平限制，液体香精的用量多限制在1％。另外，热反应香精的干燥物或 HVP 粉等粉末原料（包括粉末焦糖）极易吸潮，使生产不仅受到季节、区域（核心是空气的相对湿度）的严格限制，而且生产中的原料损耗高，设备清洗困难。此类使用液体香精调香技术的生产工艺增加了炒盐、搓盐操作（图 3-1）。

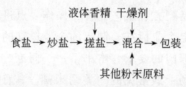

图 3-1　单粉包调料常规生产工艺流程

炒盐的主要目的是采用加热的方法减少和降低食盐的水分含量，一般是在食盐质量较差（水分含量高），或天气不好，空气湿度高的情况下对原料的干燥处理工艺，所以炒盐操作多在南方和使用海盐的地区采用。在特殊的情况下对其他粉末原料进行相同的干燥处理也是必要的，但通常采用的是烘干工艺。

搓盐就是将液体香精，特别是不宜分散的、浓度较高的膏状香精，利用食盐溶解速度小的特点，通过机械作用将其均匀地分散和附着在食盐粒的表面。由于受到设备和技术的限制，有些厂仍在采用手工搓盐工艺，卫生条件差，生产效率极低，工人劳动强度大。对于膏状香精的分散，应该采用剪切作用较好的混合设备。

炒盐和搓盐是此类生产技术的核心工艺，对产品质量（主要是调料的干燥度和流动性）影响较大。该工艺的特点是产品的香气和口味不低于（甚至好于）一般的全粉末原料产品，而产品成本与之相比有所降低。但该工艺的缺点也是明显的，如使用上仍然受到空气相对湿度的限制，而且由于液体原料的用量一般仅1％左右，产品的香气和口味质量提高不大，单粉包调料的质量提高也仍然受到限制。

减少某种物品中的水分含量最普通的方法就是烘干，即提高物品的温度，温度越高，水分的蒸发速度越快。但是，芳香成分是调料中的关键性成分，其特点是沸点较低，极易挥发，为保证调料的质量不仅要在避光低温的条件下保存，而且在生产中也应极力避免受热。因此，在使用液体香精时，采用直接加热蒸发液体香精中水分的方法显然是不可取的。

不用加热蒸发，而是采用将水分吸收转移到吸收剂中的方法使物品变干燥，使其流动性达到烘干物料的水平的方法被称为水分的冷转移技术。目前，在方便面单粉包调料生产中应用的淀粉和抗结剂微粉二氧化硅（SiO_2，也称干燥剂），主要是隔离和抗结块的作用，也有一定的吸收水分的作用。但是，淀粉和二氧化硅的使用受到一定限制。考虑到淀粉会引起冲调后汤体的浑浊，因此淀粉的用量一般不能超过 3%。二氧化硅的使用则受国家标准的限制，用量不能超过 2%，而且使用二氧化硅后粉状调料的流动性波动较大，给包装操作带来困难，另外，二氧化硅的售价很高，用量又受成本限制。因此，从技术角度看用二氧化硅可以转移的水量很有限，从经济角度看二氧化硅的用量也应尽可能少。

淀粉、二氧化硅一起组合使用可以大大提高转移水量，操作工艺也只是简单地混合操作（图 3-2），使上述助剂与液体（膏状）香精均匀混合接触，将液体（膏状）香精中的水分转移到助剂中，使单粉包调料变干。液体香精等含水原料的用量可以提高到 4% 以上，而一般复合调味料调配所用液体原料为 4% 时就可以有较满意的结果。

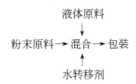

图 3-2　水的冷转移技术生产单粉包调料工艺流程

水的冷转移技术的优势和特点是突出的。由于可以先通过不同液体香精的混配获得满意的香气和实现增强口味的目的（对肉味的强化尤其明显），经香精的熟化后再进行水转移，工艺路线合理，产品风味调整方便灵活，而且，基本上可以利用原有的混合设备，省去了炒盐操作，降低了能耗。液体原料的用量可以达到 10%，调香调味时可以使用的原料范围增加很多，为生产高质量的调料奠定了基础。另一方面，使粉状调料的工程化生产成为可能。工程食品是食品开发、生产技术发展的方向，实现调料的工程化生产可以更好地满足消费者的需要，在实现规模化生产同时保证产品质量的稳定和成本的最低化。由于可以使用较大量的液体原料，而相同质量的液体原料的价格比固体原料低很多，通常仅为固体原料的 30%～60%，有些甚至仅为 10%，应用水分的冷转移技术生产复合调味料的成本显然会有明显降低。

（4）过筛、造粒　如生产粉状复合调味料，过振动筛即可得到成品。若生产颗粒状复合调味料，混合完毕后再边搅拌边加入浓缩处理好的酱状抽提物或少量水（物料含水量应为 8%～13%），混合均匀后用造粒机造粒，再经干燥工艺干燥至水分低于 5%，然后过筛、冷却即可送包装工序。

（5）检验包装　每批产品应进行常规控制指标的检验。根据包装要求进行规格分装，不论采用何种包装材料都必须保证良好的防潮、隔氧、阻光性能。

2. 固态复合调味料生产过程控制要点

（1）生产环境湿度控制　固态复合调味料的水分含量应控制在5%左右，一般不超过8%。如此低的水分含量和粉状颗粒具有的巨大表面，使其具有极强的吸潮能力，而影响粉状颗粒流动性能的临界水分含量为10%～12%，因此，生产过程中控制好环境的湿度有重要意义，用空调机将相对湿度控制在45%是必要的。

（2）产品卫生指标控制　由于粉状复合调味料的生产过程通常无热处理过程，因此在生产过程中，复合调味料的微生物指标不易控制。为了保证产品的卫生指标合格，应严格控制原料的卫生指标，必要时在使用前用辐照杀菌。为了确保产品的卫生质量，在包装后再进行一次辐照杀菌。

第二节　粉状复合调味料的生产工艺与配方

粉状调味料在食品中的应用非常广泛，如用在速食方便面中的调味料、膨化食品中的调味粉、各种粉状香辛料和速食汤。

一、五香粉

五香粉也称五香面，是将五种或五种以上香辛料干品粉碎后，按一定比例混合而成的复合香辛料。五香粉是我国最常使用的调味品之一，市售五香粉配方、口味均有较大差异，各生产厂家均有各自配方，且都保密。但其主要调香原料大体有八角、桂皮、小茴香、砂仁、豆蔻、丁香、山奈、花椒、白芷、陈皮、草果、姜、高良姜、甘草等，或取其部分，或取其全部调配而成。

1. 产品配方

配方一：八角10.5g，桂皮10.5g，小茴香31.6g，丁香5.3g，甘草31.6g，五加皮10.5g。

配方二：桂皮10g，小茴香40g，丁香10g，甘草30g，花椒10g。

配方三：八角31.3g，桂皮15.6g，小茴香15.6g，花椒31.3g，白芷6.2g。

配方四：八角55g，桂皮8g，甘草5g，山奈10g，砂仁4g，白胡椒3g，干姜15g。

配方五：桂皮9.7g，小茴香38.6g，丁香9.6g，甘草28.9g，花椒9.6g，山奈3.6g。

配方六：八角20g，桂皮43g，小茴香8g，花椒18g，陈皮6g，干姜5g。

配方七：桂皮12g，丁香22g，山奈44g，砂仁11g，豆蔻11g。

配方八：八角15g，桂皮16g，小茴香10g，丁香5g，甘草5g，花椒10g，山奈 4g，砂仁 4g，白胡椒 6g，陈皮 5g，豆蔻 8g，干姜 2g，芫荽 5g，高良姜 2g，白芷 2g。

配方九：八角 20g，桂皮 10g，小茴香 8g 丁香 4g，甘草 2g，花椒 5g，山奈 3g，砂仁 6g，白胡椒 4g，陈皮 5g，豆蔻 10g，干姜 5g，芫荽 14g，高良姜 4g，白芷 5g，五加皮 5g。

2. 工艺流程

香辛料→粉碎→过筛→混合→计量包装→成品

3. 操作要点

（1）粉碎、过筛　将各种香辛料分别用粉碎机粉碎，过 60 目筛网。若原料含水量较高，也可先将原料烘干后再粉碎。

（2）混合　按配方准确称量投料，混合均匀，50g/袋。

（3）包装　采用塑料袋包装，用封口机封口，谨防吸潮。

二、十三香

十三香是指以 13 种或 13 种以上香辛料，按一定比例调配而成的粉状复合香辛料。过去多见于民间，今亦有市售，其配方、口味有较大差异。其香辛料构成有八角、丁香、花椒、云木香、陈皮、肉豆蔻、砂仁、小茴香、高良姜、肉桂、山奈、草豆蔻、生姜等。十三香风味较五香粉更浓郁，调香效果更明显。

1. 产品配方

配方一：八角 15g，丁香 5g，花椒 5g，云木香 4g，陈皮 4g，肉豆蔻 7g，砂仁 8g，小茴香 10g，高良姜 6g，肉桂 12g，山奈 7g，草豆蔻 8g，生姜 9g。

配方二：八角 20g，丁香 4g，花椒 3g，云木香 5g，陈皮 4g，肉豆蔻 8g，砂仁 7g，小茴香 12g，高良姜 5g，肉桂 10g，山奈 8g，生姜 8g，草果 6g。

配方三：八角 25g，丁香 3g，花椒 8g，云木香 4g，陈皮 2g，肉豆蔻 5g，砂仁 6g，小茴香 8g，高良姜 7g，肉桂 9g，山奈 6g，生姜 10g，草果 7g。

配方四：八角 30g，丁香 5g，花椒 4g，云木香 3g，肉豆蔻 3g，砂仁 5g，小茴香 10g，高良姜 4g，肉桂 12g，山奈 7g，草豆蔻 5g，生姜 8g，草果 4g。

配方五：八角 50g，丁香 3g，花椒 7g，云木香 2g，陈皮 2g，肉豆蔻 3g，砂仁 4g，小茴香 9g，高良姜 4g，肉桂 8g，山奈 2g，草豆蔻 2g，生姜 4g。

配方六：八角 40g，丁香 7g，花椒 12g，云木香 1g，陈皮 3g，肉豆蔻 2g，砂仁 5g，小茴香 7g，高良姜 3g，肉桂 8g，山奈 3g，草豆蔻 3g，生姜 3g，草果 3g。

配方七：八角 35g，丁香 8g，花椒 10g，云木香 4g，陈皮 2g，肉豆蔻 4g，砂仁 8g，小茴香 10g，高良姜 5g，肉桂 9g，山奈 2g，草豆蔻 2g，生姜 1g。

配方八：八角 10g，丁香 4g，花椒 11g，云木香 3g，陈皮 4g，肉豆蔻 5g，砂仁 6g，小茴香 30g，高良姜 4g，肉桂 10g，山奈 3g，草豆蔻 4g，生姜 6g。

配方九：八角 17g，丁香 6g，花椒 15g，云木香 5g，陈皮 2g，肉豆蔻 3g，砂仁 3g，小茴香 15g，高良姜 5g，肉桂 12g，山柰 4g，草豆蔻 10g，生姜 3g。

2. 工艺流程

香辛料→粉碎→过筛→混合→计量包装→成品

3. 操作要点

（1）粉碎、过筛　将各种香辛料分别用粉碎机粉碎，过 60 目筛网。购进原料后若原料含水量较高，必须先将原料晒干或烘干后再粉碎。

（2）混合　按配方准确称量投料，混合均匀，50g/袋。

（3）包装　采用塑料袋包装，用封口机封口，谨防吸潮。

三、七味辣椒粉（日本）

七味辣椒粉是一种日本风味的独特混合香辛料，由 7 种香辛料混合而成，能增加食欲、助消化，是家庭辣味调味的佳品。

1. 产品配方

配方一：红辣椒 50g，大蒜粉 12g，芝麻 12g，陈皮 11g，花椒粉 5g，大麻仁 5g，紫苏丝 5g。

配方二：红辣椒 55g，芝麻 5g，陈皮 15g，花椒粉 15g，大麻仁 4g，油菜籽 3g，芥子 3g。

配方三：红辣椒 50g，芝麻 6g，陈皮 15g，花椒粉 15g，大麻仁 4g，紫菜丝 2g，油菜籽 3g，芥子 3g，紫苏子 2g。

2. 工艺流程

香辛料→粉碎→过筛→混合→计量包装→成品

3. 操作要点

（1）原料粉碎　将干燥的红辣椒皮与籽分开，辣椒皮粗粉碎，籽粉碎过 40 目筛。陈皮粉碎过 60 目筛。红辣椒皮不可粉碎过筛，成碎块即可，以增强制品的色彩。

（2）混合　将上述粉碎后的原料与其他原料按配方准确称量，混合均匀。

（3）包装　成品一般采用彩色食品塑料袋分量密封包装，有条件的采用真空铝箔袋包装更好，规格一般以 25～25g/袋、100～200 袋/箱为宜。

四、咖喱粉

咖喱起源于古印度，词源出于泰米尔族，意即香辣料制成的调味品，是用胡椒、肉桂之类芳香性植物捣成粉末和水、酥油混合成的糊状调味品。18 世纪，伦敦克罗斯·布勒威公司把几种香辣料做成粉末来出售，便于携带和调和，大受好评。特别是放入炖牛肉中，令人垂涎欲滴。于是咖喱不胫而走，传遍欧洲、亚洲、美洲。

目前世界各地销售的咖喱粉的配方、工艺均有较大差异且秘而不宣，各生产厂家均视为机密。仅日本就有数家企业生产不同配方的咖喱粉，且都有自己的固定顾客群。咖喱粉虽然诸家配方、工艺不一，但就其香辛料构成来看有10～20余种，并可分为赋香原料、赋辛辣原料和赋色原料三个类型。赋香原料，如肉豆蔻及其衣、芫荽、枯茗、小茴香、小豆蔻、众香子、月桂叶等；赋辛辣原料，如胡椒、辣椒、生姜等；赋色原料，如姜黄、陈皮、藏红花、红辣椒等。一般赋香原料占40％，赋辛辣原料占20％，赋色原料占30％，其他原料占10％。其中姜黄、胡椒、芫荽、姜、番红花为主要原料，尤其是姜黄更不可少。

咖喱粉因其配方不一，又可分为强辣型、中辣型，各型中又分高级、中级、低级，颜色金黄至深色不一，其香浓郁。

1. 产品配方

配方一（强辣型）：姜黄30g，芫荽10g，枯茗8g，白胡椒5g，黑胡椒5g，洋葱5g，陈皮5g，葫芦巴3g，肉豆蔻3g，肉桂3g，甘草3g，小豆蔻3g，辣椒3g，月桂叶2g，小茴香2g，丁香2g，生姜2g，葛缕子2g，大茴香1g，大蒜1g，众香子1g，百里香1g。

配方二（微辣型）：姜黄35g，芫荽5.2g，枯茗9g，葫芦巴1.7g，肉豆蔻1.7g，甘草5.2g，小豆蔻1.4g，辣椒1.7g，丁香44g，芥菜籽8.7g。

配方三（微辣型）：姜黄40.5g，芫荽16g，枯茗6.5g，白胡椒5g，黑胡椒4.6g，小豆蔻6.5g，辣椒0.8g，月桂叶3.2g，生姜2.4g，众香子1.6g，芥菜籽11.3g，芹菜籽1.6g。

配方四（微辣型）：姜黄45.7g，芫荽22.8g，枯茗5.7g，白胡椒3.4g，黑胡椒3.4g，葫芦巴4g，肉豆蔻2g，小豆蔻5.7g，辣椒0.6g，月桂叶1.2g，丁香3.4g，生姜1.3g。

配方五（中辣型）：姜黄20g，芫荽37g，枯茗8g，葫芦巴4g，肉桂4g，小豆蔻5g，辣椒4g，小茴香2g，丁香2g，生姜4g，众香子4g。

配方六（强辣型）：姜黄30g，芫荽22g，白胡椒5g，葫芦巴10g，小豆蔻12g，辣椒6g，小茴香2g，丁香2g，生姜7g，大茴香10g。

配方七（强辣型）：姜黄20g，芫荽25g，黑胡椒5g，葫芦巴4g，小豆蔻12g，辣椒6g，小茴香10g，丁香2g，生姜7g，大茴香2g。

配方八（中辣型）：姜黄30g，芫荽27g，白胡椒4g，葫芦巴10g，肉桂2g，小豆蔻5g，辣椒4g，小茴香2g，丁香2g，生姜4g，大茴香8g，肉豆蔻衣2g，多香果2g。

配方九（微辣型）：姜黄32g，芫荽24g，白胡椒5g，小豆蔻12g，辣椒1g，小茴香 10g，丁香 4g，大茴香 2g。

2. 工艺流程

各种原料→分别烘干→粉碎→调配→搅拌→混合→过筛→贮存熟化→搅拌→过筛→分装→成品

3. 操作要点

（1）烘干　烘干时咖喱粉的水分含量在 5%～6%，配方中的每种原料都应适当烘干，以控制水分，并便于粉碎。

（2）粉碎　将各种原料分别进行粉碎，对油性较大的原料可进行磨碎，有些原料通过炒制可增加香味，粉碎后可炒一下，然后过 60 目或 80 目筛。

（3）调配、搅拌、混合　按配方称取各种原料，并放于搅拌混合机中，由于各种原料密度不相同，量多少不同，不易混合均匀，应采用等量稀释法逐步混合，然后加入等量的、量大的原料共同混合，重复到原料加完。

（4）贮存熟化　混合好的咖喱粉放在密封容器中，贮存一段时间，使风味柔和、均匀。

（5）过筛　包装前再将咖喱粉搅拌混合过筛，然后包装即为成品。

五、非钠盐

1. 产品配方

（1）非钠芝麻盐　氯化钾 80g，炒芝麻 15g，谷氨酸钠 1g，苹果酸 0.9g，甘草苷 0.1g，水 4g。

（2）烹调用非钠盐

① 洋葱粉 50g，氯化钾 44g，谷氨酸钠 5g，肌苷酸钠 0.5g，柠檬酸 0.4g，甘草苷 0.1g，水 5g。

② 氯化钾 50g，大蒜粉 43.9g，谷氨酸钠 5g，肌苷酸钠 0.5g，酒石酸 0.5g，甜叶菊苷 0.1g，水 5g。

（3）非钠椒盐　木松鱼粉 70g，氯化钾 14.1g，紫菜丝 7g，炒芝麻 7g，谷氨酸钠 1.5g，肌苷酸钠 0.2g，苹果酸 0.1g，甜叶菊苷 0.1g。

2. 工艺流程

原辅料加工→喷涂→干燥→混合→成品

3. 操作要点

（1）原辅料加工　将氯化钾炒熟；将甘草苷加水，使之溶解，成甘草苷甜味溶液。

（2）喷涂　将甘草苷甜味溶液（或甜叶菊苷）喷涂在炒熟的氯化钾中，使其附着在氯化钾颗粒的表面。

（3）干燥、混合 用 60℃的温度通风、干燥后，添加其他成分，均匀混合，即成。

六、柠檬风味调味盐

1. 产品配方

食盐 946g，罗望子种子多糖提取物 20g，丁基羟基茴香醚 0.4g，谷氨酸钠 30g，柠檬酸 2g，柠檬油 30g，水 3kg。

2. 工艺流程

食盐→溶解→混合→搅拌→干燥→调味→成品

3. 操作要点

（1）食盐溶解 将 946g 食盐完全溶解于 3kg 水中。

（2）混合、搅拌 在食盐水溶液中添加罗望子种子多糖提取物 20g，丁基羟茴香醚 0.4g，谷氨酸钠 30g，柠檬酸 2g，经充分搅拌使之完全溶解，制成混合液。

（3）干燥 在 150～160℃的热风中进行喷雾干燥，制成精制盐 960g，其密度为 0.63g/cm³。

（4）调味 在上述精制盐 120g 中，喷雾添加经充分脱水的柠檬油 30g，并使之均匀吸附，制成 150g 具有柠檬风味的粉末状调味盐。

七、辣椒味调味盐

1. 产品配方

食盐 990g，瓜尔胶 15g，辣椒 100g，乙醇 150g，丙二醇 150g，水 3kg。

2. 工艺流程

辣椒提取液制备
↓

食盐→溶解→混合→搅拌→干燥→调味→成品

3. 操作要点

（1）食盐溶解 将 990g 食盐完全溶解于 3kg 水中。

（2）混合、搅拌 在食盐水溶液中添加瓜尔胶 15g，经充分搅拌使之完全溶解，制成混合液。经预热达到 70℃，使之保持均匀的溶解状态。

（3）干燥 在 150～160℃的热风中进行喷雾干燥，制成精制盐 960g。

（4）辣椒提取液制备 另外将辣椒 100g，用 99％的乙醇 150g 与丙二醇 150g 组成的混合液进行提取，制成 200g 辣椒提取液。

（5）调味 在上述精制盐 960g 中，喷雾添加辣椒提取液 40g，并使之均匀吸附，即制成流动性良好的粉末特制调味盐 1000g。这种特制调味盐具有辣椒的香辣味，能提高食品的风味，增进食欲，使用极方便。

八、洋葱复合调味粉

1. 产品配方

肉香风味洋葱汤料：食盐 45g，洋葱粉 15g，砂糖 15g，麦芽糊精 10.9g，味精 7g，猪肉纯粉 5g，五香粉 1.4g，I＋G 0.3g，猪肉香精 0.2g，洋葱香精 0.2g。

海鲜风味洋葱汤料：食盐 48g，砂糖 15g，味精 12g，洋葱粉 10g，麦芽糊精 9.1g，海鲜抽提粉 3g，五香粉 2g，琥珀酸钠 0.5g，I＋G 0.2g，海鲜香精 0.2g。

注：五香粉为本节中的配方一

2. 工艺流程

原料→预处理→称量→配料→混合→包装→成品

3. 操作要点

（1）预处理 将各种原料分别用粉碎机粉碎，过 60 目筛网。

（2）混合 将原料分别按配方称量，将香精现与食盐粉混合，然后将其他物料混料机中搅拌，混合均匀即可。

（3）包装 按产品预定规格要求对产品进行包装，因含香精，建议采用铝箔袋装。

九、孜然调料粉

孜然调味粉为粉状，主要用于炸、烤羊肉串，也可用于煸炒羊肉、牛肉。

1. 产品配方

孜然粉 70kg，精盐 20kg，味精 2kg，洋葱粉 3kg，辣椒粉 2kg，姜粉 1kg，大蒜 0.5kg，胡椒 0.5kg，水解植物蛋白粉 0.5kg，肉豆蔻 0.2kg，肉桂 0.1kg，丁香 0.1kg，月桂 0.1kg。

2. 工艺流程

香辛料→粉碎→混合→过筛→计量、包装→成品

3. 操作要点

（1）原料处理 将各种香辛料分别用粉碎机粉碎，过 60 目筛网。购进原料后若原料含水量较高，必须先将原料晒干或烘干后再粉碎。

（2）混合 按配方准确称量，倒入混料机中搅拌，混合均匀。

（3）过筛、计量、包装 将混合粉过 40 目筛，采用铝箔袋包装，500g/袋，用封口机封口，谨防吸潮。

十、酱粉

酱粉可以各种酱（如黄酱、面酱、蚕豆酱）为原料，配以赋型剂、增稠剂等，

经喷雾干燥或真空干燥而成。

1. 产品配方

酱 80％，麦芽糊精 10％，糖 6％，甲基纤维素 1％，黄原胶 1％，β-环状糊精 2％，水及酒精适量。

2. 工艺流程

β-环状糊精＋黄原胶＋甲基纤维素→溶化(加水，胶体加酒精)→混合(加酱)→调配(加糖)→过胶体磨→灭菌→喷雾干燥→包装→成品

3. 操作要点

(1) 溶化混合 用适量水先将 β-环状糊精溶化、黄原胶及甲基纤维素用酒精分散后加入酱中，边搅拌边加入，搅拌半小时，使其溶化分散充分。

(2) 调配、过胶体磨 向酱中加入溶化好的淀粉等增稠剂和糖，搅拌均匀。通过胶体磨微细化。

(3) 灭菌 将调配液加热全 95～98℃，保持 40min 灭菌。

(4) 喷雾干燥 将酱料通过泵送入喷雾干燥塔。要求塔的进风温度为 165～185℃，出口温度 80～90℃，掌握好进料量。

(5) 包装 最好在相对湿度 50％左右、温度 25℃左右的条件下进行，以防受潮。

十一、酱油粉

酱油粉又称粉末酱油，是以鲜酱油为基本原料，添加其他辅料，利用原料风味的相乘作用通过调香、调色、调鲜，喷雾干燥而成的一种固体酱油。它最大限度地保留了普通发酵酱油本身的发酵香味，又克服了普通酱油的焦糊味和氧化味，复水性能好，色泽诱人，风味浓郁，调味效果显著，便于保存运输，广泛地应用于调味食品加工的各个方面，是食品工业重要的调味原料。喷雾干燥的方法有两种，即压力喷雾干燥法和离心喷雾干燥法。

1. 产品配方

酱油 85kg，麦芽糊精 10.8kg，变性淀粉精 4kg，I＋G 0.2kg。

2. 工艺流程

变性淀粉与麦芽糊精→溶解→调配混合→灭菌→干燥→过筛→成品

3. 操作要点

(1) 调配混合 将变性淀粉和麦芽糊精溶解在酱油中，要求溶解均匀，静置一段时间，目的是使酱油风味封闭，溶解麦芽糊精时要加热，并高速搅拌。

(2) 灭菌 将调配液加热至 85～90℃，保持 40min 灭菌。

（3）干燥

1）压力喷雾干燥法

① 将过滤的空气经加热器加热到 130～160℃，由鼓风机送入干燥室。同时将 60℃左右的酱油调配液用高压喷成微细雾滴与热风迅速接触。酱油蒸发后的水汽，由排风管通过排风机排出。

② 为了防止在排风中混入部分极微细的酱油粉被排走，在后部喷雾干燥室排风管处设一集尘器，回收细微酱油粉。集尘器是由许多布袋组成的，以过滤细粉。

③ 压力喷雾酱油粉所使用的高压泵，在 7846.5kPa 以上的压力下，将酱油通过微小的喷嘴锐孔射到干燥室内。喷嘴孔径 0.5～0.7mm，喷头芯具有螺旋状的沟。酱油调配液经高压泵以高压送到喷头芯处，形成旋转式圆形运动，以极高的速度，通过锐孔喷射出去，与热风迅速接触而形成粉状，下落于干燥室底部。然后扫尘过筛，即得成品。

2）离心喷雾干燥法

① 将经过滤的空气加热至 130～160℃，送入喷雾塔。

② 把酱油放置于喷雾室顶上的保温缸中，加热到 60℃左右，陆续由保温缸流到干燥室中的离心喷雾机转盘上。由于离心盘高速旋转（7500r/min，线速度达到 100m/s），将料液迅速分散成雾点，与进入喷雾室的热空气瞬间接触，料液因水分被蒸发而变成粉末，落于干燥塔底部。

③ 进入干燥塔内的热空气靠加热器加热，在空气加热器上蒸汽表压力要维持在 588.4～686.5kPa。热空气与料液接触后，排风温度迅速降到 75～80℃，并保持这个温度。排风口相对湿度为 11％左右。

④ 排风温度的高低也可用进料速度来控制。经旋风分离器将粉分离后，其余气体由排风机排出室外。将经干燥后的酱油粉扫出过筛，即成品。

⑤ 酱油粉的包装最好在相对湿度 50％左右、温度 25℃左右的条件下进行，以防受潮。

十二、水解蛋白粉

水解蛋白粉是以水解植物蛋白液为原料，经脱色、除臭、浓缩、提纯处理后，经喷雾干燥而成的一种常用的增鲜调味料。它具有氨基酸含量高，口感鲜美，回味悠长的特点；能强化食品营养成分和鲜美感，起到增加鲜度、改善口感、掩盖异味的功能；还可以降低甚至替代味精、I＋G 的使用；广泛应用于鸡精、鸡粉、鸡汁、方便调料、汤料、肉制品等风味食品中。

在肉味香精的生产中添加，参与美拉德反应，提供反应所需的氨基酸，使反应出的肉味香基更为纯正，口感更为饱满，也可作为载体应用。

1. 产品配方

酸水解植物蛋白调味液（TN≥2.5％）90kg，麦芽糊精 10kg。

2. 工艺流程

麦芽糊精→溶化(加水)→混合(加酸水解植物蛋白调味液)→灭菌→喷雾干燥→包装→成品

3. 操作要点

(1) 溶化、混合　用适量水将麦芽糊精溶化。同时加入酸水解植物蛋白调味液。

(2) 灭菌　将调配液加热至95～98℃，保持40min灭菌。

(3) 喷雾干燥　将料液通过泵送入喷雾干燥塔。要求塔的进风温度为165～185℃，出口温度80～90℃，掌握好进料量。

(4) 包装　最好在相对湿度50%左右、温度25℃左右的条件下进行，以防受潮。

十三、海鲜汤料

1. 产品配方

配方一：食盐50g，干虾仁粉15g，味精12g，白砂糖10g，洋葱粉4g，生姜粉3g，胡椒粉2.5g，蒜粉2g，虾籽香精1.5g。

配方二：食盐50g，干虾仁粉10g，味精10g，无水葡萄糖10g，虾籽香精8g，洋葱粉5g，生姜粉3g，酱油粉2g，I+G 1g，琥珀酸钠1g。

2. 工艺流程

原料→预处理→混合搅拌→喷入香精→过筛→检验→包装→成品

3. 操作要点

(1) 预处理　干虾仁粉碎过60目筛，胡椒粉碎过60目筛。将各种调味蔬菜去皮，洗净，切成片，绞碎，然后在60℃左右的温度下烘干，使水分达到5%以下。将烘好的物料粉碎，过60目筛网。

(2) 混合、过筛　准确称量各原料，并在混合机中混合均匀，搅拌速度控制在35～40r/min之间。搅拌中间喷入虾籽香精，混合完成后用粉料过40目筛。

(3) 包装　用包装机包装，5g为一小袋。

十四、肉骨提取物

肉骨提取物是指将肉骨类用热水浸出而得到的成分。现在各国生产的肉骨提取物产品是以畜、禽的肉、骨等为原料生产的调味品，在一些国家已广泛应用于各种加工食品中。单纯的肉骨提取物产品主要有牛肉/骨提取物、猪肉/骨提取物、鸡肉/骨提取物和羊肉/骨提取物等，这类产品一般称为浓缩型肉/骨提取物，液体产品中纯肉/骨含量约50%，另加有食盐，使之具有防腐性能。市场常见的此类粉体产品有牛肉汤粉、牛骨清汤粉、牛骨白汤粉，猪肉汤粉、猪骨清汤粉、猪骨白汤粉，鸡肉汤粉、鸡骨清汤粉、鸡骨白汤粉，羊肉汤粉、羊骨清汤粉、羊骨白汤粉等。

1. 产品配方

精瘦肉、边角肉、内脏、骨、筋、皮等各适量。

2. 工艺流程

（1）分解法

原料→分选→水洗→破碎→酸或酶分解→过滤→不溶物

产品←检验←筛选←粉末化←浓缩←离心分离→油脂

（2）提取法

水

原料→分选→水洗→切断→提取→过滤→不溶物

产品←检验←筛选←粉末化←浓缩←离心分离→油脂

3. 操作要点

（1）原料处理　选择新鲜的精瘦肉、边角肉、内脏、骨、筋、皮等为原料。用自来水或热水清洗附着的血液及污物，然后将原料破碎或切断，以便取得好的提取效果。

（2）肉/骨提取物成分提取　提取方法有物理提取法、酶分解提取法和化学提取法。物理提取法是用热水蒸煮的提取方法，可采用常压或者高压。常压提取法与制作烹调用汤料的条件相似，产品的香味也近似。高压提取法提取效率好，固形物得率较高，但是有特殊的焦臭味，风味不如常压提取的产品。酶分解提取法是采用蛋白酶将肉蛋白分解为肽和氨基酸使之溶于水中的提取方法。化学提取法是先酸分解肉蛋白，然后进行中和、精制的提取方法。但是通常化学提取方法的产品一般归入动物蛋白水解物（HAP）制品，因为与前两种方法产品比较，有着不同的香味成分。提取工艺中应考虑的条件有蒸汽压、加水量、温度、搅拌度、设备密闭情况，以及有无其他原料的添加等。对于酶分解法来说，除热水提取条件之外，还需考虑酶的选择和添加量及酶失活的温度。在决定所采用的提取方法和提取条件时，应从香、味和固形物等因素及最后商品的用途来选择。

（3）分离浓缩　提取工艺结束后，未溶解的残渣通过过滤分离除去，然后用离心分离机等设备除去脂肪。采用脱脂工艺是为了防止脂肪氧化或控制脂肪含量，以保证产品质量，或生产清汤用的透明汤料。为了便于产品的保存和运输，需对提取液进行浓缩，有常压浓缩和减压浓缩两种方法。减压浓缩由于是在低温下进行的，因而可维持提取液的原有风味，而且可大量浓缩。常压浓缩与减压浓缩比较，浓缩温度较高，糖和氨基酸产生的美拉德反应等可引起褐变和风味物质的变化。从香味上看，常压浓缩品附加有因加热而产生的风味。不论哪一种浓缩方法都使提取液的香味减弱，从原料中挥发出的香气成分同水蒸气一起馏出。

提取时掌握最适的温度和时间是保留香味浓度的重要因素。如果重视风味成分和固形物得率，则加水量较多好，甚至进行两次提取，但是考虑到香味成分的残留量则不一定适合，因为随着水分的蒸发，香气也一同散失。

（4）粉末化　为了作方便面的粉末调味料或快餐汤料，常将提取物制成粉末制品。粉末制品是将赋型剂和其他风味成分等溶于肉精中，经喷雾干燥而制成的。制成粉状制品后，肉精原来的香气被减弱，其香气的变化受喷雾前的加热温度和时间、喷雾干燥时的热风和赋型剂的风味等因素影响。对于含有脂肪的肉精来说，脂肪的乳化可以使一些香气成分保留下来。除喷雾干燥外，其他粉末化方法有冷冻干燥法、被膜干燥法等。

十五、鸡味鲜汤料

鸡味鲜汤料是新兴复合调味料之一，是以鸡肉粉及各种调味料经加工而制成的。

1. 产品配方

配方一：食盐42.4g，鸡肉粉16g，味精12g，砂糖粉10g，洋葱粉5g，咖喱粉3g，生姜粉3g，胡椒粉2.5g，蒜粉2g，酱油粉2g，鸡肉香精1.5g，I+G 0.6g。

注：咖喱粉见本节中咖喱粉配方一。

配方二：糊精50g，食盐20g，鸡肉粉15.8g，味精8g，葱粉3g，姜粉2g，花椒粉1g，八角粉0.2g。

配方三：食盐55g，味精15g，鸡肉粉10g，白砂糖4g，鸡肉香精4g，酱油粉3.5g，洋葱粉3g，芹菜粉2g，甜椒粉1.5g，蒜粉1g，姜粉0.5g，肌苷酸0.5g。

配方四：食盐20g，鸡肉粉18g，预糊化淀粉15g，脱脂奶粉12g，鸡油10g，味精10g，水解蛋白粉8g，砂糖4g，洋葱粉1.6g，大蒜粉0.9g，白胡椒0.5g。

配方五：食盐46g，玉米淀粉20g，味精10g，无水葡萄糖10g，鸡肉粉8g，鸡肉香精3g，大葱粉3g。

2. 工艺流程

蔬菜→制成粉末
↓
鸡肉→预处理→煮熟→干燥→粉碎→鸡肉粉→称量→混合→加香→过筛→包装→成品

3. 操作要点

（1）鸡肉粉的制作　将鸡洗净，去皮、去骨，将鸡肉部分切成小块，加热煮熟，捞出，用绞肉机绞碎后在60℃下烘干，使水分达到5%以下，粉碎，过60目筛网得鸡肉粉。

（2）蔬菜粉加工　将蔬菜去皮，洗净，切成片状，再绞碎。在 60℃下烘干，使水分含量在 5%以下，粉碎，过 60 目筛网，即成蔬菜粉末。

（3）混合、过筛　准确称量各原料，在混合机中混合均匀，将混合好的物料过 40 目筛。

（4）包装　按要求采用铝箔袋定量包装即可。

十六、牛肉汤料

牛肉汤料是目前市场上非常畅销的复合调味料，大多用于方便面、方便米粉或者炒菜、冲汤，因味道鲜美而深受消费者青睐。

1. 产品配方

配方一：盐 44kg，味精 14kg，牛肉粉 16kg，麦芽糊精 13.4kg，白砂糖粉 11kg，花椒粉 0.5kg，生姜粉 0.4kg，芥末粉 0.2kg，蒜粉 0.2kg，牛肉香精 0.15kg，焦糖色 0.15kg。

配方二：牛肉粉 20kg，丁香粉 18kg，大蒜粉 16kg，白砂糖粉 10.8kg，盐 10kg，酱油粉 8kg，胡萝卜粉 9.2kg，芹菜粉 4.4kg，洋葱粉 3.6g。

配方三：牛肉粉 25kg，味精 25kg，糊精 20kg，食盐 22.5kg，葱粒 5kg，姜粉 2kg，大料粉 0.5kg。

配方四：盐 45kg，味精 15kg，酱油粉 7.5kg，牛肉香精 7.5kg，玉米淀粉 6kg，葡萄糖 5kg，白胡椒粉 4kg，洋葱片 3kg，生姜粉 3kg，牛油 2.5kg，抗结剂 1kg，I＋G 0.5kg。

配方五：食盐 59.2kg，牛肉浸粉 9.5kg，葡萄糖 9.2kg，味精 9kg，酱油粉 5.5kg，葱粉 2kg，白菜粉 2kg，焦糖 1.7kg，琥珀酸钠 0.5kg，黑胡椒粉 0.5kg，I＋G 0.4kg，酒石酸 0.3kg 洋葱粉 0.1kg，韭菜粉 0.1kg，蒜粉 0.05kg，姜粉 0.05kg。

2. 工艺流程

牛肉→切块→煮熟→干燥→粉碎→调配(加粉碎的辅料)→搅拌→过筛→包装→成品

3. 操作要点

（1）牛肉处理　将牛肉洗净后，去筋腱、去骨，将其切成小块，加热煮熟，捞出，用绞肉机绞碎后在 60℃下烘干，使水分达到 5%以下，粉碎，过 60 目筛网得牛肉粉。

（2）辅料处理　将其他原料粉碎后，过 60 目筛网。

（3）调配、搅拌　准确称量各原料，在混合机中混合均匀。

（4）过筛、包装　将混合均匀的物料过 40 目筛，然后进行包装，即得到成品。

十七、口蘑汤料

口蘑汤料是方便汤料的一个品种，加工简便，香味浓厚，做汤、炒菜、拌面俱佳。由于它含有大量的鸟苷酸，所以具有味精的鲜味，是居家旅游的佐餐佳品。

1. 产品配方

配方一：食盐45g，味精15g，口蘑粉10g，砂糖10g，麦芽糊精10g，白胡椒5g，酱油粉5g。

配方二：精盐56g，砂糖20g，味精15g，口蘑粉5g，白胡椒2g，I＋G 1kg，口蘑香精1kg。

配方三：食盐60g，味精10g，砂糖10g，预糊化淀粉9g，口蘑粉8g，白胡椒2g，葱粉0.5g，姜粉0.5g。

2. 工艺流程

口蘑→清洗→干燥→粉碎→混合→过筛→成品

3. 操作要点

（1）清洗、干燥　选用肉厚、肥大的口蘑，除去杂质，用清水洗净，晒干，或在60℃的恒温下烘干。

（2）原料粉碎　将口蘑用粉碎机粉碎，过80目筛网。将配方中的白胡椒、砂糖等原料用粉碎机粉碎，过60目筛。

（3）混合、过筛　按配方准确称量各种原料，倒入混料机中搅拌，混合均匀，过40目筛。采用塑料袋包装，用封口机封口，谨防吸潮。

十八、香菇汤料

1. 产品配方

干香菇100kg，糊精120kg，干燥精盐、复合鲜味剂（谷氨酸钠95％、I＋G 5％）各适量。

2. 工艺流程

干香菇→粉碎→浸制（加糊精、水）→压榨→干燥→配料→包装

3. 操作要点

（1）粉碎、浸制　将干香菇洗净，去杂，沥干水分，迅速烘干，粉碎成绿豆大小。勿用未经干燥的香菇进行粉碎，否则，冲服时会出现浑浊沉淀现象。然后再按干香菇：糊精：水＝1：1.2：10的比例混合浸制。方法是先将糊将放入水中，加热至70～80℃，使糊精完全溶解，温度降至40℃以下时将干香菇粉倒入，搅拌均匀，于40℃浸泡6～12h。

（2）压榨、干燥　用板框过滤器或其他方法滤取香菇浸制液，压力要适中，以

防滤液出现浑浊或沉淀现象，然后使滤液在150~160℃下进行喷雾干燥。

（3）配料　将所得干燥香菇浸制粉末与干燥精盐、复合鲜味剂进行干法混合，其比例为100∶15∶4，充分搅拌均匀。

（4）包装　成品极易回潮黏结，要及时用防潮材料密封包装。

十九、金针菇汤料

1. 产品配方

精盐45g，金针菇干粉20g，复合鲜味剂10g（谷氨酸钠95％、I＋G 5％），白糖8g，可溶性淀粉5g，紫菜2.7g，琥珀酸钠2.5g，胡椒粉2g，洋葱粉1.5g，大蒜粉1.5g，生姜粉1.5g，葱0.3g。

2. 工艺流程

原料→漂洗→热烫→烘干→粉碎→调配混合→包装

3. 操作要点

（1）原料　利用金针菇加工中剩下的低档菇及残次菇作原料，除去菇根、杂质。

（2）漂洗、热烫　金针菇需漂洗干净，置于沸水中烫漂3min，用冷水冷却。

（3）烘干、粉碎　将金针菇及时烘烤至干，再粉碎，过80目筛。

（4）调配混合　将金针菇干粉与其他作料配制成汤料，充分混合均匀。

（5）包装　汤料配好后，应及时定量分装于铝箔袋内封存。

二十、松茸汤料

1. 产品配方

干松茸粉100kg，糊精120kg，水1500kg，干燥精盐3kg，复合鲜味剂（谷氨酸钠95％、I＋G 5％）800g。

2. 工艺流程

选料→漂洗→烘干→粉碎→浸制→干燥（喷雾）→配料混合→包装

3. 操作要点

（1）烘干、粉碎、浸制　拣去杂质及霉烂变质的松茸，用流动清水漂洗干净，在50~65℃条件下彻底烘干，粉碎至绿豆大小，干松茸粉∶糊精∶水＝1∶1.2∶15的比例浸制。先将糊精放入水中，加热至70~80℃，使糊精完全溶解，待溶液温度降至40℃以下时，放入干松茸粉，浸制6~12h。松茸的粉碎必须在干燥状态下进行，不能浸泡后磨碎，否则成品冲服时溶液浑浊。

（2）干燥　将浸制后的溶液压榨过滤，压力应适中，否则滤液出现浑浊沉淀等现象。滤液在50~60℃下进行喷雾干燥。

（3）配料混合　所得粉剂、干燥精盐、复合鲜味剂以100∶15∶4的比例在干态下混合。由于松茸冲剂极易回潮黏结，故成品要及时密封包装，检查后即为成品。

二十一、野菌粉末汤料

1. 产品配方

干菌粉 100kg，糊精 120kg，水 1500kg，干燥精盐 3kg，复合鲜味剂 800g。

复合鲜味剂配方：味精 780g，I＋G 20g。

2. 工艺流程

干野菌→粉碎→浸渍→压榨→干燥→配料→包装→成品

3. 操作要点

（1）粉碎　将干野菌洗干净、去杂，沥干水分，迅速烘干，粉碎成绿豆大小。

（2）浸渍　按干菌粉∶糊精∶水＝1∶1.2∶15 的比例混合浸渍。方法是先将糊精放入水中，加热至 70～80℃，使糊精完全溶解。当温度降至 40℃ 以下时，将干菌粉倒入、搅匀，于 40℃ 浸渍 6～12h。

（3）压榨　用板框过滤器或其他方法滤取野菌浸渍液。压力要适中，以防滤液出现沉淀和浑浊。

（4）干燥　滤液在 50～60℃ 温度下喷雾干燥。

（5）配料　将所得的干燥野菌粉末与干燥精盐、复合鲜味剂进行干态混合，其比例为 100∶15∶4，充分搅拌均匀。

（6）包装　成品极易黏结，要及时用防潮材料密封包装。

二十二、番茄汤料

1. 产品配方

配方一：食盐 54g，番茄粉 15g，糊精 12g，味精 8g，番茄香精 3g，白砂糖 3g，洋葱粉 2.5g，花椒粉 1.5g，酱油粉 1g。

配方二：食盐 40g，番茄粉 20g，糊精 14g，味精 10g，白砂糖 4g，胡椒粉 4g，香番茄香精 4g，葱粉 2g，酱油粉 2g。

配方三：食盐 30g，番茄粉 20g，糊精 15g，白砂糖 15g，味精 10g，葱粉 2g，番茄香精 4g，酱油粉 2g，花椒粉 2g。

2. 工艺流程

原料→粉碎→称量→混合→过筛→包装→成品

3. 操作要点

（1）原料　采用新疆产的纯番茄粉。

（2）粉碎　将食盐、味精、白砂糖分别粉碎过 60 目筛。

（3）称量　按配方要求准确称量。

（4）混合　将称量好的物料投入到混合机中，混合均匀。

（5）过筛　将混合好的物料过 40 目筛。

（6）包装　将过筛后的物料要及时用粉料包装机分装。

二十三、日式粉末汤料

目前，日本的汤料所用原料，逐渐向多样化发展，主要有粉末酱油，粉末酱，肉、禽、鱼、贝类的提取物，植物蛋白和动物蛋白，酵母的水解物，蔬菜、海带、蘑菇等多种成分，配以辛香料、核苷酸类增鲜剂精制而成，其品种的变化在于原料配比，不同的配比决定产品味道和香气的不同。

1. 产品配方

日式酱汤汤料：赤味噌酱粉 60kg，酱油粉 10kg，木鱼汁粉 10kg，砂糖粉 5kg，味精 5kg，海带汁粉 5kg，蛤蜊粉 3kg，盐 1.2kg，姜粉 0.4kg，I＋G 0.2kg，蒜粉 0.2kg。

日式清汤料：食盐 50kg，淡味酱油粉末 13kg，木鱼汁粉 12.5kg，海带汁粉 10kg，麦精粉 5kg，味精 5kg，蘑菇精粉 4kg，I＋G 0.5kg。

日式鸡肉清汤料：食盐 55kg，白砂糖粉 12kg，味精 12kg，鸡汁粉末 10kg，鸡油粉末 8kg，洋葱粉 1kg，胡椒粉 0.8kg，氨基酸粉末 0.4kg，胡萝卜粉 0.2kg，大蒜粉 0.2kg，鸡肉粉状香精 0.2kg，混合香辛料 0.1kg，I＋G 0.1kg。

注：混合香辛料为本节中咖喱粉配方配方三。

日式面条汤料：食盐 48kg，味精 15kg，洋葱粉 10kg，肉汁粉 8kg，麦精粉或葡萄糖粉 6kg，水解植物蛋白粉 4kg，酵母粉 3kg，粉末香油 2kg，肉味粉状香精 2kg，I＋G 0.6kg，胡椒粉 0.5kg，大蒜粉 0.3kg，姜粉 0.2kg，辣椒粉 0.2kg，混合香辛料粉 0.2kg。

注：混合香辛料为本节中咖喱粉配方配方三。

2. 工艺流程

赋型剂→提取物→吸附→干燥→粉碎→筛分→粉状原料→混合→筛分→混合→包装→成品

3. 操作要点

先将颗粒原料粉碎成约为 40 目的粉末。将粉状原料进行混合。各种原料的颗粒细度应相近，采用"等理稀释法"逐步混合。先加入量少、质重的原料，再加入等量的量大的原料，分次加入混合。

二十四、饺馅调味粉（海鲜味）

1. 产品配方

食盐 30g，白砂糖 20g，虾粉 20g，酱油粉 10g，味精 6g，水解蛋白粉 6g，大葱粉 5g，生姜粉 4g。

2. 工艺流程

干虾仁→粉碎
↓
大葱、姜→制成粉末→准确称量→搅拌混合→过筛→包装
↑
其他调味料

3. 操作要点

（1）原料加工　干虾仁粉碎过 60 目筛网。大葱、姜在 60℃左右烘干，使水分达到 5％以下，粉碎过 60 目筛网。食盐、白砂糖、味精粉碎过 60 目筛网。

（2）混合　准确称量各种原料，在混合机中混合均匀。

（3）过筛　将混合好的物料过 40 目振动筛。

（4）包装　包装为 50g/袋，可调 1500g 陷。可依个人口味酌量添加。本产品还适用于包子馅、馄饨馅等。

二十五、麻辣鲜汤料

1. 产品配方

食盐 40kg，味精 30kg，白砂糖 10kg，酱油粉 8kg，辣椒粉 3kg，川花椒 2.7kg，水解植物蛋白粉 2kg，鸡肉精粉 1kg，姜粉 0.5kg，葱粉 0.5kg，胡椒 0.5kg，香叶 0.5kg，小茴香 0.5kg，八角 0.2kg，琥珀酸二钠 0.2kg，桂皮 0.2kg，I＋G 0.15kg，丁香 0.05kg。

2. 工艺流程

天然香辛料→洗净→烘干→粉碎→称量→与其他鲜味料混合→过筛→包装

3. 操作要点

（1）原料处理　将天然香辛料检出杂质，洗净，在 55～60℃烘干，使水分≤5％，然后粉碎，过 60 目筛网。食盐、味精、白砂糖粉碎过 60 目筛。

（2）称量　准确称量各种物料。

（3）混合　用混合机把物料混合均匀。

（4）过筛　将混合物料过 40 目气流筛。

（5）包装　包装成 5g/袋。

二十六、麻辣增鲜调味粉

1. 产品配方

配方一：味精 85kg，纯鸡肉粉 4kg，蘑菇提取物 4kg，I＋G 3kg，干贝素 2kg，牛肉粉 2kg。

配方二：味精 75kg，酶解猪肉粉 6kg，水解蛋白粉 5kg，鲜贝抽提物 4kg，I＋G 3kg，干贝素 3kg，蘑菇抽提物 2kg，淡菜提取物 2kg。

配方三：味精 80kg，纯鸡肉粉 5kg，酶解鸡肉粉 4kg，干贝素 3kg，I＋G 2kg，水解蛋白粉 2kg，香菇抽提物 2kg，香葱提取物 2kg。

配方四：味精 88kg，I＋G 2kg，干贝素 2kg，纯鸡肉粉 2kg，大蒜提取物 1kg，淡菜提取物 3kg，香菇抽提物 1kg，鱼肉提取物 1kg。

2. 工艺流程

原料→粉碎→称量→混合→过筛→包装→成品

3. 操作要点

（1）粉碎　将味精、干贝素、I＋G 等分别粉碎过 60 目筛。

（2）称量　按配方要求准确称量。

（3）混合　将称量好的物料投入到混合机中，混合均匀。

（4）过筛　将混合好的物料过 40 目筛。

（5）包装　将过筛后的物料要及时用粉料包装机分装。

二十七、几种方便面调味粉

1. 产品配方

鲜鸡味调味粉：食盐 62.5kg，味精 13.8kg，白砂糖 10.5kg，水解蛋白粉 3.5kg，粉末鸡肉香精 2.4kg，大蒜粉 2kg，生姜粉 2kg，胡椒粉 1.5kg，抗结剂 0.8kg，小茴香粉 0.3kg，鸡肉膏 0.3kg，I＋G 0.2kg，大葱碎 0.1kg，香菜碎 0.1kg。

麻辣牛肉味调味粉：食盐 62kg，味精 10.1kg，白砂糖 8.0kg，花椒粉 5.5kg，辣椒粉 3.2kg，水解蛋白粉 3.0kg，粉状牛肉香精 2.4kg，牛肉粉 2kg，八角粉 1kg，抗结剂 0.8kg，桂皮粉 0.8kg，胡椒粉 0.7kg，胡萝卜丁 0.2kg，I＋G 0.1kg，大葱碎 0.1kg，香菜碎 0.1kg。

三鲜辣味调味粉：食盐 55.5kg，味精 15.4kg，白砂糖 9.0kg，辣椒粉 5.6kg，虾皮粉 4.0kg，水解蛋白粉 2.5kg，生姜粉 1.5kg，虾味香精粉 1.5kg，胡椒粉 1.2kg，酵母粉 1.0kg，蒜粉 1.0kg，抗结剂 0.8kg，小茴香粉 0.5kg，高丽菜碎 0.2kg，I＋G 0.1kg，大葱碎 0.1kg，香菜碎 0.1kg。

红烧牛肉味调味粉：食盐 60kg，味精 13kg，白砂糖 6kg，热反应牛肉粉 3kg，水解蛋白粉 3kg，辣椒粉 3kg，酱油粉 2.5kg，花椒粉 2.5kg，大蒜粉 1.8kg，酵母粉 1kg，胡椒粉 1kg，焦糖色 0.8kg，抗结剂 0.8kg，八角粉 0.6kg，桂皮粉 0.5kg，胡萝卜丁 0.2kg，I＋G 0.1kg，大葱碎 0.1kg，香菜碎 0.1kg。

红烧排骨调味粉：食盐 62.5kg，白砂糖 12.5kg，味精 11.5kg，热反应排骨粉 2.5kg，辣椒粉 2.2kg，花椒粉 2kg，水解蛋白粉 1.5kg，焦糖色 1kg，酵母粉 1kg，酱油粉 1kg，抗结剂 0.8kg，桂皮粉 0.5kg，八角粉 0.5kg，高丽菜碎 0.2kg，I＋G 0.1kg，大葱碎 0.1kg，香菜碎 0.1kg。

五香炖肉调味粉：食盐 62.5kg，味精 15.7kg，白砂糖 8.6kg，猪肉水解蛋白粉 3.5kg，水解蛋白粉 2.5kg，葱香油脂 2kg，胡椒粉 1.5kg，猪骨素 1kg，抗结剂 0.8kg，酵母粉 0.5kg，小茴香粉 0.5kg，辣椒粉 0.3kg，洋葱油 0.2kg，桂皮粉 0.1，I＋G 0.1kg，大葱碎 0.1kg，香菜碎 0.1kg。

香菇风味调味粉：食盐 61kg，味精 13.8kg，白砂糖 8.8kg，香菇粉 8.5kg，洋葱粉 2.5kg，水解蛋白粉 1.5kg，酱油粉 1kg，抗结剂 0.8kg，胡椒粉 0.8kg，大蒜粉 0.5kg，芝麻油 0.5kg，I＋G 0.1kg，大葱碎 0.1kg，香菜碎 0.1kg。

日式鸡味调料粉：食盐 60kg，味精 15kg，白砂糖 9kg，粉末油脂 5.2kg，水解蛋白粉 3kg，热反应鸡味粉 2.5kg，调味鸡骨素粉 2kg，大蒜粉 1kg，抗结剂 0.8kg，胡椒粉 0.5kg，胡萝卜粉 0.5kg，苹果酸 0.3kg，I＋G 0.2kg。

日式海鲜味调料粉：食盐 50kg，味精 10kg，洋葱粉 7.5kg，葡萄糖 7kg，海鲜粉 5kg，白砂糖 5kg，肉汁粉 4kg，酱油粉 3kg，粉末油脂 2kg，水解蛋白粉 2kg，酵母粉 1.2kg，肉味香精粉 1kg，抗结剂 0.8kg，胡椒粉 0.5kg，大蒜粉 0.3kg，I＋G 0.2kg，生姜粉 0.2kg，辣椒粉 0.1kg，咖喱粉 0.1kg，琥珀酸钠 0.1kg。

2. 工艺流程

原料→预处理→混合→过筛→检验→包装→成品

3. 操作要点

(1) 预处理　将食盐、白砂糖、味精等颗粒状物料粉碎过 40 目筛，香辛料粉碎过 40 目筛。

(2) 混合、过筛　准确称量各原料，并在混合机中混合均匀，搅拌速度控制在 35～40r/min 之间。混合完成后过 20 目筛。

(3) 包装　用包装机包装，10g 为一小袋。

二十八、风味汤料

1. 产品配方

清炖鸡肉风味：食盐 52kg，味精 20kg，白砂糖粉 9kg，麦芽糊精 8.7kg，酶解鸡肉粉 8kg，鸡油 2kg，I＋G 0.3kg。

烤鸡风味：酶解鸡肉粉 4.5kg，食盐 55kg，麦芽糊精 49.5kg，味精 25kg，白砂糖粉 10kg，I＋G 0.3kg，鸡肉香精 0.2kg，丁香粉 0.05kg。

沙姜鸡肉风味：食盐 50kg，味精 25kg，酶解鸡肉粉 8kg，白砂糖粉 7kg，麦芽糊精 4.2kg，鸡肉香精 2kg，沙姜粉 2kg，酱油粉 1kg，胡椒粉 0.5kg，I＋G 0.3kg。

纯正牛肉风味：食盐 50kg，酶解牛肉粉 20.5kg，味精 15kg，白砂糖 10kg，麦芽糊精 2.375kg，大蒜粉 1kg，小茴香粉 0.8kg，I＋G 0.3kg，白胡椒粉 0.025kg。

五香牛肉风味：食盐 46kg，味精 20kg，麦芽糊精 10.8kg，白砂糖 7kg，酶解牛肉粉 5kg，牛肉香精 2kg，水解蛋白粉 2kg，八角粉 1.5kg，白胡椒粉 1.3kg，酱油粉 1kg，辣椒粉 1kg，肉桂粉 1kg，花椒粉 0.8kg，丁香粉 0.3kg，I＋G 0.3kg。

红烧牛肉风味：食盐 45kg，味精 20kg，酶解牛肉粉 8.5kg，麦芽糊精 8.2kg，白砂糖 7.5kg，牛肉香精 3kg，酱油粉 3kg，水解蛋白粉 2kg，辣椒粉 1.5kg，花椒粉 1kg，I＋G 0.3kg。

2. 工艺流程

原料→粉碎
↓

鸡肉/牛肉→预处理→酶解→灭菌→干燥→称量→混合→过筛→检验→包装→成品

3. 操作要点

（1）肉的预处理　将鸡肉/牛肉经水浸泡去血污后，切块，煮熟，磨浆，在 60～65℃采用木瓜蛋白酶和风味蛋白酶下酶解 40min，升温 95℃以上灭酶灭菌 30min，40 目过滤，喷雾干燥得酶解肉粉。

（2）粉碎　将食盐、白砂糖、味精等颗粒状物料粉碎过 40 目筛，香辛料粉碎过 40 目筛。

（3）称量、混合、过筛　准确称量各原料，并在混合机中混合均匀，搅拌速度控制在 35～40r/min 之间。混合完成后过 20 目筛。

（4）包装　按要求包装。

二十九、几种膨化粉

1. 产品配方

牛肉风味膨化粉：食盐 26kg，糊精 25kg，玉米淀粉 15kg，白砂糖 10kg，味精 9kg，牛肉粉 6kg，葡萄糖 5kg，蒜粉 2kg，牛肉香精 1.4kg，I＋G 0.3kg，琥珀酸钠 0.15kg，八角粉 0.1kg，辣椒精 0.05kg。

鸡肉风味膨化粉：食盐 25kg，糊精 22kg，玉米淀粉 15kg，白砂糖 10kg，味精 9kg，葡萄糖 8kg，鸡肉粉 5kg，洋葱粉 3.5kg，鸡肉香精 1.425kg，I＋G 0.35kg，生姜粉 0.3kg，琥珀酸钠 0.2kg，辣椒粉 0.2kg，辣椒精 0.025kg。

麻辣风味膨化粉：食盐 33kg，白砂糖 18kg，糊精 16.44kg，味精 10kg，麻辣粉末香精 8kg，酵母粉 6kg，五香粉 6kg，酱油粉 2kg，I＋G 0.5kg，抗结剂 0.05kg，抗氧化剂 0.01kg。

牛肉风味膨化粉：食盐 29.5kg，糊精 20.94kg，白砂糖 20kg，味精 10kg，牛肉粉末香精 8kg，酵母粉 4kg，五香粉 4kg，酱油粉 3kg，IMP0.5kg，抗结剂 0.05kg，抗氧化剂 0.01kg。

鸡肉风味膨化粉：食盐 33kg，白砂糖 20kg，糊精 16.34kg，味精 12kg，粉末香精 8kg，酵母粉 4kg，五香粉 4kg，酱油粉 2kg，GMP 0.6kg，抗结剂 0.05kg，抗氧化剂 0.01kg。

海虾风味膨化粉：食盐 32kg，糊精 18.24kg，白砂糖 18kg，味精 12kg，粉末香精 10kg，酵母粉 4kg，五香粉 3kg，酱油粉 2kg，I+G 0.7kg，抗结剂 0.05kg，抗氧化剂 0.01kg。

2. 工艺流程

原料→预处理→混合→过筛→检验→包装→成品

3. 操作要点

(1) 预处理　将食盐、白砂糖、味精等颗粒状物料粉碎过 40 目筛，香辛料粉碎过 40 目筛。

(2) 混合、过筛　准确称量各原料，并在混合机中混合均匀，搅拌速度控制在 35～40r/min 之间。混合完成后过 20 目筛。

(3) 包装　按要求包装。

三十、几种速溶汤粉

1. 产品配方

西湖牛肉羹速溶汤粉：玉米淀粉 30kg，面粉 25kg，盐 18kg，味精 6kg，牛肉粒 6kg，麦芽糊精 5.45kg，白砂糖 5kg，香葱粒 2kg，牛肉粉 1kg，白胡椒粉 0.5kg，I+G 0.3kg，耐高温蒸煮鸡肉粉 0.3kg，蒜粉 0.2kg，姜粉 0.1kg，干贝素 0.1kg，焦糖色素 0.05kg。

火腿玉米羹速溶汤粉：玉米淀粉 30kg，面粉 26.95kg，盐 15.5kg，火腿粒 13.5kg，味精 6kg，甜玉米粉 4kg，白砂糖 2.5kg，耐高温蒸煮鸡肉粉 1.2kg，白胡椒粉 0.2kg，I+G 0.1kg，玉米香精 0.1kg，姜黄粉 0.05kg。

鱼片蔬菜汤速溶汤粉：马铃薯淀粉 24kg，面粉 21.95kg，盐 18kg，味精 11kg，真空冷冻干燥胡萝卜 6.7kg，真空冷冻干燥香葱 6.3kg，白砂糖 6kg，鱼粉 2.1kg，真空冷冻干燥椰蓉 1.6kg，鱿鱼片 1.3kg，I+G 0.5kg，白胡椒粉 0.29kg，醋粉 0.2kg，焦糖色素 0.06kg。

罗宋汤速溶汤粉：玉米淀粉 23kg，食盐 17kg，面粉 15kg，番茄粉 12kg，洋葱粉 10kg，味精 7kg，白砂糖 6kg，蔬菜粒 4kg，牛油 1.8kg，黄油 1.6kg，大蒜粉 0.6kg，醋粉 0.5kg，抗结剂 0.4kg，柠檬酸 0.4kg，黑胡椒粉 0.2kg，I+G 0.2kg，小茴香粉 0.1kg，辣椒粉 0.1kg，芹菜籽油树脂 0.06kg，牛肉香精 0.04kg。

酸辣汤速溶汤粉：玉米淀粉 27kg，面粉 22.8kg，食盐 16kg，味精 8.8kg，白砂糖 8.8kg，陈醋粉 4.5kg，酱油粉 4kg，白胡椒粉 2.5kg，辣椒粉 2kg，柠檬酸 1.2kg，胡萝卜粒 0.8kg，大葱粉 0.6kg，I＋G 0.4kg，抗结剂 0.3kg，洋葱粉 0.3kg。

香菇鸡茸汤速溶汤粉：面粉 26kg，麦芽糊精 24kg，食盐 15.2kg，白砂糖 8.2kg，味精 7.5kg，香菇粉 5.2kg，洋葱粉 2kg，酱油粉 1.8kg，香菇粒 1.5kg，生姜粉 1.3kg，鸡油 1.3kg，酵母粉 1kg，水解蛋白粉 0.8kg，洋葱粒 0.7kg，I＋G 0.5kg，抗结剂 0.5kg，香菜粉 0.5kg，鸡肉粉 0.5kg，鸡肉香精 0.5kg，大蒜粉 0.4kg，白胡椒粉 0.3kg，大葱粉 0.3kg。

2. 工艺流程

原料→预处理→混合→过筛→检验→包装→成品

3. 操作要点

（1）预处理　将食盐、白砂糖、味精等颗粒状物料粉碎过 60 目筛，香辛料粉碎过 60 目筛。

（2）混合、过筛　准确称量各原料，并在混合机中混合均匀，搅拌速度控制在 35～40r/min 之间。混合完成后用粉料过 40 目筛。

（3）包装　按要求包装。

三十一、营养蔬菜汤料

1. 产品配方

胡萝卜粉 5kg，洋葱粉 5kg，芹菜粉 7.5kg，味精 7kg，牛肉提取物 10kg，牛油 22.7kg，白胡椒粉 0.5kg，黑胡椒 0.5kg，大蒜粉 0.8kg，食盐 40kg，酱油粉 1kg。

2. 工艺流程

原料→预处理→混合→过筛→检验→包装→成品

3. 操作要点

（1）预处理　将天然香辛料除出杂质，洗净，在 55～60℃烘干，使水分≤5％，然后粉碎，过 60 目筛网。食盐、味精粉碎过 60 目筛。

（2）混合、过筛　准确称量各原料，并在混合机中混合均匀，搅拌速度控制在 35～40r/min 之间。混合完成后过 40 目筛。

（3）包装　按要求包装。

三十二、几种腌渍裹炸粉

1. 产品配方

打底粉：高筋面粉 2500kg，玉米淀粉 180kg，糯米粉 120kg，食盐 90kg，姜黄色素粉 0.7kg，三聚磷酸钠 25kg，碳酸氢钠 18kg，大豆油 18kg。

香辣裹粉：味精 57kg，食盐 115kg，辣椒粉 52kg，大蒜粉 115kg，玉米淀粉 35kg，高筋面粉 488kg，糯米粉 25kg，复合多聚磷酸盐 24kg，碳酸氢钠 6kg，大豆油 5kg，黑胡椒粉 12kg，辣椒提取物 4kg，花椒粉 12kg。

奥尔良腌料：食盐 250kg，味精 100kg，白砂糖 430kg，辣椒红色素 10kg，鸡油 10kg，多聚磷酸钠 15kg，I＋G 5kg，黑胡椒粉 7.5kg，洋葱粉 26kg，鸡肉精粉 30kg，大蒜粉 26kg，辣椒粉 90kg，番茄粉 10kg，玉米淀粉 45kg，黑胡椒油 1.2kg，维生素 E 0.08kg。

2. 工艺流程

原料→预处理→混合→过筛→检验→包装→成品

3. 操作要点

（1）预处理 将食盐、白砂糖、味精等颗粒状物料粉碎过 60 目筛，香辛料粉碎过 60 目筛。

（2）混合、过筛 准确称量各原料，并在混合机中混合均匀，搅拌速度控制在 35～40r/min 之间。混合完成后过 40 目筛。

（3）包装 按要求包装。

三十三、鸡粉调味料

鸡粉调味料是指以食用盐、味精、鸡肉/鸡骨的粉末或其浓缩抽提物、呈味核苷酸二钠及其他辅料为原料，添加或不添加香辛料和/或食用香料等增香剂经混合加工而成，具有鸡的浓郁香味和鲜美滋味的复合调味料。

鸡粉调味料行业标准（SB/T 10415—2007）2007 年 1 月 25 日发布，自 2007 年 7 月 1 日开始实施。

目前市场上的鸡粉品种数量繁多、各有特色，鸡肉风味突出，味道鲜美，是目前国内外市场上普遍受欢迎的复合鲜味剂之一。根据用途不同可分为两大类：一类是适用于用作汤料的鸡粉，另一类适用于调味的鸡粉。下面分别列举数种配方。

鸡粉的生产制作应遵循行业标准，在选择原料、配方设计、加工工艺中一定要满足行业标准的要求。主要配料选择如下。

（1）咸味料 食盐、氯化钾、食盐替代品等。为了确保符合行业标准中氯化物（以 NaCl 计）≤45.0g/100g 的规定，一般控制咸味料的用量占配方总量的 42％以内。

（2）甜味料 白砂糖、葡萄糖、甘氨酸、丙氨酸、甜菊糖等，一般控制甜味料的用量占总量的 5％～15％。

（3）鲜味料 味精、I＋G、干贝素、甘氨酸、丙氨酸、水解植物蛋白、酵母抽提物等。为了满足鸡精行业标准中谷氨酸钠≥10.0g/100g，呈味核苷酸二钠≥

0.30g/100g 的规定，一般配方中味精（99％）的使用量不低于 12％，I＋G 的使用量不低于 0.35％。

（4）香辛料　辛辣性香辛料有白胡椒粉、蒜粉、洋葱粉等；芳香性香辛料有生姜、丁香、肉桂、肉蔻、茴香等。鸡粉主要用白胡椒粉、生姜粉、小茴香粉等，一般控制用量在 3％以内。

（5）酸味料　柠檬酸、苹果酸、醋粉等，酸味起到缓和口感以及使口感复合化的作用，一般用量在 0.5％～2％。

（6）香精类　制作鸡粉的香精主要选用的有鸡肉香精、肉味精油、生姜精油、芫荽精油、白胡椒树脂精油等，能够让产品产生诱人的主体香气，一般用量控制在 1％以内。

（7）着色剂　焦糖色素、柠檬黄、日落黄、姜黄色素等，用量一般较少，主要是提高鸡精的感官效果，增强味的真实感。

（8）油脂　可用动物油、植物油、调料油。制作鸡粉的油脂一般选用精炼鸡油，它的功能主要体现在一是能够补充鸡肉的特征味感，二是使制作过程中造粒容易进行。为了防止其氧化哈败，一般控制其用量在 2％以内。

（9）特征味物料　肉类有鸡肉、鸡骨、鸡蛋等。用鸡肉、鸡骨、鸡蛋制作特征味的鸡味提取物，用在产品中能够赋予产品丰满的特征味，同时能够满足其他氮（以 N 计）≥0.40g/100g 的要求。如果是粉状的鸡味提取物（全氮在 8％左右），一般用量控制在 5％即可满足标准要求，当然满足行业标准要求是基础，是生产鸡粉的必要条件，同时要满足消费者对鲜味和风味的要求，所以有不少生产厂家的标准远高于行业标准，比如味精（99％）的用量经检测能达到 52％，I＋G 的使用量能达到 1.8％，甚至 2.5％，纯鸡味提取物的用量能达到 15％以上。

（10）其他填充料　糊精、玉米淀粉、变性淀粉、小麦粉、豆粉、羧甲基纤维素钠（CMC）、黄原胶等。根据以上用料的确定，不足的用填充料补足成 100％。

1. 产品配方

配方一（汤料型）：食盐 24kg，白砂糖 15kg，马铃薯淀粉 13.1kg，味精 13kg，鸡肉汤粉 10kg，麦芽糊精 10kg，鸡油 4kg，酵母抽提物 3kg，水解植物蛋白粉 2kg，粉状鸡肉香精 2kg，胡椒粉 1kg，咖喱粉 1kg，液状鸡肉香精 0.5kg，I＋G 0.4kg，生姜粉 0.4kg，抗结剂 0.3kg，洋葱粉 0.3kg。

配方二（汤料型）：食盐 20kg，鸡肉汤粉 18kg，味精 15kg，玉米淀粉 10kg，脱脂奶粉 10kg，麦芽糊精 8kg，鸡油 6kg，白砂糖 4kg，酵母抽提物 2kg，水解植物蛋白粉 2kg，粉状鸡肉香精 2kg，洋葱粉 1kg，生姜粉 0.8kg，I＋G 0.5kg，胡椒粉 0.4kg，抗结剂 0.3kg。

配方三（调味型）：食盐 35kg，味精 20kg，预糊化淀粉 14.5kg，白砂糖 13kg，麦芽糊精 5kg，鸡肉纯粉 2.5kg，水解植物蛋白粉 2kg，鸡油 2kg，粉状鸡肉香精 2kg，酵母抽提物 1.2kg，I＋G 1kg，生姜粉 0.4kg，大蒜粉 0.4kg，抗结剂 0.3kg，洋葱粉 0.3kg，胡椒粉 0.2kg，液状鸡肉香精 0.1kg，五香粉 0.1kg。

配方四（调味型）：食盐 40kg，味精 21kg，白砂糖 15kg，麦芽糊精 5kg，玉米淀粉 3.35kg，鸡肉纯粉 3kg，粉状鸡肉香精 2.2kg，鸡油 2kg，酵母抽提物 2kg，水解植物蛋白粉 2kg，I＋G 1.1kg，生姜粉 0.8kg，抗结剂 0.5kg，胡椒粉 0.4kg，大蒜粉 0.3kg，洋葱粉 0.2kg，液状鸡肉香精 0.15kg。

2. 工艺流程

原料→粉碎→称量→混合→过筛→包装→成品

3. 操作要点

（1）粉碎 将食盐、味精、白砂糖、I＋G、辛香料等分别粉碎，过 60 目筛。
（2）称量 按配方要求准确称量。
（3）混合 将称量好的物料投入到混合机中，混合均匀。
（4）过筛 将混合好的物料过 40 目筛。
（5）包装 将过筛后的物料及时用粉料包装机分装。

第三节 颗粒状复合调味料的生产工艺与配方

市场上常见的颗粒状复合调味料主要以鸡精、牛肉粉、排骨精、贝精、鲣鱼精、菇精、海带精等为主。

一、鸡精调味料

鸡精产品的研制在国内开发始于 20 世纪 80 年代，到 20 世纪 90 年代开始上市，虽然只是短短的二十几年，但鸡精却以极快的速度进入了千家万户，尤其是在大中城市，消费者对鸡精的认识有较快的提高，相当一部分年轻人已经被培养起消费鸡精的习惯。

鸡精是由鸡肉、鸡蛋、鸡骨头和味精、超鲜味精等为原料经特殊工艺制作而成的产品，属于复合调味料。特点是既有鸡肉的香味，又有味精的鲜味，可用于烹饪餐饮调料和各种汤料，也可以产生鲜味相乘的效应，产生更浓郁、美味的复合香味。

常有人把鸡精与鸡粉混淆。鸡粉与颗粒状鸡精有一定相似之处，它们都是有鸡味的调味料，但在配料、生产工艺、产品形态、风味及用途上存在较多的差异。鸡精产品更加注重鲜味，故味精含量较高，而鸡粉则着重产品具有鸡肉的自然鲜香。鸡粉多是采用鸡肉/鸡骨的提取物，或是直接采用鸡肉/鸡骨等物加工而成的粉状物，风味浓郁，但鲜味成分较鸡精少，主要适于做汤料。目前市场上有代表性的产品是家乐鸡粉和美极鸡粉。且鸡粉与鸡精分别有独立的生产质量标准,两者不可混为一谈。

1. 鸡精的特征

(1)鲜味性　鲜味是鸡精的一个重要特征,在代替味精使用时起重要作用,鲜度的大小与核苷酸钠和味精的用量比例有关。鸡精的鲜度为99%味精的1.3～1.8倍。

(2)鸡味性　鸡的风味是鸡精的另一个重要特征,鸡肉蛋白质含量的高低,决定了鸡精的品质。鸡精是采用生物技术和先进工艺将鲜鸡肉加工成具有浓郁鸡肉风味的复合氨基酸及肽类,配以多种调味、风味物质精制而成。

(3)口感复合化　复合口感是鸡精品质的综合反映,鸡精丰富的口感是由于各种呈味物质之间相互作用的结果,它主要由鲜味、鸡味、香辛味三大味系组成。

(4)营养性　健康营养鸡精的又一特征,它除了富含人体需要的几种氨基酸外,还含有丰富的矿物质、维生素,如维生素A、维生素C、维生素E和B族维生素,以及钙、磷、铁等。目前推出的AD钙鸡精,特别强化了人体普遍缺乏的钙。

(5)用途广泛性　鸡精可用于调制各式菜肴,尤其在火锅中使用不糊汤,还可在卤制、工业原料方面进行应用,并可消除食物中的不良异味。

(6)安全性　鸡精系天然原料,或天然原料的提取物、加工物配制而成,不含任何有害健康的成分。

2. 鸡精的配方举例及理化卫生指标要求

2003年3月16日完成的"鸡精调味料"行业标准SB/T 10371—2003,2004年7月1日开始实施。它对鸡精行业的规范有极大的促进作用。

颁布的鸡精标准对影响鸡精产品品质的各项指标都作了明确的要求,如何使自己的产品满足标准要求是我们必须考虑的。在标准要求的各项指标中,除干燥失重外,其他几项如谷氨酸钠、总氮、呈味核苷酸二钠、其他氮、氯化物等都由配方来决定,要设计出一款符合标准的配方,有必要对标准要求的各项指标的来源及其检测方法进行进一步的了解。

总氮是指产品中各种含氮原材料所含的氮的总和,在常用的原材料中,含氮原材料包括谷氨酸钠、I+G、鸡肉提取物、酵母抽提物、水解植物蛋白等。由于标准规定谷氨酸钠的检测方法是通过测定游离氨基酸后折算出的谷氨酸钠含量,所以产品中谷氨酸钠的含量并不完全来源于配方中所添加的谷氨酸钠量。呈味核苷酸二钠主要来源于配方中的I+G,但酵母抽提物中也含有一定量的呈味核苷酸二钠I+G,标准中对其他氮的定义是总氮减去谷氨酸钠和I+G所含有的氮,而谷氨酸钠的检测方法又决定了配方中的其他含氮原料所提供的氮并不能全部被视为其他氮,所以其他氮的来源应该是鸡肉提取物、酵母抽提物、水解植物蛋白等成分中以氨基酸、肽类、蛋白质等形式存在的氮。氯化物的来源除了配方中添加的食盐外,还应该包括其他原料中所含有的氯化物。

所以，鸡精的生产制作应遵循行业标准，在选择原料、配方设计、加工工艺中一定要满足行业标准的要求。

主要配料选择如下。

（1）咸味料　食盐、氯化钾、食盐替代品等。为了确保符合行业标准中氯化物（以 NaCl 计）≤40.0g/100g 的规定，一般控制咸味料的用量在配方用量在 38％以内。

（2）甜味料　白砂糖、葡萄糖、甘氨酸、丙氨酸、甜菊糖等，一般控制甜味料的用量在 5％～15％。

（3）鲜味料　味精、I＋G、干贝素、甘氨酸、丙氨酸、水解植物蛋白、酵母抽提物等。为了满足鸡精行业标准中谷氨酸钠≥35.0g/100g，呈味核苷酸二钠≥1.10g/100g 的规定，一般配方中味精（99％）的使用量不低于 37％，I＋G 的使用量不低于 1.15％。

（4）香辛料　辛辣性香辛料有白胡椒粉、大蒜粉、洋葱粉等；芳香性香辛料有生姜、丁香、肉桂、肉蔻、茴香等。鸡精主要用白胡椒粉、生姜粉、小茴香粉等，一般控制用量在 3％以内。

（5）酸味料　柠檬酸、苹果酸、醋粉等。酸味起到缓和口感以及使口感复合化的作用，一般用量在 0.5％～2％。

（6）香精类　制作鸡精的香精主要选用的有鸡肉香精、肉味精油、生姜精油、芫荽精油、白胡椒树脂精油等，能够让产品产生诱人的主体香气，一般用量控制在 1％以内。

（7）着色剂　焦糖色素、柠檬黄、日落黄、姜黄色素等，用量一般较少，主要是提高鸡精的感官效果，增强味的真实感。

（8）油脂　可用动物油、植物油、调料油。制作鸡精的油脂一般选用精炼鸡油，它的功能主要体现在一是能够补充鸡肉的特征味感，二是使制作过程中造粒容易进行。为了防止其氧化哈败变质，一般控制其用量在 2％以内。

（9）特征味物料　肉类有鸡肉、鸡骨、鸡蛋等。用鸡肉、鸡骨、鸡蛋制作特征味的鸡味提取物，用在产品中能够赋予产品丰满的特征味，一般用量控制在 10％以内。

（10）其他填充料　糊精、玉米淀粉、变性淀粉、小麦粉、豆粉、CMC、黄原胶等。根据以上用料的确定，不足的用填充料补足成 100％。

目前市场上鸡精复合调味料多元化发展趋于四方面：鸡精发展趋于纯肉味，鸡精发展趋于头香醇和且柔和，鸡精发展趋于以肉味为核心、重于回味，鸡精热溶解冷却后鲜度持久。

3. 产品配方

配方一（白汤型）：味精 45kg，食盐 31.5kg，玉米淀粉 8kg，白砂糖 6kg，麦芽糊精 3kg，鸡骨白汤粉 2.5kg，I＋G 1.8kg，鸡肉纯粉 1.1kg，鸡肉香精 1.1kg。

配方二（火锅专用型）：味精 56kg，食盐 22kg，预糊化淀粉 7.8kg，白砂糖 6kg，I＋G 2.8kg，麦芽糊精 2kg，火锅专用鸡粉 2kg，鸡油 1kg，鸡肉香膏 0.2kg，姜黄粉 0.1kg，肉味香精 0.1kg。

配方三（炒菜专用型）：味精 42kg，食盐 35kg，麦芽糊精 5.8kg，白砂糖 5kg，炒菜专业鸡粉 4.4kg，鸡肉纯粉 2.8kg，I＋G 2kg，清炖鸡肉粉 1.5kg，洋葱粉 0.4kg，香葱精油 0.4kg，琥珀酸钠 0.3kg，大蒜粉 0.2kg，黄原胶 0.1kg，姜黄粉 0.1kg。

配方四（耐高温蒸煮型）：味精 52kg，食盐 21kg，玉米淀粉 8.6kg，白砂糖 7kg，麦芽糊精 5kg，耐蒸煮鸡肉粉 2.5kg，鸡肉蛋白粉 2kg，I＋G 1.8kg，鸡肉香精 0.1kg。

配方五（葱香型）：味精 38.5kg，食盐 32.6kg，玉米淀粉 10kg，白砂糖 8kg，鸡肉纯粉 4kg，葡萄糖 3kg，I＋G 1.2kg，水解蛋白粉 1kg，鸡油 0.5kg，生姜粉 0.3kg，白胡椒粉 0.2kg，琥珀酸钠 0.2kg，洋葱粉 0.2kg，大蒜粉 0.1kg，香葱香精 0.1kg，液体鸡肉香精 0.1kg。

配方六（肉香型）：味精 45.5kg，食盐 28.6kg，大米粉 10kg，白砂糖 8kg，葡萄糖 4.5kg，鸡肉粉 2.05kg，全蛋粉 2kg，I＋G 1.25kg，水解蛋白粉 1kg，鸡油 0.5kg，生姜粉 0.5kg，白胡椒粉 0.3kg，琥珀酸钠 0.2kg，洋葱粉 0.2kg，大蒜粉 0.2kg，肉味精油 0.15kg，辣椒精 0.05kg。

配方七（鲜香型）：味精 51.3kg，食盐 23kg，白砂糖 6.2kg，玉米淀粉 5.7kg，鸡肉粉 4kg，I＋G 1.5kg，浓香鸡油 1kg，水解蛋白粉 1kg，酵母抽提物 1kg，酱油粉 0.5kg，琥珀酸钠 0.5kg，粉状鸡肉香精 0.4kg，白胡椒粉 0.3kg，洋葱粉 0.3kg，大蒜粉 0.2kg，姜黄粉 0.1kg。

配方八（通用型）：味精 39.7kg，食盐 30kg，白砂糖 10.6kg，玉米淀粉 8kg，麦芽糊精 4kg，鸡肉粉 3kg，I＋G 1.7kg，水解蛋白粉 1kg，酵母抽提物 0.5kg，洋葱粉 0.3kg，大蒜粉 0.3kg，柠檬酸 0.3kg，琥珀酸钠 0.2kg，白胡椒粉 0.2kg，液体鸡肉香精 0.2kg。

4. 工艺流程

原料→粉碎→称量→混合→造粒→干燥→加香→过筛→包装→成品

5. 操作要点

（1）粉碎　将食盐、味精、白砂糖、I＋G、辛香料等分别粉碎过 60 目筛。

（2）称量　按配方要求准确称量。

（3）混合　将称量好的物料投入到混合机中，混合均匀。

（4）造粒　采用摇摆造粒或旋转造粒的方式，选择合适的粒度网孔。

（5）干燥　根据需要采用适合的干燥方式，一般温度控制在 100℃ 以内，时间控制在 30min 以内。

（6）加香　待干燥完成后，物料冷却下来，喷入液体香精。

（7）过筛　将混合好的物料过 8 目筛。

（8）包装　将过筛后的物料及时用包装机分装。

二、牛肉粉调味料

牛肉粉调味料行业标准（SB/T 10513—2008）2008 年 12 月 29 日发布，自 2009 年 9 月 1 日开始实施。

牛肉粉调味料是指以食用盐、味精、牛肉/牛骨的粉末或其浓缩抽提物、呈味核苷酸二钠及其他辅料为原料，添加或不添加香辛料和/或食用香料等增香剂经混合、干燥加工而成，具有牛肉特有的鲜美滋味和香味的复合调味料。

牛肉粉的制作的工艺如鸡精，但是多是不规则的颗粒和粉状的混合物，生产牛肉粉调味料的主要配料如下。

（1）咸味料　食盐、氯化钾、食盐替代品等，一般控制咸味料的用量为35％～40％。

（2）甜味料　白砂糖、葡萄糖、甘氨酸、丙氨酸、甜菊糖等，一般控制甜味料的用量在 5％～15％。

（3）鲜味料　味精、I＋G、干贝素、甘氨酸、丙氨酸、水解植物蛋白、酵母抽提物等，鲜味料一般控制含量在 20％～25％。

（4）香辛料　辛辣性香辛料有黑胡椒粉、白胡椒粉、大蒜粉、洋葱粉等；芳香性香辛料有生姜、丁香、肉桂、肉蔻、茴香等。牛肉精主要用洋葱粉、大蒜粉、黑胡椒粉，一般控制用量在 2％～7％。

（5）酸味料　柠檬酸、苹果酸、醋粉等，酸味起到缓和口感以及使口感复合化的作用，一般用量在 0.5％～2％。

（6）香精类　制作牛肉精的香精主要选用的有牛肉香精、肉味精油、洋葱香精、大蒜香精等，能够让产品产生诱人的主体香气，一般用量控制在 1％以内。

（7）着色剂　焦糖色素、柠檬黄、日落黄、姜黄色素、番茄红素等。用量一般较少，主要起到提高牛肉精的感官效果，增强味的真实感。

（8）油脂　可用动物油、植物油、调料油。制作牛肉精的油脂一般选用精炼牛油，它的功能主要体现在一是能够补充牛肉的特征味感，二是使制作过程容易进行。一般控制其用量在 3％以内。

（9）特征味物料　肉类有牛肉、牛骨等。用牛肉、牛骨制作特征味的牛肉/牛骨提取物，用在产品中能够赋予产品丰满的特征味，一般用量控制在 10％以内。

（10）其他填充料　糊精、玉米淀粉、变性淀粉、小麦粉、豆粉、CMC、黄原胶等。根据以上用料的确定，不足的用填充料补足成100％。

1. 产品配方

配方一：食盐 28kg，味精 20kg，白砂糖 13kg，牛肉抽提物 6kg，牛骨抽提物

7kg，酵母抽提物 1.2kg，水解植物蛋白粉 4kg，I+G 0.8kg，干贝素 0.3kg，麦芽糊精 5kg，玉米淀粉 7.4kg，牛油 3kg，粉状牛肉香精 2kg，液体牛肉香精 0.1kg，抗结剂 0.3kg，洋葱粉 1kg，胡椒粉 0.2kg，大蒜粉 0.4kg，五香粉 0.3kg。

配方二：食盐 40kg，味精 19kg，白砂糖 6kg，牛肉抽提物 3kg，牛骨抽提物 10kg，酵母抽提物 2kg，水解植物蛋白粉 3kg，I+G 1.1kg，干贝素 0.2kg，麦芽糊精 5kg，玉米淀粉 3.45kg，牛油 3kg，粉状牛肉香精 2.2kg，液体牛肉香精 0.15kg，抗结剂 0.3kg，洋葱粉 0.2kg，胡椒粉 0.4kg，大蒜粉 1kg。

2. 工艺流程

（1）提取物的生产

① 牛肉提取物　牛肉→清洗→切碎→热变性→酶解→美拉德反应→均质→牛肉提取物（膏状）→喷雾干燥→牛肉提取物（粉状）。

② 牛骨提取物　牛骨→清洗→切碎→高温蒸煮（→酶解→美拉德反应）→均质→牛骨提取物（膏状）→喷雾干燥→牛骨提取物（粉状）。

（2）牛肉粉的生产工艺　原料→混合均匀→制粒→干燥→过筛→包装。

3. 操作要点

（1）提取物的生产参考本章第一节中的十四（肉骨提取物）的生产。

（2）牛肉粉的生产　根据选择的设备的不同，选择不同的原料混合方式。

① 真空干燥箱或流化床　如果选用真空干燥箱或流化床干燥，则需要将原料预先全部混合均匀。

② 沸腾干燥机　如果选用沸腾干燥机，则将粉状原料预先混合，再将液或膏状原料通过喷嘴均匀地喷洒在粉状原料上。

③ 干燥　干燥方式的不同，则相应的控制要求不同。如果选用真空干燥箱，则温度一般控制在 50～70℃，真空度控制在 0.05～0.07MPa，时间根据物料的湿度不同而决定。如果选用沸腾干燥机则控制进口温度为 75～90℃，出口温度 50～70℃为宜，时间视物料的湿度而定。如果选择流化床，则温度一般控制在 90～110℃，出口控制在 60～80℃为宜，干燥时间控制在 2～5min。

④ 过筛、包装　将混合好的物料过 16 目筛。将过筛后的物料要及时用粉料包装机分装。

三、排骨粉调味料

排骨粉调味料行业标准（SB/T 10526—2009）2009 年 4 月 2 日发布，自 2009 年 12 月 1 日开始实施。

排骨粉调味料是指以猪排骨的浓缩抽提物、味精、食用盐等为主要原料，添加香辛料、呈味核苷酸二钠等其他辅料，经混合、干燥加工而成的具有猪排骨鲜味和香味的复合调味料。

市场上多见的是安记的排骨味王，多以粉体或不规则的小颗粒体态出现。

1. 产品配方

配方一（红烧排骨味）：食盐 42.6kg，味精 18.5kg，麦芽糊精 11kg，玉米淀粉 10kg，白砂糖 8kg，排骨抽提物 4kg，酱油粉 2kg，I＋G 1.4kg，浓香猪油 1kg，五香粉 0.4kg，生姜粉 0.2kg，白胡椒粉 0.2kg，琥珀酸钠 0.2kg，洋葱粉 0.2kg，大蒜粉 0.1kg，液体红烧肉香精 0.1kg，液体排骨香精 0.1kg。

配方二（清炖排骨味）：味精 35kg，食盐 30kg，大米粉 13.85kg，白砂糖 8kg，葡萄糖 4.5kg，排骨粉 3kg，猪骨清汤 2kg，I＋G 1kg，水解蛋白粉 1kg，猪骨油 0.5kg，生姜粉 0.2kg，白胡椒粉 0.2kg，琥珀酸钠 0.2kg，洋葱油 0.2kg，大蒜油 0.2kg，肉味精油 0.15kg。

配方三（鲜香排骨味）：味精 50kg，食盐 23kg，白砂糖 6.2kg，玉米淀粉 7.5kg，排骨粉 4kg，I＋G 2kg，排骨香膏 1.5kg，蒜香猪油 1kg，水解蛋白粉 1kg，酱油粉 1kg，酵母抽提物 1kg，琥珀酸钠 0.5kg，粉状排骨香精 0.4kg，白胡椒粉 0.3kg，洋葱粉 0.3kg，大蒜粉 0.2kg，五香油树脂 0.1kg。

配方四（浓汤排骨味）：味精 32kg，食盐 30kg，白砂糖 10.6kg，玉米淀粉 8.3kg，麦芽糊精 6kg，排骨粉 4.5kg，猪骨白汤 4kg，I＋G 1.2kg，水解蛋白粉 1kg，酵母抽提物 1kg，洋葱粉 0.3kg，大蒜粉 0.3kg，柠檬酸 0.2kg，琥珀酸钠 0.2kg，白胡椒油 0.2kg，液体排骨香精 0.2kg。

2. 工艺流程

原料→粉碎→称量→混合→造粒→干燥→加香→过筛→包装→成品

3. 操作要点

（1）粉碎　将食盐、味精、白砂糖、I＋G、辛香料等分别粉碎过 60 目筛。

（2）称量　按配方要求准确称量。

（3）混合　将称量好的物料投入到混合机中，混合均匀。

（4）造粒　采用摇摆造粒或旋转造粒的方式，选择合适的粒度网孔。

（5）干燥　根据需要采用适合的干燥方式，一般温度控制在 100℃ 以内，时间控制在 30min 以内。

（6）加香　待干燥完成后，物料冷却下来，喷入液体香精。

（7）过筛　将混合好的物料过 16 目筛。

（8）包装　将过筛后的物料及时用包装机分装。

四、贝精

贝精在调味料中被划为海鲜粉调味料中的一种。海鲜粉调味料行业标准（SB/T 10485—2008）2008 年 9 月 27 日发布，自 2009 年 3 月 1 日开始实施。

海鲜粉调味料是指以水产鱼、虾、贝类的粉末或其浓缩抽提、味精、食用盐等为主要原料，添加香辛料、呈味核苷酸二钠等其他辅料，经混合加工而成的具有海鲜鲜味和香味的复合调味料。

根据标准 SB/T 10485—2008 可以选定的生产贝精的主要配料如下。

（1）咸味料　食盐、氯化钾、食盐替代品等，一般控制咸味料的用量在 45% 左右。

（2）甜味料　白砂糖、葡萄糖、甘氨酸、丙氨酸、甜菊糖等，一般控制甜味料的用量在 5%～15%。

（3）鲜味料　味精、I+G、干贝素、甘氨酸、丙氨酸、水解植物蛋白、酵母抽提物等。鲜味料一般控制含量在 20%～25%，其中 I+G（核苷酸）控制在 0.4% 左右，味精≥13%。

（4）香辛料　贝精用的香辛料多为生姜粉、洋葱粉、大蒜粉等，一般控制用量在 3% 左右。

（5）酸味料　柠檬酸、苹果酸、醋粉等，酸味起到缓和口感以及使口感复合化的作用，一般用量在 0.5%～2%。

（6）香精类　制作贝精的香精主要选用鲜贝香精、肉味精油、烟熏香精等，能够让产品产生诱人的主体香气，一般用量控制在 1% 以内。

（7）着色剂　焦糖色素、柠檬黄、日落黄、姜黄色素、番茄红素等。用量一般较少，主要是提高贝精的感官效果，增强味的真实感。

（8）特征味物料　主要用到贝类提取物、海带提取物等，用在产品中能够赋予产品丰满的特征味，一般用量控制在 10% 以内。

（9）其他填充料　糊精、玉米淀粉、变性淀粉、小麦粉、豆粉、CMC、黄原胶等。根据以上用料的确定，不足的用填充料补足成 100%。

笔者根据多年的实践经验，总结了一些实用贝精配方，根据下列配方可以生产价位、风味不同的各种贝精。

1. 产品配方

配方一：食盐 30kg，味精 25kg，玉米淀粉 19.15kg，白砂糖 6kg，麦芽糊精 5kg，鲜贝提取物 4kg，海带抽提物 2kg，水解植物蛋白粉 2kg，粉状扇贝香精 1.1kg，酱油粉 1kg，牡蛎抽提物 1kg，洋葱粉 0.9kg，酵母抽提物 0.5kg，I+G 0.5kg，干贝素 0.45kg，胡椒粉 0.4kg，生姜粉 0.4kg，鱼露粉 0.3kg，大蒜粉 0.2kg，液体海鲜香精 0.1kg。

配方二：食盐 40kg，味精 22kg，玉米淀粉 10.8kg，白砂糖 8kg，鲜贝提取物 5kg，酵母抽提物 3kg，麦芽糊精 2kg，水解植物蛋白粉 2.5kg，酱油粉 1.5kg，I+G 1kg，牡蛎抽提物 1kg，粉状扇贝香精 0.9kg，鱼露粉 0.7kg，洋葱粉 0.6kg，胡椒粉 0.5kg，大蒜粉 0.4kg，粉状对虾香精 0.3kg，生姜粉 0.2kg，干贝素 0.2kg。

配方三：食盐 35kg，味精 26kg，玉米淀粉 11.3kg，白砂糖 8kg，麦芽糊精 6kg，扇贝边提取物 4kg，水解植物蛋白粉 2kg，酱油粉 1.8kg，粉状扇贝香精 1.8kg，海带抽提物 1kg，I＋G 0.6kg，牡蛎抽提物 0.5kg，洋葱粉 0.5kg，生姜粉 0.5kg，干贝素 0.35kg，胡椒粉 0.3kg，液体海鲜香精 0.2kg，粉状对虾香精 0.15kg。

配方四：食盐 45kg，味精 20kg，白砂糖 10kg，玉米淀粉 8.25kg，麦芽糊精 5kg，扇贝边提取物 3.5kg，水解植物蛋白粉 3kg，酱油粉 2.6kg，酵母抽提物 2.5kg，粉状扇贝香精 1.5kg，生姜粉 1kg，I＋G 0.65kg，海带抽提物 0.5kg，鱼露粉 0.4kg，液体海鲜香精 0.3kg，干贝素 0.3kg，洋葱粉 0.3kg，大蒜粉 0.2kg。

2. 工艺流程

原料→粉碎→称量→混合→造粒→干燥→加香→过筛→包装→成品

3. 操作要点

(1) 海鲜味特征物料的生产　从水产品加工业排出的废鱼骨刺、鱼皮、煮汁等长期以来是作为垃圾处理，不仅麻烦而且污染环境。这些实际上是一种资源，充分利用这些水产品加工业的下脚料，生产出食品行业所需要的新产品，可以变废为宝，极大提高水产品的附加值，获得良好的经济和社会效应。

1) 贝类提取物

贝类加工过程中的一种下脚料为液体下脚料，即贝类的煮汁。无论是干贝丁加工过程或是出口冷冻蛤的生产过程中，均存在着大量的煮汁。煮汁中有多种多样的营养物质及呈味物质，比如甘氨酸、丙氨酸等氨基酸，以及呈贝类特有风味的琥珀酸。另外还有一些低分子化合物，如无机盐、还原糖和有机酸，有良好的水溶性。此汁风味、营养均佳，弃之极为可惜，是制取天然鲜味剂的良好原料。

① 原料配方　贝类煮汁 100kg，防腐剂适量。

② 工艺流程　鲜活蛤蜊或鲜贝丁→洗净→蒸煮→煮汁→过滤→贮存→浓缩→均汁→杀菌（→膏状鲜贝抽提物)→喷雾干燥→粉状鲜贝抽提物

③ 制作方法

A. 选用鲜活蛤蜊或新鲜扇贝柱。活蛤蜊蒸煮至开口（100℃以上，5～10min），分离皮壳肉，蛤肉进行干制或冷冻。如为鲜贝，则直接入海水中煮之，分出肉柱。汤汁用 0.15mm 滤网过滤后，入加热保温罐中，加热至 60℃，保持此温度备用。但存放不能超过 3 天，否则易于变质。

B. 将上述汤汁抽入浓缩罐中，真空浓缩。通过视镜，调节真空度和加热速度，防止热泛。根据罐内液体的外观，判断液体的大体浓度，再利用折光仪及换算表，确定浓缩是否继续。

C. 为使产品质量保持一致，将几批产品均投入杀菌锅中，开动搅拌，加热至

80℃，保持50min。用80目滤网过滤后，加入适量防腐剂，包装即为膏状鲜贝提取物。

D. 将膏状鲜贝提取物喷雾干燥，即为粉状鲜贝提取物。

2）扇贝边鲜味料　扇贝边中含有丰富的氨基酸，其中不乏呈鲜味的氨基酸，如甘氨酸、谷氨酸、天冬氨酸以及呈味核苷酸，将其制成鲜味料，味道鲜美；同时由于其含有牛磺酸、碘质、微量元素、精氨酸等，使鲜味料不仅味道鲜美，而且具有很高的保健作用。

可以扇贝边为原料应用生物酶解技术，制取富含牛磺酸的扇贝边鲜味料。

① 原料配方　鲜扇贝边100kg，1398蛋白酶，蔗糖，食用乙醇，硅藻土，活性炭。

② 工艺流程　鲜扇贝边→去杂→清洗（→冷冻备用→解冻）→加热→磨碎→酶解→过滤→脱臭→浓缩→灭菌（→液状扇贝鲜味料）→喷雾干燥→粉状扇贝鲜味料

③ 制作方法

A. 收集的新鲜扇贝边，拣净碎壳及杂物，先以海水清洗扇贝边中夹带的泥沙等脏物。洗净后，用自来水冲洗两遍，以免过多的海水使制取的扇贝鲜味料带有苦涩味。并且初次清洗时应用海水，除了可以节约淡水用量外，用海水清洗可以避免新鲜扇贝边的溃烂，减少扇贝边内含有的营养物质和鲜味物质的损失。如不立刻加工，则将洗好的扇贝边沥水后冷冻存放。

B. 加工时将扇贝边由冷库中取出解冻，并进行加热处理，使蛋白变性，以利于酶解工艺的进行，温度以80℃以上合适，以扇贝边刚刚煮熟为宜。加热时间视处理量及加热效果而定，然后磨碎。

C. 将磨碎的混合扇贝边液于40～45℃下保温酶解3h后，加入0.5％的蔗糖和1％的食用乙醇，继续保温水解21h后，将水解液煮沸，中止酶解。

D. 将水解液先以硅藻土为助滤剂进行过滤。过滤后的滤液中加入0.5％的粉末状活性炭，加热至80℃保温1h后过滤除去活性炭，得淡茶色澄清透明滤液。

E. 将滤液于0.08～0.1MPa真空度下真空浓缩要求的固形物。

F. 将浓缩液灭菌后包装即为液状扇贝鲜味料。

G. 将液状扇贝鲜味料喷雾干燥即得粉状扇贝鲜味料。

（2）海鲜粉调味料的加工要点

① 粉碎　将食盐、味精、白砂糖、I+G、辛香料等分别粉碎过60目筛。

② 称量　按配方要求准确称量。

③ 混合　将称量好的物料投入到混合机中，混合均匀。

④ 造粒　采用摇摆造粒或旋转造粒的方式，选择合适的粒度网孔。

⑤ 干燥　根据需要采用适合的干燥方式，一般温度控制在100℃以内，时间控制在30min以内。

⑥ 加香　待干燥完成后，物料冷却下来，喷入液体香精。

⑦ 过筛　将混合好的物料过 16 目筛。

⑧ 包装：将过筛后的物料及时用包装机分装。

五、鲣鱼精

目前，鲣鱼精在中国市场的销售仅限于一些特殊用户，并没有像鸡精一样得到消费者的广泛认同，这与中国人自古以来就用鸡汤调汤有关，鲣鱼精在国内的使用可能会有更长的路要走。

1. 产品配方

配方一：食盐 30kg，糊精 26.7kg，谷氨酸钠 20kg，白砂糖 12kg，鲣鱼精粉 10kg，I＋G 1kg，干贝素 0.3kg。

配方二：盐粉 35kg，味精粉 25kg，白砂糖粉 9kg，乳糖 8kg，干木鱼花 6kg，糊精 6kg，葡萄糖 5kg，鲣鱼浓缩液 4kg，烟熏风味液 1.2kg，I＋G 0.8kg。

配方三：食盐 32kg，味精 22kg，玉米淀粉 19.2kg，白砂糖 7kg，麦芽糊精 7kg，鲣鱼粉 4kg，牡蛎抽提物 3kg，酵母抽提物 1.5kg，鲣鱼香精 1.2kg，水解植物蛋白粉 1kg，酱油粉 0.8kg，I＋G 0.6kg，鱼露粉 0.5kg，干贝素 0.2kg。

配方四：食盐 42kg，味精 20kg，玉米淀粉 13.4kg，白砂糖 8kg，麦芽糊精 6kg，鲣鱼节 3.2kg，鲣鱼浓缩液 2kg，酱油粉 1.5kg，I＋G 1kg，鲣鱼香精 0.8kg，鱼露粉 0.7kg，洋葱粉 0.5kg，烟熏风味液 0.4kg，胡椒粉 0.2kg，干贝素 0.2kg，大蒜粉 0.1kg。

2. 工艺流程

原料→粉碎→称量→混合→造粒→干燥→加香→过筛→包装→成品

3. 操作要点

(1) 粉碎　将食盐、味精、白砂糖、I＋G 粉碎过 60 目筛，鲣鱼干、辛香料等分别粉碎过 80 目筛。

(2) 称量　按配方要求准确称量。

(3) 混合　将称量好的物料投入到混合机中，混合均匀。

(4) 造粒　采用摇摆造粒或旋转造粒的方式，选择合适的粒度网孔。

(5) 干燥　根据需要采用适合的干燥方式，一般温度控制在 100℃ 以内，时间控制在 30min 以内。

(6) 加香　待干燥完成后，物料冷却下来，喷入液体香精。

(7) 过筛　将混合好的物料过 16 目筛。

(8) 包装　将过筛后的物料及时用包装机分装。

六、菇精调味料

食用菌是烹制高级菜肴特别是中国菜必不可少的原料，菌菇类含有相当数量的核苷酸类的 5′-腺苷酸、5′-鸟苷酸和谷氨酸。由于谷氨酸和 5′-鸟苷酸、5′-腺苷酸之间显著的鲜味相乘效果，使菌菇具有强烈的增鲜作用，而成为传统烹调的"鲜味剂"。

在国内市场上，随着鸡精市场的兴起与发展，国内一些厂家在鸡精制作的基础上推出了蘑菇精、香菇精、蔬之鲜等。本节重点介绍（蘑/香）菇精的配方设计及特征味原料制备的生产工艺。

菇精调味料行业标准（SB/T 10484—2008）2008 年 9 月 27 日发布，自 2009年 3 月 1 日开始实施。

菇精调味料是指以食用菌的粉末或食用菌浓缩抽提物、增味剂、食用盐及其他辅料为原料，添加或不添加香辛料和/或食用香料等增香剂经混合等工序加工而成，具有食用菌鲜味和香味的复合调味料。按理化指标分为两类：增鲜型菇精调味料和增味型菇精调味料。

根据菇精调味料的标准，其主要配料如下。

（1）咸味料　食盐、氯化钾、食盐替代品等，一般控制咸味料的用量在20％～45％。

（2）甜味料　白砂糖、葡萄糖、甘氨酸、丙氨酸、甜菊糖等，一般控制甜味料的用量在 5％～15％。

（3）鲜味料　味精、I+G、干贝素、甘氨酸、丙氨酸、水解植物蛋白、酵母抽提物等。鲜味料一般控制含量在 20％～55％。

（4）香辛料　所用的香辛料多为生姜粉、洋葱粉、大蒜粉等，一般控制用量在 3％左右。

（5）酸味料　柠檬酸、苹果酸、醋粉等，酸味起到缓和口感以及使口感复合化的作用，一般用量在 0.5％～2％。

（6）香精类　主要选用鲜菇香精、肉味精油、香菇香精、蘑菇香精、葱油香精等，能够让产品产生诱人的主体香气，一般用量控制在 1％以内。

（7）着色剂　焦糖色素、柠檬黄、日落黄、姜黄色素、番茄红素等，用量一般较少，主要起到提高贝精的感官效果，增强味的真实感。

（8）特征味物料　主要用到香菇类提取物等，能够赋予产品丰满的特征味，一般用量控制在 10％以内。

（9）其他填充料　糊精、玉米淀粉、变性淀粉、小麦粉、豆粉、CMC、黄原胶等。根据以上用料的确定，不足的用填充料补足成 100％。

1. 产品配方

配方一（增鲜型）：食盐 35kg，味精 25kg，糊精 13kg，粉状蘑菇提取物10kg，砂糖 10kg，酱油粉 5kg，I+G 2kg。

配方二（增鲜型）：味精 30kg，食盐 30kg，白砂糖 15kg，麦芽糊精 13.5kg，粉状香菇提取物 5kg，I+G 2.5kg，丙氨酸 2kg，水解植物蛋白粉 2kg。

配方三（增味型）：食盐 40kg，味精 15kg，白砂糖 12kg，预糊化淀粉 10kg，香菇汁粉 8kg，大米粉 5.5kg，大葱白粉 3kg、白胡椒 2kg、姜粉 1.5kg，粉状香菇精 1.5kg，I+G 1.5kg。

配方四（增味型）：食盐 35kg，味精 35kg，白砂糖 8kg，粉状发酵香菇鲜味料 5kg，葡萄糖 4kg，玉米淀粉 4kg，香菇精粉 3kg，糊精 3kg，I+G 1.2kg，干贝素 0.5kg，白胡椒粉 0.3kg，生姜粉 0.3kg，柠檬酸 0.3kg，液体香菇香精 0.2kg，葱油香精 0.2kg。

2. 工艺流程

原料预处理→粉碎→称量→混合→造粒→干燥→（加香）→过筛→包装→成品

3. 操作要点

（1）蘑（香）菇特征味物料的生产

1）蘑菇提取物　在蘑菇加工过程中，菇柄和菇根由于价格低，常被作为废弃物处理。如能彻底分解其组织，提取出所含的营养成分制成浸膏或粉状，就能成为一种具有蘑菇香味、味道鲜美、营养丰富的蘑菇提取物。

① 原料配方　蘑菇根/柄 100kg，混合溶液（柠檬酸、维生素 C、蔗糖脂肪酸酯、脱水山梨糖醇脂肪酸酯）、含金属络合剂溶液、弱碱性盐水、酶各适量。

② 制作方法

A. 将菇柄/根定量地添加在含有 0.01％～0.2％柠檬酸、0.1％～0.2％维生素 C 和 0.01％～0.2％蔗糖脂肪酸酯与脱水山梨糖醇脂肪酸酯的混合溶液中，加热至 90～98℃，以均质机将组织破坏。然后将均质物继续在 90～98℃下加热 10～15min。经离心分离，即得第一次提取液。

该提取液中含有可溶性糖类、游离氨基酸、嘌呤及糖醇。残渣中含有糖原、多糖类及蛋白质。添加柠檬酸及维生素 C 的作用，是将蘑菇的 pH 控制在酶的活化值以下，以抑制酶的活性，从而达到阻止酶反应的目的。添加蔗糖脂肪酸酯和脱水山梨糖醇脂肪酸酯的目的，是为了增强提取效果。

B. 将第一次提取后的残渣，浸渍在含有金属络合物的水溶液中。在 80～95℃上加热 10～30min，以离心机分离即得第二次提取液。

该提取液中含有糖原、糖质及碱。残渣中含有蛋白质、甲壳质及半纤维素。

金属络合剂的作用是除去蘑菇组织中和酸性多糖相结合的金属，以达到促进破坏组织的目的。此外，由于除去了酪氨酸酶等金属酶中存在的 Cu，从而可使这些酶完全失去活性。作为金属络合剂可采用柠檬酸钠、酒石酸钠、苯甲酸钠等有机酸的钠盐，也可采用聚合磷酸盐、偏磷酸盐、植酸等。为了增强效果，一般以组合使用两种以上的络合剂为宜。使用量为 0.5％～2.0％。

C. 将经二次提取的残渣，以 80℃以上的弱碱性盐水提取 10min。所使用的碱，可以从磷酸钠、氢氧化钠、氢氧化钾、硼酸钠等物质中适当加以选择。添加量为0.1%~1.0%、食盐水浓度0.5%~2.0%。以弱碱性盐水处理后的蘑菇，离心分离，即可得第三次提取液。

该提取液中含有半纤维素及蛋白质。残渣中含有蛋白质及甲壳质。

D. 将经三次提取后的残渣用酶进行处理，以破坏细胞壁。所使用的酶为蛋白分解酶、纤维素酶和壳多糖酶。由于酶的特异性，一种酶只能作用某一种底物，因此通常宜组合上述酶，以发挥这些酶的作用，达到破坏及溶解的目的。所使用的这些酶的最适反应条件，pH为4.0~4.5，温度为35~45℃。通过酶处理后，离心分离得第四次提取液。

该提取液中含有氨基酸、肽类及氨基酸葡萄糖。残渣中的主要成分为甲壳素和木质素。

E. 合并上述1~4次的提取液，经浓缩后以适当的过滤材料进行过滤和脱色，即可获得所需要的液状蘑菇提取物。

F. 将液状蘑菇提取物经喷雾干燥即得粉状蘑菇提取物。

2）香菇提取物

① 原料配方　干香菇100kg，糊精120kg，水适量。

② 工艺流程　干香菇→粉碎→浸制（加糊精、水）→压榨→干燥→包装

③ 制作方法

A. 粉碎、浸制　将干香菇洗净、去杂，沥干水分，迅速烘干，粉碎成绿豆大小。切勿使用未经干燥的香菇进行粉碎，否则，冲水时会出现浑浊沉淀现象。然后再按干香菇∶糊精∶水=1∶1.2∶1.5的比例混合浸制，方法是先将糊精放入水中，加热至70~80℃，使糊精完全溶解，温度降至40℃以下时将干香菇粉倒入。搅拌均匀，于40℃浸渍6~12h。

B. 压榨、干燥　用板框过滤器或其他方法滤取香菇浸制液，压力要适中，以防止滤液出现浑浊或沉淀现象。

C. 干燥　使滤液在50~60℃下进行喷雾干燥，即得香菇提取物。

D. 包装　粉状的香菇提取物比较容易回潮黏结，要及时用防潮材料密封包装。

3）香菇精（汁）粉

① 原料配方　干香菇10kg，水100kg，热水、氯化钠、碳酸氢钠各适量。

② 工艺流程　干香菇→清洗→预煮（加水）→切块→打浆→磨碎→热水浸提（2次）→离心分离→提取液→浓缩→香菇精汁→喷雾干燥→香菇精粉

③ 制作方法

A. 干香菇洗净，放入10倍的水中加热煮沸，使组织疏松。

B. 将预煮后的香菇用切菜切成小块，同过滤后的预煮水一起打成浆状，经胶体磨磨细。

C. 香菇浆在83℃下保温浸提35min。

D. 用离心机提取浆，上清液为第一次提取液。离心分离出的残渣，加入 3％ NaCl 和 0.1％Na$_2$CO$_3$ 的水溶液，料液比为 1∶10。在搅拌的情况下，于 80℃保温浸提 20min，用离心机进行离心分离 10min，所得上清液为第二次提取液。将两次提取液合并。

E. 真空浓缩至所要求的固形物，制成香菇精汁。该汁味道极其鲜美，营养丰富，富含氨基酸。

F. 将香菇精汁喷雾干燥即得香菇精粉。

4）发酵香菇鲜味料

① 原料配方　香菇 200g，酵母液 20mL，8％～10％米曲汁 2000mL，普通米曲汁 100mL，75％乳酸 3000mL，糖适量，糯米与面粉各少量。

② 工艺流程　香菇→粉碎→发酵（加酵母液、8％～10％米曲汁）→混合（加普通米曲汁）→发酵（加乳酸、糖）→增香（加糯米、面粉）→过滤→澄清→浓缩→灭菌→液状发酵香菇鲜味料→喷雾干燥→粉状发酵香菇鲜味料

③ 制作方法

A. 粉碎　将无病虫危害的香菇在粉碎机中粉碎，经 60 目筛子过筛，以其粉末备用。

B. 发酵　将 8％～10％的米曲汁 2000mL 煮沸 30～40min 杀菌，加入香菇粉末 200g、酵母液 20mL，在 25～30℃下培养 24h。在培养发酵过程中，表面会产生许多小泡，并散发出香菇香味。

C. 混合、发酵　在香菇粉末发酵液中加入 100mL 米曲汁混合，并在 25～30℃下培养 10 天左右。每天测定成分变化，并补糖、补酸（补酸的目的是控制培养过程中杂菌感染，加糖的目的是促进发酵）。

D. 增香　为了增加发酵液的香气和风味，在发酵快要结束时，在发酵液中加入少量糯米和面粉，以增加产品的香味。

E. 过滤、澄清　发酵结束后，通过板框过滤，取其滤汁静置沉淀。然后取出上清液，经杀菌浓缩后即成发酵香菇鲜味料。

F. 将液状发酵香菇鲜味料喷雾干燥即成粉状发酵香菇鲜味料。

（2）菇精调味料的加工要点

① 粉碎　将食盐、味精、白砂糖、I+G 颗粒状物料等分别粉碎过 60 目筛。

② 称量　按配方要求准确称量。

③ 混合　将称量好的物料投入到混合机中，混合均匀。

④ 造粒　采用摇摆造粒或旋转造粒的方式，选择合适的粒度网孔。

⑤ 干燥　根据需要采用适合的干燥方式，一般温度控制在 100℃以内，时间控制在 30min 以内。

⑥ 加香　待干燥完成后，物料冷却下来，均匀喷入液体香精。

⑦ 过筛　将混合好的物料过 16 目筛。

⑧ 包装　将过筛后的物料要及时用包装机分装。

第四节　块状复合调味料的生产工艺与配方

　　块状复合调味料是方便调料的一种重要产品形式。产品特点为柔软或坚硬块状、沸水冲泡使用；携带、使用更为方便；使用原料种类更多，产品风味更好。

　　块状复合调味料生产基本操作多数涵盖以下步骤。

　　(1) 液体原料的热混合　肉汁等液体原料放入锅中，然后加入蛋白质水解物、酵母浸膏和其他液体或酱状原料，加热融化混合。

　　(2) 明胶溶胶制备　将明胶用适量温水浸泡一段时间，使其吸水润涨，再用间接热源加热搅拌溶化，制成明胶水溶液。

　　(3) 混料　在保温的条件下，将明胶水溶液加入肉汁等液体原料中搅拌均匀，再加入白糖、粉末蔬菜等原料，混合均匀后停止加热。

　　(4) 调味　将香辛料、食盐、味精、I+G、香精等加入混合均匀。

　　(5) 成型、干燥、包装　原料全部混合均匀后即可送入标准成型模具内压制成型，为立方体或锭状，通常一块的质量为4g或5g，可冲制180mL汤。根据产品原料和质量特点选择适当的干燥工艺，将其干燥至水分含量45%左右。每块或每锭为小包装，用保湿材料作包装物，然后再用盒或袋进行大包装。

　　根据块状复合调味料的生产步骤，可知生产过程需要控制以下要点。

　　(1) 原辅料工艺的确定　由于所用原料类型多、种类多，要针对不同的原料采用不同的预处理工艺，以保证产品的质量。特别是蔬菜和香辛料，要认真挑选，择优选用，香辛料要严格控制水分含量和杂质含量。根据工艺要求进行必要的粉碎，也可选用粉碎原料。

　　(2) 产品均匀度的控制　由于块状复合调味料使用液体原料、粉状原料、块状原料等，而且有些粉体原料、块状原料可以不用完全溶解，这样对其均匀度的要求就比较重要，否则产品品质差距太大。解决此问题的关键是调整液体原料有一个合适的黏稠度，粉状原料有合适的颗粒度，确定和控制生产过程（特别是成型过程）中的搅拌工艺。

　　(3) 产品卫生指标的控制　尽管采用了热处理工艺，可以在一定程度上控制生产过程中微生物的生长、繁殖，但热处理的强度受所用原料被微生物污染程度和风味受热影响的制约。因此，首先要保证原料的微生物指标合格；再者，要严格生产过程的卫生管理，尽可能采用极限工艺条件，减少和抑制微生物的污染和繁殖。必要时对最终产品进行辐照杀菌。

　　目前，主要常见的块状复合调味料有鸡肉味、牛肉味、咖喱味、洋葱味、骨汤味、海鲜味等。

一、鸡肉味块状复合调味料

1. 产品配方

食盐 42kg，砂糖 13kg，鸡肉汁 10kg，味精 10kg，鸡油 3kg，氢化植物油 6kg，酵母抽提物 6kg，水解植物蛋白粉 5.2kg，明胶粉 1kg，洋葱粉 1kg，乳糖 1kg，胡椒粉 0.8kg，胡萝卜粉 0.5kg，大蒜粉 0.2kg，核苷酸 0.1kg，香辛料混合物 0.1kg，粉末鸡肉香精 0.1kg。

2. 工艺流程

```
                          香辛料 → 粉碎 → 过筛
                                            ↓
其他原料(水解植物蛋白粉、酵母或氨基酸)        油脂 → 混合 ← 食盐、粉末香精等
              ↓                              ↑
鸡肉汁 → 蒸煮 → 过滤 → 浓缩 → 加热调配 → 成型 → 包装 → 成品
                              ↑
明胶 → 浸泡 → 加热溶化          白糖、粉末蔬菜
```

3. 操作要点

鸡肉汁等放入锅中蒸煮、过滤、浓缩，然后加入水解植物蛋白粉、酵母抽提物或氨基酸，加热调配。将明胶用适量水浸泡一段时间，加热溶化后，边搅拌边加入鸡肉汁锅中，再加入白糖、粉末蔬菜，混合均匀。然后加入预先经过加热溶化的动植物油脂、香辛料、食盐、粉末香精等，混合均匀。混合均匀后即可进行成型，为立方体或锭状，经低温干燥便可包装。一块重 4g，可冲制 180mL 汤。

二、牛肉味块状复合调味料

1. 产品配方

食盐 45kg，牛肉汁 10kg，水解植物蛋白粉 10kg，白砂糖 10kg，味精 8kg，牛油 5kg，氢化植物油 4kg，洋葱粉末 2.5kg，明胶粉 1kg，胡萝卜粉 0.8kg，大蒜粉 0.5kg，I＋G 0.5kg，粉末牛肉香精 0.1kg，胡椒粉 0.08kg，洋苏叶 0.04kg，百里香 0.04kg。

2. 工艺流程

```
                          香辛料 → 粉碎 → 过筛
                                            ↓
其他原料(水解植物蛋白粉、酵母或氨基酸)        油脂 → 溶化 ← 食盐、粉末香精等
              ↓                              ↑
牛肉汁 → 蒸煮 → 过滤 → 浓缩 → 加热调配 → 成型 → 包装 → 成品
                              ↑
明胶 → 浸泡 → 加热溶化          白糖、粉末蔬菜
```

3. 操作要点

牛肉汁等放入锅中蒸煮、过滤、浓缩，然后加入水解植物蛋白粉、酵母抽提物或氨基酸，加热调配。将明胶用适量水浸泡一段时间，加热溶化后，边搅拌边加入牛肉汁锅中，再加入白糖、粉末蔬菜，混合均匀。然后加入预先经过加热溶化的动植物油脂、香辛料、食盐、粉末香精等，混合均匀。混合均匀后即可进行成型，为立方形或锭状，经低温干燥便可包装。一块重4g，可冲制180mL汤。

三、咖喱味块状复合调味料

1. 产品配方

食盐16kg，咖喱粉15.1kg，小麦粉15kg，玉米淀粉10.9kg，白砂糖9.2kg，味精7kg，土豆淀粉5kg，棕榈油4.5kg，色拉油4.3kg，全脂奶粉3.7kg，牛肉粉3.2kg，变性淀粉2kg，酱油粉1.1kg，糊精1.1kg，明胶粉1kg，酵母抽提物0.9kg，I+G 0.5kg。

2. 工艺流程

```
        咖喱粉 → 粉碎 → 过筛
                        ↓
        油脂 → 加热 → 炒制
                        ↓
明胶 → 浸泡 → 加热溶化 → 调配 → 灭菌 → 成型 → 包装 → 成品
                        ↑
              食盐、粉末原料
```

3. 操作要点

（1）粉碎　将食盐、味精、白砂糖、I+G、咖喱粉等分别粉碎过40目筛，以防有异物进入到产品中。

（2）称量　按配方要求准确称量。

（3）加热、炒制　将油脂加热到120℃，加入咖喱粉，炒制出香味出来，油脂的颜色变为金黄色，注意煳锅。

（4）浸泡、加热溶化　将明胶在使用前用5倍的水浸泡，待加热至70℃溶化。

（5）调配　将其他粉状物料均匀投入到锅中。

（6）灭菌　95℃保持30min灭菌。

（7）成型　将灭菌后的物料送至成型机中成型。

（8）包装　将成型干燥后的物料按要求及时包装。

四、洋葱味块状复合调味料

1. 产品配方

洋葱泥20kg，食盐20kg，小麦粉10kg，玉米淀粉8kg，味精粉8kg，白砂糖

6kg，棕榈油 6kg，大蒜泥 4.7kg，土豆淀粉 4kg，色拉油 4kg，鸡肉粉 4kg，变性淀粉 1.5kg，水解植物蛋白粉 1.5kg，酵母抽提物 1kg，姜黄粉 0.5kg，黄原胶 0.4kg，I+G 0.4kg。

2. 工艺流程

```
            洗净洋葱、大蒜 → 磨碎成泥

               油脂 → 加热 → 炒制
                          ↓
黄原胶 → 浸泡 → 溶化 → 加热 → 调配 → 灭菌 → 成型 → 包装 → 成品
                          ↑
               食盐、粉末原料
```

3. 操作要点

（1）粉碎 将食盐、味精、白砂糖、I+G 等粉碎过 40 目筛，以防有异物进入到产品中。将洋葱、大蒜磨碎成泥状。

（2）称量 按配方要求准确称量。

（3）加热、炒制 将油脂加热到 120℃，加入洋葱泥、大蒜泥，炒制出香味，待洋葱大蒜泥变为金黄色，关火，注意不要煳锅。

（4）浸泡、加热溶化 将黄原胶在使用前用 5 倍的酒精浸泡，再加入 5 倍的水，加热至 70℃溶化。

（5）调配 将其他粉状物料均匀投入到锅中。

（6）灭菌 95℃保持 30min 灭菌。

（7）成型 将灭菌后的物料送至成型机中成型。

（8）包装 将成型干燥后的物料按要求及时包装。

五、骨汤味块状复合调味料

1. 产品配方

配方一（猪骨汤味）：食盐 37.2kg，砂糖 13kg，味精 10kg，麦芽糊精 10kg，猪骨白汤 6kg，棕榈油 6kg，猪骨清汤 4kg，高盐稀态酱油 3kg，水解植物蛋白粉 2.2kg，变性淀粉 2kg，酵母抽提物 2kg，明胶粉 1kg，洋葱粉 1kg，乳糖 1kg，胡椒粉 0.4kg，I+G 0.4kg，五香粉 0.3kg，胡椒粉 0.2kg，大蒜粉 0.2kg，猪肉香精 0.1kg。

配方二（牛骨汤味）：食盐 32.8kg，味精 16kg，砂糖 12kg，小麦粉 10kg，牛骨白汤 6kg，牛骨清汤 6kg，酸水解植物蛋白调味液 5kg，牛油 4kg，变性淀粉 2kg，酵母抽提物 2kg，羧甲基纤维素钠 1kg，I+G 0.8kg，黑胡椒粉 0.5kg，大蒜粉 0.5kg，洋葱粉 0.5kg，胡椒粉 0.4kg，肉桂粉 0.3kg，牛肉香精 0.2kg。

配方三（鸡骨汤味）：食盐 31.7kg，味精 20kg，砂糖 12kg，预糊化淀粉 10kg，鸡骨白汤 7kg，鸡骨清汤 5.5kg，浓香鸡油 4kg，水解植物蛋白粉 3kg，变性淀粉 2kg，酱油粉 1kg，羧甲基纤维素钠 1kg，I＋G 1kg，白胡椒粉 0.5kg，大蒜粉 0.5kg，香葱粉 0.5kg，鸡肉香精 0.5kg，胡椒粉 0.4kg，生姜粉 0.3kg，姜黄粉 0.1kg。

2. 工艺流程

```
香辛料 → 粉碎 → 过筛
                    ↓
油脂 → 加热 → 炒制
                    ↓
明胶粉 → 浸泡 → 加热溶化 → 调配 → 灭菌 → 成型 → 包装 → 成品
                              ↑
                      食盐、粉末原料
```

3. 操作要点

（1）粉碎　将食盐、味精、白砂糖、I＋G、香辛料粉碎过 40 目筛，以防有异物进入到产品中。

（2）称量　按配方要求准确称量。

（3）加热、炒制　将油脂加热到 120℃，加入香辛料，炒制出香味，注意不要煳锅。

（4）浸泡、加热溶化　将明胶粉在使用前用 5 倍的水浸泡，加热至 70℃。

（5）调配　将其他粉状物料均匀投入到锅中。

（6）灭菌　95℃保持 30min 灭菌。

（7）成型　将灭菌后的物料送至成型机中成型。

（8）包装　将成型干燥后的物料按要求及时包装。

六、海鲜味块状复合调味料

1. 产品配方

味精 25kg，食盐 21.2kg，玉米淀粉 17.5kg，白砂糖 6kg，麦芽糊精 5kg，棕榈油 5kg，鲫鱼提取物 4kg，鲜洋葱 2.5kg，鲜大蒜 2kg，海带抽提物 2kg，鸡骨白汤 1.5kg，水解植物蛋白粉 1.1kg，鲜虾香精 1kg，明胶 1kg，鲜生姜 1kg，酱油粉 1kg，牡蛎抽提物 1kg，酵母抽提物 0.5kg，I＋G 0.5kg，干贝素 0.4kg，胡椒粉 0.4kg，鱼露粉 0.3kg，海鲜香精 0.1kg。

2. 工艺流程

```
鲜香辛料 → 磨成泥 → 过筛
                      ↓
油脂 → 加热 → 炒制
                      ↓
明胶 → 浸泡 → 加热溶化 → 调配 → 灭菌 → 成型 → 包装 → 成品
                            ↑
                    食盐、粉末原料
```

3. 操作要点

（1）粉碎　将食盐、味精、白砂糖、I+G、香辛料粉碎过40目筛，以防有异物进入到产品中。鲜香辛料（鲜洋葱、鲜大蒜、鲜生姜）磨成泥。

（2）称量　按配方要求准确称量。

（3）加热、炒制　将油脂加热到120℃，加入鲜香辛料泥，炒制出香味，注意不要煳锅。

（4）浸泡、加热溶化　将明胶在使用前用5倍的水浸泡，加热至70℃。

（5）调配　将其他粉状物料均匀投入到锅中。

（6）灭菌　95℃保持30min灭菌。

（7）成型　将灭菌后的物料送至成型机中成型。

（8）包装　将成型干燥后的物料按要求及时包装。

第四章
半固态(酱)状复合调味料

半固态（酱）状复合调味料在饮食生活中占有重要地位，是人们生活的必需品。众多的原料造就了各具特色的酱类制品，如豆酱、面酱、芝麻酱、花生酱等。

第一节　半固态（酱）状复合调味料的种类与特点

半固态（酱）状复合调味料是以两种或两种以上的调味品为主要原料，添加或不添加辅料，加工而成的呈酱态的复合调味料。其特点是风味浓厚、风味保存好、强度大、便于保存，按照消费功能不同可分为酱状和膏状复合调味料。

酱状复合调味料在市场上见得比较多，一般为家庭和餐饮用，酱类复合调味料具有风味独特，品种繁多，携带使用方便、营养成分丰富等特点，受到广大消费者的喜欢。酱类的制作按其工艺不同可分为酿造型（发酵型）和调配型（非发酵型）复合调味料。酿造酱类有豆酱、面酱、花酱、蘑菇面酱、西瓜豆瓣酱，以及水产类酱制品如虾酱、蟹酱等；而非发酵酱也种类繁多，主要有芝麻酱、花生酱、蒜蓉辣酱、海鲜风味酱、番茄酱、果酱、蔬菜酱、蛋黄酱等。

发酵酱类是以麦子和豆类为主要原料，经过微生物发酵而制成的一种半固体黏稠状的调味料。酱类品种很多，主要有黄酱和面酱两大类。其中，作为我国传统食品的面酱，主要有三大类，即干黄酱、稀黄酱和甜面酱。以豆酱和面酱为主料，再加入各种辅料，如花生、芝麻、辣椒、虾米、肉类及其他调味料，可以酿制成各式花色酱制品。

发酵酱类生产分为自然发酵法和温酿保温发酵法。前者发酵的特点是周期较长（半年以上），占地面积较大，但味道好。后者的特点是周期短（1个多月），占地面积小，不受季节限制，可长年生产，由于发酵时间短，故其味道不如自然发酵法丰满。

发酵酱类中除了面酱和黄酱两大类外，还有蚕豆酱、豆瓣辣酱以及酱类的深加工产品，即各系列花色酱等产品。随着人们生活水平的提高，以豆酱和面酱为基础的各类营养保健酱也崭露头角。

膏状复合调味料以肉骨、水产、咸味香精为主要原料，生产的有鸡肉味、牛肉味、猪肉味、海鲜味、蔬菜味等风味膏状复合调味料，一般为工业用，在市场比较少见，主要用于方便面调味酱包及火锅底料，目前方便面调味酱包有各种肉味的产品，主要以牛肉味、鸡肉味、排骨味、海鲜味为主；火锅底料常用有红汤、白汤、高汤等。

本文涉及的半固态（酱）状复合调味料包括以发酵酱为原料制作的各种花色酱、各种非发酵酱（花生酱、芝麻酱、辣椒酱、番茄酱等），以及复合调味酱（风味酱、芥末酱、虾酱）、火锅底料（底料和蘸料）、肉类风味膏等。蛋黄酱与沙拉酱因有较高的油脂含量，故安排在第六章复合调味油中进行专门论述。

第二节　半固态（酱）状复合调味料的生产工艺与配方

一、佐餐花色酱

1. 北方辣酱

北方辣酱具有北方风味，在以咸为主的前提下添加各种辅料，改变了单一的咸味。不同于南方辣酱以酸辣为主，它以黄酱为主，配制各种调料，使其风味独特，各味俱全。

（1）产品配方　黄酱 50kg，辣椒 24kg，蒜泥 8kg，芝麻 5kg，葱末 5kg，麻油 5kg，味精 2kg，花椒粉 0.95kg，山梨酸钾 0.05kg。

（2）工艺流程

原料处理
↓
黄酱→加热→调配→过胶体磨→灭菌→灌装→成品

（3）操作要点

① 原料处理　将花椒粉、芝麻分别炒熟，炒时应注意切勿炒煳。

② 黄酱加热　将黄酱加入锅中搅拌加热，切勿将酱粘在锅底。

③ 调配　将大蒜捣碎、葱切碎，与辣椒、炒熟的花椒面一同加入黄酱中，搅拌均匀，继续加热，再将麻油缓缓加入酱中，边加边搅拌。

（4）灭菌　将上述得到的半成品利用胶体磨进一步磨细，然后继续加热至沸腾后加入芝麻、味精和山梨酸钾，保持 30min 灭菌。

（5）灌装　花色辣酱的包装目前形式不多，采用玻璃瓶包装仍占极大多数，次之为塑料杯或塑料盒。国内外采用玻璃瓶较多，因玻璃瓶包装投资不大，所需流动资金较少，成本较低，而且旧瓶可以回收利用。

2. 蒜蓉辣酱

蒜蓉辣酱主要以豆酱、甜面酱、蒜瓣为原料，配以其他调味料加工而成。此产品色泽酱黄，蒜香浓郁，可口开胃。

（1）产品配方　蒜瓣 35kg，甜面酱 30kg，豆酱 20kg，干红辣椒 10kg，大豆油 1.5kg，姜 1kg，盐 1kg，糖 0.5kg，各种香辛料 0.5kg，香油 0.5kg。

（2）工艺流程

　　　　　　大豆油加热→冷却

干红辣椒→洗涤→切丝→浸渍→加热搅拌→冷却→过滤→加蒜蓉搅拌→加香油→搅拌冷却→分装→成品

（3）操作要点

① 备料　蒜瓣剥皮洗净后用石磨磨成蒜蓉备用。干红辣椒应选用鲜红色或紫红色、辛辣味强、水分含量在 12% 以下的优质品，并去杂、洗净、沥干水分晾干，切成丝。

② 加热　将大豆油注入锅内，加热使油烟升腾挥发不良气味后，停火冷却至室温。

③ 浸渍　将辣椒丝置冷却油中浸渍 30min，其间要不停地搅拌，使辣椒丝吸收植物油。

④ 冷却、过滤、加热搅拌　辣椒丝浸渍后缓慢加热至沸点，其间应不停地搅拌，至辣椒丝微显黄褐色，立即停火。将冷却的辣椒油用纱布过滤，澄清后备用。

⑤ 加蒜蓉搅拌　澄清后的油倒入锅中，加入豆酱、甜面酱，不停地搅拌至八成熟，加入蒜蓉及其他辅料，不停地搅拌至熟后，加入少量香油即成。

3. 蒜蓉辣椒酱

（1）产品配方　辣椒酱 60kg，蒜酱 25kg，食盐 8kg，白醋 3kg，砂糖 1.5kg，味精 1.3kg，鸡粉 1kg，卡拉胶 0.15kg，山梨酸钾 0.05kg。

（2）工艺流程

鲜辣椒 → 去蒂 → 清洗 → 腌制 → 磨酱

大蒜 → 去皮 → 去蒂 → 清洗 → 腌制 → 磨酱 → 配料 → 搅拌 → 均质 → 灌装 → 封口 → 成品

（3）操作要点

① 辣椒酱制作　选择色红、味辣的辣椒品种，剔除虫害、霉变的辣椒，去蒂，然后清洗干净，沥干水分。按 46kg 鲜辣椒加 4kg 食盐的配比，一层辣椒一层食盐腌于缸中或池中。腌渍 36h，将腌过的辣椒同未溶化的盐一起用钢磨磨成酱体。在磨制过程中，边磨边补加煮沸过的盐水 5kg。该盐水的配法：100kg 水，加食盐

14kg、山梨酸钾 500g、柠檬酸 1.5kg，煮沸。磨成酱体后，放置半个月再用。

② 蒜酱制作　采用当年大蒜，剔除虫害、霉变的蒜头，去蒂去皮，洗净沥干。采用与辣椒酱相同的加工制法。

③ 配料　按配方将卡拉胶、食盐、白醋等溶于水中，煮沸冷却备用。将辣椒酱、蒜酱和溶解冷却后的料一同混合搅拌均匀。

④ 均质　将酱料经胶体磨均质，便可灌装。

4. 香菇辣椒酱

(1) 产品配方　香菇酱 49kg，鲜辣椒 49kg，麻油 0.5kg，食盐 1.5kg。

(2) 工艺流程

原料处理→混合→包装→成品

(3) 操作要点

① 香菇酱制作　选用完整香菇或次菇、碎菇、香菇梗，去杂洗净晾干，磨成细浆，用文火慢慢加热煮烂成糊状备用。

② 辣椒处理　将鲜辣椒去蒂洗净晾干，剁细备用。

③ 混合　将香菇酱、辣椒、麻油、食盐按一定比例倒入盘内拌匀。

④ 包装　装入已灭好菌的广口罐头瓶内。

5. 南康辣酱

江西南康辣酱原名顶呱呱德福斋辣椒酱，距今已有 200 多年的历史。

(1) 产品配方　盐椒坯 437.5kg，大豆 90kg，糯米 240kg，大米 190kg，砂糖 137.5kg，10% 的食盐溶液、食盐各适量。

(2) 工艺流程

制盐椒坯→制曲→发酵→配制→成品

(3) 操作要点

① 制盐椒坯　选择红亮肉厚的鲜红辣椒，洗净、去蒂、切碎。每 100kg 鲜椒下食盐 20kg 拌匀下缸，腌制 1～2 天后翻动一次，使其腌制均匀，装满压紧，表面撒上一层薄薄的食盐加以密封。这样处理后，其辣椒坯不霉变，不腐烂，以利长年备用。

② 制曲　第一步是备料制曲。选择上等大豆 90kg 炒熟磨成细粉，另取糯米 240kg、大米 190kg 混合磨成细粉。将以上混合粉拌匀后，加水适量揉搓均匀，用水量以用手捏紧成团放手不散为宜。随即铺上木架，压紧、平整，切成条块（长 12cm、宽 6cm、厚 3cm）。条块切好后摆入蒸笼内约蒸 20h，使其熟透。取出待冷却，然后喷上一层薄薄的水，以增加其润适度，随即送入霉房内木架上，再将门窗关闭，室内温度保持 33～35℃，任其发酵。2～3 天后，上面长满一层白色霉菌，再翻动一次，让其继续发酵，经 13～15 天，曲菌呈淡红色。此时制曲即告完毕。

③ 发酵　将已制曲的酱饼按上述数量，分别投入五个酱缸内，再加入 10% 浓

度的食盐溶液，使酱饼吸透盐水，任其在缸内暴晒，遇雨天加盖，天晴开盖晒制，每隔 3～5 天进行翻缸一次，直至晒成淡黄色即成熟。

④ 配制　将已晒好的酱饼五缸和盐椒坯 437.5kg 混合搅拌均匀，反复细磨二次，达到细腻、润滑的程度，再装入晒缸内，进行晒制。在晒制过程中，每天需翻动 1～2 次，待晒至半干时加入砂糖 137.5kg，再继续晒制，一直晒至用手捏成团即为成品。按以上原料加工成品 875kg。晒制成品后，即可放入大缸内收藏。

6. 淳安辣椒酱

淳安辣椒酱是浙江省的一大名产，以鲜辣味美、清香可口、制作简便、能长存久放且经济实惠而著称。

（1）产品配方　鲜椒 100kg，黄豆、米粉、食盐、生姜、大蒜、茴香各适量。

（2）工艺流程

黄豆→蒸煮→发酵→搅拌→装坛→成品

（3）操作要点

① 蒸煮　将黄豆（大豆）煮熟，摊开晾干，然后把炒熟的米粉掺进豆中搅拌。米粉用量以能将潮湿的熟豆拌至分散为颗粒为止。

② 发酵　用塑料薄膜覆盖发酵。发酵时间以豆的外表长出金黄色的豆花为宜（有时也可能长出灰色的）。再把发酵好的豆豉晒至无水分为止。

③ 搅拌　将鲜椒洗净、筛分、切碎，和晒干的豆豉及 30% 的食盐掺在一起，反复搅拌，直至豆豉发潮润湿为止。为使辣椒酱味道更为鲜美，可适当加入少许生姜、大蒜、茴香等作料。

④ 装坛　将辣椒豆豉置坛内，密封坛口存放。存放 3～8 个月后即成。

7. 富顺香辣酱

富顺香辣酱俗称"豆花蘸水"，起源于清道光年间，距今已有 100 多年的历史，最初是作为富顺特色食品"豆花"的蘸水而流传于民间，经过几代传人在配方和制作工艺上的完善、丰富和发展，现已成为一种风味独特、应用广泛的调味佳品。

（1）产品配方　干辣椒 28.7kg，酱油 28kg，植物油 28kg，大料 4kg，芝麻 2.8kg，胡椒 2.8kg，花椒 1.4kg，冰糖 1.4kg，食盐 1kg，肉桂 1kg，味精 0.7kg，香料 0.2kg。

（2）工艺流程

原料处理→混合搅拌→加热→灌装→杀菌→成品

（3）操作要点

① 芝麻处理　将芝麻除杂水洗后，文火焙炒至微黄色，冷却后捣碎。

② 花椒和胡椒处理　花椒文火焙炒至特殊香味冷却后粉碎。胡椒除杂后粉碎。

③ 香料粉制备　各种香料混合，稍加烘烤，冷却后粉碎成粉。

④ 酱油杀菌　酱油中加入冰糖，加热至 85℃ 以上，保温 15min 冷却备用。

⑤ 植物油熬制　植物油中加入大料、肉桂、花椒，缓慢加热至180℃，自然冷却。

⑥ 辣椒糊制备　将2倍辣椒的水煮沸后，加入食盐，倒入辣椒中，加盖焖5～10min，立即粉碎成具有黏稠状的辣椒糊。

⑦ 混合搅拌　将酱油入锅，温度达60～80℃之间时，加入味精、辣椒糊、芝麻粉、胡椒粉、香料粉和植物油，充分混合均匀。

⑧ 灌装　将上述充分混合均匀的酱体进行灌装、包装后，采用沸水进行杀菌，经过冷却后即为成品。

8. 贵州辣椒酱

(1) 产品配方　鲜红辣椒100kg，食盐12kg，白糖8kg，白酒5kg，生姜2.5kg，大蒜2.5kg，味精0.95kg，山梨酸钾0.05kg。

(2) 工艺流程

鲜红辣椒→挑选→清洗→风干→粉碎→加调料→搅拌→密封→常温发酵→包装→成品

(3) 操作要点

① 原料挑选及清洗　该产品是生料进行微生物发酵的产品，所用原料要求新鲜，剔除腐烂变质的原料。对选择好的原料用清水进行清洗，同时设备也要求清洗干净。

② 风干、粉碎　将清洗后的原料进行风干，然后利用粉碎机进行粉碎。大蒜、生姜清洗后风干，绞碎备用。

③ 加调料、搅拌　将粉碎的辣椒、蒜泥、姜蓉倒入搅拌锅中，加入其他辅料，搅拌均匀。

④ 常温发酵　将搅拌均匀的辣椒糊装入坛中，密封后进行常温发酵。发酵所用的坛子应先用清洗液洗涤干净，消毒（可用75%的酒精）后才能使用，否则会因微生物引起产品腐烂，同时坛子要密封，否则发酵时会引起酸败。

9. 花生酱

花生酱以优质花生米等为原料加工制成，成品为硬韧的泥状，有浓郁的炒花生香味，且余味悠长。根据口味不同，花生酱分甜、咸两种。

(1) 产品配方　花生米1kg，盐150g，冷开水适量。

(2) 工艺流程

花生米→筛选→焙炒→配料→磨酱→检验合格→装瓶→成品

(3) 操作要点

① 筛选　选用上等花生米，筛除各种杂质和霉烂果仁备用。

② 焙炒　把选好的花生米炒熟，或用烘箱烤熟，然后压碎去皮。

③ 配料　把压碎去皮的花生米加盐，再加冷开水适量，搅匀。

④ 磨酱 将经过以上工序的花生米入圆盘石磨中磨成细浆，即成花生酱。放入洁净的瓶中盖严，随吃随用。

10. 芝麻辣酱

（1）产品配方

配方一：豆瓣辣酱 55kg，芝麻酱 20kg，二级酱油 17kg，白糖 3kg，大蒜泥 4kg，花椒粉少量，味精少量，苯甲酸钠 0.1kg。

配方二：黄豆酱 100kg，菜籽油 11kg，芝麻酱 10kg，辣椒酱 5kg，白砂糖 2kg，辣椒粉 3kg，味精 1kg，糖精 0.022kg，苯甲酸钠 0.11kg，山梨酸钾 0.11kg，水 85kg。

（2）工艺流程

（菜籽油→炒辣椒粉）
　　　　↓
制芝麻酱→调配→包装→成品

（3）操作要点

① 制芝麻酱 除选购新鲜酱品外，芝麻酱也可自行加工生产。其加工方法如下：将芝麻漂洗去其杂质，沥干后在夹层锅中加热，用文火焙炒，同时不断地搅拌，炒出香味后，用石磨或砂轮磨磨细即为芝麻酱。

② 调配 芝麻酱分别与豆瓣辣酱等按配方调配在一起，搅匀。

③ 包装 装瓶前加热至 80℃，保持 10min 灭菌。

11. 辣葵花酱

（1）产品配方 豆瓣辣酱 100kg，葵花子酱 50kg，白酱油 36kg，白砂糖 4kg，黑胡椒粉 0.2kg，葱汁 5kg，花生油 10kg，味精 0.2kg，苯甲酸钠 0.1kg。

（2）工艺流程

制葵花子酱→调配→包装→成品

（3）操作要点

① 制葵花子酱 脱壳后的葵花子放入大锅中，用文火焙炒，同时不断地搅拌，炒出香味后，用石磨或小型砂轮磨磨成酱体，备用。

② 调配 葵花子酱分别与豆瓣辣酱等按配方调配在一起，搅匀。

③ 包装 装瓶前加热至 80℃，保持 10min 灭菌。

12. 榨菜香辣酱

（1）产品配方 榨菜 19kg，辣椒粉 2.5kg，芝麻 1kg，特级豆瓣酱 1.5kg，花生米 0.5kg，酱油 2kg，白糖 1.5kg，葱 0.5kg，姜 0.5kg，蒜 0.8kg，花椒粉 0.6kg，五香粉 0.05kg，味精 0.3kg，菜油 3kg，香油 1kg，食盐 3.5kg，黄酒 1kg，山梨酸钾 0.25kg，焦糖色少许，水适量。

（2）工艺流程

原料处理→配料→搅拌→加热→装瓶→成品

（3）操作要点

① 制榨菜浆　把选用的原料榨菜去净菜皮和老筋、黑斑烂点、泥沙杂质等，洗净后用切丝机切成丝状，加入 7kg 水，进行湿粉碎，制成榨菜浆泥，倒入配料缸中。

② 辣香料的准备　将菜油烧热，浇到辣椒粉中拌匀；把芝麻、花生米焙炒至八九成熟，分别磨成芝麻酱、花生酱；同时将葱、姜、蒜分别粉碎成泥状备用。

③ 配料　按配方把白糖、食盐、芝麻酱、花生酱、花椒粉、拌好菜油的辣椒粉、五香粉、葱姜泥、酱油、特级豆瓣酱以及 2kg 净水一起放入配料缸中，用搅拌机搅拌均匀，然后送入夹层锅中。

④ 加热　在夹层锅中边搅拌边加热到 80℃，保持 10min 后停止加热，立即加入蒜泥、黄酒、味精、山梨酸钾和 4kg 冷开水，搅拌均匀，再根据色泽情况，边搅拌边加入少量焦糖色，直至呈红棕色即可。

⑤ 装瓶加油密封　用消过毒的玻璃瓶热分装加工好的酱泥，装瓶后加入内容物量 2% 的香油封面，以便贮存。

13. 多味酱

多味酱主要以黄酱为主，再配各种调味料，使其各味俱全，风味独特。

（1）产品配方　黄酱 50kg，花椒面 1kg，香油 40kg，芝麻 25kg，砂糖 25kg，米醋 20kg，味精 2.5kg，蒜泥 15kg，姜粉 15kg，葱末 15kg，辣椒 5kg。

（2）工艺流程

黄酱、砂糖→加热→调味料→香油→食醋→磨浆→芝麻→煮沸→灌装→成品

（3）操作要点

① 备料　将花椒、芝麻分别炒熟，切勿炒煳，花椒研成细面备用。

② 黄酱加热　将黄酱与砂糖混合搅拌均匀，加热。要不断搅拌，切勿使酱粘在锅底。

③ 加调味料：将大蒜捣碎成泥，葱切成碎末，与姜粉、辣椒、炒熟的花椒面一同加入黄酱中，搅拌均匀，继续加热。再将香油缓慢加入酱中，边加边搅拌，搅匀后加入米醋。

④ 磨浆　将半成品多味酱过胶体磨，磨浆。

⑤ 煮沸　将酱继续加热，并加入芝麻和味精，加热至沸腾即可。芝麻一定要和味精一起最后加入酱中。

14. 桂林酱

桂林酱，俗称蒜头豆豉辣椒酱，因为广西桂林特产而取名。

（1）产品配方　豆酱 50kg，野山椒坯（或红辣椒坯）10kg，生抽 30kg，豆豉 12kg，蒜泥 10kg，白砂糖 2kg，食用油 1kg，保鲜剂 50g。

（2）工艺流程

原料→入锅→调配→加热→成品

（3）操作要点

① 入锅　先将野山椒坯破碎后入锅，与生抽、蒜泥、白砂糖一同熬煮。

② 调配　待快煮沸时，加入豆酱。

③ 加热　煮沸后再炒制 20min 停火。

④ 成品　继续搅拌，用少量水将保鲜剂化开加入锅内，另加入食用油和豆豉，搅拌均匀即可。豆豉加入前需破碎成泥。

15. 蒜蓉豆豉酱

（1）产品配方　辣椒 100kg，蒜头 40kg，豆豉 15kg，食盐 28kg，三花酒 1.5kg。

（2）工艺流程

原料处理→混合→装坛→封口→成品

（3）操作要点

① 原料处理　将蒜头去皮衣，辣椒的蒂和柄摘去。

② 混合　将蒜头、辣椒与适量的食盐、豆豉和三花酒混合，用锤子将其打烂。

③ 装坛　把酱放在坛子或缸内。将剩余食盐铺在上面，再将三花酒全部洒入。

④ 封口　一般用石灰封闭坛（或缸），存放 1 个月左右即成。

16. 草菇蒜蓉调味酱

（1）产品配方　草菇 9kg，大蒜 1kg，食盐 80g，复合稳定剂（维生素 C、溶胶）2g，蔗糖 10g，柠檬酸 2.5g，生姜粉 2.5g，酱油 20g。

（2）工艺流程

```
草菇 → 清洗 → 热烫 → 打浆              维生素C及溶胶
                         ↓                    ↓
            配料 → 调配 → 微磨 → 均质 → 浓缩 → 灌装 → 杀菌 → 冷却 → 成品
                         ↑
大蒜 → 清洗 → 热烫 → 打浆
```

（3）操作要点

① 前处理　将草菇洗净，置于 90～95℃ 热水中烫漂 2～3min，灭酶并组织软化，完成后立即进入打浆工序，得到草菇原浆；将大蒜洗净，置于温水中浸泡 1h，搓去皮衣，捞出蒜瓣，淘洗干净，随后置于沸水中烫漂 3～5min，灭酶并使组织软化，完成后立即进入打浆工序，得到大蒜原浆。

② 调配及微磨、均质　按照原料配比，将草菇原浆、大蒜原浆以及其他辅料调配均匀，并通过胶体磨磨成细腻浆液，进一步用 35～40MPa 的压力在均质机中进行均质，使草菇、大蒜纤维组织更加细腻，有利于成品质量及风味的稳定。

③ 浓缩及杀菌　为保持产品营养成分及风味，尽量减少草菇的酶褐变程度，

采用低温真空浓缩。浓缩条件为：60～70℃，0.08～0.09MPa，以浓缩后浆液中可溶性固形物含量达到40％～45％为宜。为了便于水分蒸发和减少维生素C的损失，溶胶和维生素C在浓缩接近终点时方可加入，继续浓缩至可溶性固形物含量达到要求时，关闭真空泵，解除真空，迅速将酱体加热到95℃，进行杀菌，完成后立即进入灌装工序。

④ 灌装及杀菌　预先将四旋玻璃瓶及盖用蒸汽或沸水杀菌，保持酱体温度在85℃以上装瓶，并稍留顶隙，通过真空罐机封罐密封。随后置于常压沸水中保持10min进行杀菌，完成后逐级冷却至37℃，擦干罐外水分，即得到成品。

二、面条调味酱

1. 牛肉味面条调味酱

（1）产品配方

红烧牛肉酱：水50kg，食盐16kg，混合油脂①15kg，二级酱油9kg，牛肉香料5kg，玉米淀粉5kg，白砂糖2kg，干黄酱2kg，味精2kg，大葱1kg，辣椒0.6kg，桂皮0.6kg，大料0.6kg，白胡椒0.5kg，双倍焦糖色0.5kg，花椒0.2kg，I＋G 0.06kg。

麻辣牛肉酱料：水50kg，食盐17kg，混合油脂15kg，二级酱油8kg，牛肉香料5kg，玉米淀粉5kg，白砂糖3kg，味精2kg，辣椒2kg，花椒1.5kg，大葱1.5kg，干黄酱1kg，白胡椒0.5kg，桂皮0.5kg，双倍焦糖色0.5kg，大料0.5kg，I＋G 0.06kg。

香辣牛肉酱：水50kg，食盐17kg，混合油脂15kg，二级酱油7kg，淀粉5kg，牛肉香料5kg，白砂糖3.5kg，辣椒2kg，味精2kg，干黄酱1kg，大葱1kg，花椒0.5kg，双倍焦糖色0.5kg，大料0.4kg，白胡椒0.3kg，桂皮0.3kg，I＋G 0.06kg。

酱爆牛肉酱：水50kg，食盐12kg，混合油脂15kg，甜面酱6kg，牛肉香料5kg，淀粉5kg，白砂糖5kg，味精2kg，生姜1.5kg，二级酱油1kg，料酒1kg，辣椒0.5kg，大葱0.5kg，双倍焦糖色0.5kg，花椒0.3kg，桂皮0.3kg，大料0.2kg，白胡椒0.1kg，I＋G 0.06kg。

番茄牛肉酱：水40kg，混合油脂16kg，浓缩番茄酱15kg，食盐10kg，牛肉抽提物4kg，白砂糖3kg，二级酱油3kg，生姜1.5kg，料酒1kg，豆豉0.8kg，大葱0.5kg，柠檬酸0.5kg，乳酸0.3kg，花椒0.2kg，桂皮0.2kg，大料0.2kg，黑胡椒0.1kg，I＋G 0.06kg。

注：①混合油脂　20％牛油、20％猪油、60％棕榈油采用烹调方法香化处理。

（2）工艺流程

称量→混合油脂升温→油焗香辛料→加酱煸炒→加调味料→灭菌→加香料→

灌装

（3）操作要点

① 称量　准确称量各种原料。

② 混合油脂升温　将香化处理好的混合油脂升温至160℃。

③ 油煸香辛料　先煸炒已经绞碎成泥状的鲜香辛料（大葱、辣椒、生姜），然后加入干香辛料粉末，煸炒出香气，注意不能煳锅。

④ 煸炒酱　加入干黄酱进行煸炒，炒出香气，注意不能煳锅和粘底。

⑤ 加调味料　加其他调味料，同时要求保证溶解均匀。

⑥ 灭菌　加热至95～100℃，保持40min灭菌。

⑦ 灌装　一般需要将酱料降温至凝固状态下，同时开启搅拌，保证物料的均一性，采用料包机进行灌装，一般需要根据配置的面条的重量选择灌装的重量，多数情况下为10g/袋、25g/袋、50g/袋等。

2. 猪肉味面条调味酱

（1）产品配方

葱香排骨酱：水 45kg，混合油脂① 30kg，食盐 15kg，二级酱油 8kg，鲜葱 6kg，玉米淀粉 4kg，白砂糖 3kg，热反应排骨香精 3kg，鲜姜 3kg，HVP 粉 2kg，猪骨素 2kg，鲜蒜 1.5kg，味精 1.5kg，辣椒粉 0.5kg，花椒粉 0.2kg，I＋G 0.1kg，桂皮 0.1kg，小茴香粉 0.1kg，

注：①混合油脂　20％猪油、15％鸡油、65％棕榈油采用烹调方法香化处理。

豉汁排骨酱：水 45kg，混合油脂 25kg，食盐 17kg，二级酱油 7kg，淀粉 5kg，洋葱 4.5kg，豉汁排骨粉 3kg，白砂糖 3kg，辣椒 2kg，味精 2kg，豆豉 2kg，干黄酱 1kg，大葱 1kg，生姜 0.5kg，花椒 0.5kg，双倍焦糖色 0.5kg，猪肉香精 0.5kg，肉桂 0.4kg，白胡椒 0.3kg，八角 0.3kg，I＋G 0.1kg。

香辣排骨酱：水 38kg，混合油脂 25kg，食盐 17kg，二级酱油 7kg，淀粉 5kg，猪肉香料 5kg，白砂糖 3kg，辣椒 2kg，味精 2kg，洋葱 2kg，干黄酱 1kg，大葱 1kg，生姜 0.5kg，花椒 0.5kg，双倍焦糖色 0.5kg，肉桂 0.4kg，白胡椒 0.3kg，八角 0.3kg，I＋G 0.1kg。

豚骨拉面酱：水 35kg，食盐 17kg，混合油脂 26kg，二级酱油 7kg，淀粉 5kg，猪骨清汤 5kg，猪骨白汤 4kg，白砂糖 3kg，洋葱 2kg，味精 2kg，大蒜 2kg，味淋 2kg，大葱 1kg，生姜 0.5kg，双倍焦糖色 0.5kg，白胡椒 0.4kg，红烧猪肉香精 0.3kg，I＋G 0.1kg。

老北京炸酱：稀黄酱 29kg，棕榈油 20kg，大豆油 10kg，甜面酱 13.6kg，猪肉末 9kg，大葱 6kg，二级酱油 4kg，姜 3.5kg，猪骨抽提物 4kg，食盐 3kg，辣椒粉 0.5kg，白砂糖 1.7kg，味精 2.1kg，酵母抽提物 1.4kg，香醋 1kg，炸酱猪肉香

精 0.2kg，I＋G 0.2kg，香油 0.1kg，水 5kg。

（2）工艺流程

洋葱、大葱、大蒜、生姜→清洗绞碎成泥

称量→油脂升温→油煸香辛料→加酱煸炒→加调味料→灭菌→加香料→灌装

（3）操作要点

① 鲜活原料预处理　将洋葱、大葱、大蒜、生姜清洗后，绞碎成泥状；肉绞成末。

② 称量　按准确称量各种原料。

③ 油脂升温　将香化处理好的混合油脂升温至 160℃。

④ 油煸香辛料　先煸炒鲜活香辛料，然后加入香辛料粉末，煸炒出香气，注意不能煳锅。

⑤ 煸炒酱　加入干黄酱进行煸炒，炒出香气，注意煳锅和黏底。

⑥ 加调味料　加其他调味料，同时要求保证溶解均匀。

⑦ 灭菌　加热全 95～100℃，保持 40min 灭菌。

⑧ 灌装　一般需要将酱料降温至凝固状态下，同时开启搅拌，保证物料的均一性，采用料包机进行灌装，一般需要根据配置的面条的克重选择灌装的重量，多数情况下为 10g/袋、25g/袋、50g/袋等。

3. 几款地域特色面条调味酱

（1）产品配方

① 北海道拉面调味酱　浅色酱 230kg，红米酱 100kg，酱油 110kg，果糖浆 115kg，味精 92kg，食盐 38kg，海带精 10kg，猪精 80kg，I＋G 7.5kg，鸡精 30kg，琥珀酸粉 0.8kg，白胡椒粉 1.2kg，辣椒粉 1kg，蒜泥 42kg，鸡骨素 7kg，红褐焦糖色 10kg，姜泥 10kg，蔬菜汁 6.5kg，维生素 E 0.2kg，水 115kg。

香化油脂配方：猪油 73.5kg，蒜末 10kg，猪骨汤油 18kg，鸡骨汤油 4kg。每 35g 酱料，再加入 6g 的香化油脂。使用时用酱料 7 倍水稀释。

② 三鲜汤面调味酱　猪肉精（膏）55kg，酱油 500kg，食盐 20kg，味精 40kg，I＋G 1.5kg，姜泥 8kg，蒜泥 7kg，蚝油 4kg，鸡精 50kg，白砂糖 16kg，HVP 液 50kg，鲣鱼汁 5kg，豆瓣酱 13kg，白胡椒粉 0.9kg，红褐焦糖色 8.5kg，水 340kg，食醋 10kg。

香化油脂配方：猪油 110kg，鸡油 35kg，芝麻油 20kg，使用时每 35g 调料加香化油脂 6g。

③ 四川担担面调味酱　芝麻酱 160kg，豆瓣酱 20kg，酱油 90kg，食盐 115kg，味精 70kg，I＋G 2kg，白砂糖 40kg，猪骨素 8kg，姜泥 10kg，蒜泥 12kg，辣椒粉 1.5kg，鸡精 20kg，HVP 液 200kg，花椒 0.5kg，辣椒红色素 6kg，水 330kg。

香化油脂配方：芝麻油 27kg，榨菜油 20kg，猪油 43kg，辣油 60kg。使用时每 35g 调料，加香化油脂 6g。

（2）工艺流程

称量→调配→灭菌→灌装→成品

（3）操作要点

① 香化油脂制作　按要求将油脂混合，加热，如有香辛料，需要将香辛料炸至金黄色后过滤，去渣留油脂备用。

② 称量　按要求准确称量各种原料。

③ 调配　将各种要求加入搅拌罐中升温。

④ 灭菌　将混合好的物料加热至 95～100℃，保持 20min 灭菌。

⑤ 灌装　采用料包机双头填充，在物料温度高于 85℃时热灌装，酱料为 35g/袋，香化油脂按要求为 6g/袋，总计每袋为 41g/袋。

4. 其他味面条调味酱

（1）产品配方

香菇炖鸡调味酱：水 41kg，棕榈油 20kg，鸡油 10kg，食盐 15kg，一级酱油 8kg，鲜葱 5kg，玉米淀粉 4.5kg，白砂糖 3kg，纯鸡肉粉 3kg，香菇粉 3kg，鲜姜 2.5kg，HVP 粉 2kg，鸡骨白汤 2kg，鲜蒜 1.5kg，味精 1.5kg，酵母抽提物 1kg，辣椒粉 0.5kg，鸡肉香精 0.5kg，香菇香精 0.5kg，花椒粉 0.2kg，I＋G 0.1kg，桂皮 0.1kg，小茴香粉 0.1kg。

鲜虾鱼板酱：棕榈油 35kg，虾皮粉 6kg，鲜虾精 2kg，鱼粉 2kg，一级酱油 5kg，稀黄酱 3kg，洋葱 6kg，食盐 14kg，白砂糖 3.4kg，味精 3kg，大蒜 2kg，酵母抽提物 1kg，水解植物蛋白粉 0.5kg，生姜 2kg，白胡椒粉 0.4kg，I＋G 0.2kg，辣椒粉 0.4kg，虾味香精 0.3kg，糊精 3.8kg，水 10kg。

XO 调味酱：大豆油 20kg，棕榈油 15kg，干贝丝 8kg，虾米碎 7kg，鱼粉 2.4kg，一级酱油 5.4kg，稀黄酱 4kg，甜面酱 3kg，紫洋葱碎 5kg，泡椒碎 2kg，食盐 10kg，白砂糖 1.4kg，味精 2kg，大蒜 4kg，白胡椒粉 0.2kg，I＋G 0.2kg，辣椒粉 0.4kg，水 10kg。

红焖羊肉酱：棕榈油 20kg，羊油 10kg，羊肉膏 11kg，洋葱 3kg，生姜 1.5kg，食盐 13kg，白砂糖 1.5kg，味精 6kg，孜然粉 1kg，草果粉 0.1kg，I＋G 0.2kg，小茴粉 0.3kg，玉米淀粉 1.8kg，黑胡椒粉 0.6kg，辣椒粉 1.8kg，二级酱油 8.2kg，水 20kg。

酱味拉面调味酱：豆酱 50.5kg，酱油 18kg，猪肉香味油脂 15.5kg，鸡精 3.5kg，味精 2kg，鲣鱼汁 1.5kg，食盐 2kg，香油 1.5kg，白砂糖 5kg，洋葱粉 0.8kg，姜粉 0.7kg，蒜粉 0.5kg，黑胡椒粉 0.4kg，I＋G 0.2kg，琥珀酸粉末 0.05kg，辣椒粉 0.1kg，水 10kg。

浓缩骨汤调味酱：食盐 60.6kg，味精 40kg，I＋G 2kg，猪骨油 20kg，黑胡椒粉 1.4kg，琥珀酸粉末 1kg，蒜汁 60kg，浓缩猪骨素 120kg，鸡精 70kg，鸡骨素 80kg，水 130kg，酒精 27kg。

酱油汤面调味酱：酱油 330kg，食盐 2kg，味精 20kg，白砂糖 70kg，浓缩猪骨素 30kg，黄原胶 1kg，I+G 2kg，蒜泥 10kg，鸡精 30kg，猪骨油 20kg，豆瓣酱 10kg，白胡椒粉 2kg，鱼酱油 10kg，HVP 液 30kg，预糊化淀粉 30kg，红褐焦糖色 4kg，花椒粉 1kg，姜泥 20kg，水 315kg。

酱味汤面调味酱：红米酱 240kg，浅色米酱 45kg，HVP 液 110kg，白砂糖 60kg，食盐 100kg，味精 69kg，红褐焦糖色 4.8kg，鸡精 3.8kg，I+G 3.5kg，琥珀酸 0.8kg，猪骨油 15kg，黑胡椒粉 1kg，辣椒粉 1kg，蒜泥 23.5kg，姜泥 2kg，红烧猪肉膏 13.5kg，蔬菜汁 8kg，鸡骨素 2.5kg，水 280kg，酒精 15kg。

（2）工艺流程

洋葱、大葱、大蒜、生姜→清洗→绞碎成泥状

称量→油脂升温→油煸香辛料→加酱煸炒→加调味料→灭菌→加香料→灌装

（3）操作要点

① 鲜原料预处理：将洋葱、大葱、大蒜、生姜清洗后，绞碎成泥状。

② 称量　准确称量各种原料。

③ 油脂升温　将香化处理好的混合油脂升温至 160℃。

④ 油煸香辛料　先煸炒鲜活香辛料，然后加入香辛料粉末，煸炒出香气，注意不能煳锅。

⑤ 煸炒酱　加入干黄酱进行煸炒，炒出香气，注意不能煳锅和粘底。

⑥ 加调味料　加其他调味料，同时要求保证溶解均匀。

⑦ 灭菌　加热至 95～100℃，保持 40min 灭菌。

⑧ 灌装　一般需要将酱料降温至凝固状态下，同时开启搅拌，保证物料的均一性，采用料包机进行灌装，一般需要根据配置的面条的重量选择灌装的重量，多数情况下为 10g/袋、25g/袋、50g/袋等。

三、肉类及海鲜风味酱

1. 牛肉香辣酱

（1）产品配方　熟牛肉 20kg，糊精 18.8kg，大豆油 16kg，黄酱 15kg，芝麻酱 10kg，辣椒粉 8kg，面酱 5kg，食盐 2.5kg，芝麻 1kg，水解植物蛋白粉 1kg，味精 0.6kg，辣椒红色素 0.5kg，蔗糖脂肪酸酯 0.45kg，蒜泥 0.4kg，姜泥 0.4kg，葱泥 0.25kg，山梨酸钾 0.05kg，I+G 0.05kg。

（2）工艺流程

牛肉→炖熟→称量→绞碎

炝锅→入料→熬制→配料→出锅→灌装→封口→杀菌→贴标→成品

（3）操作要点

① 炖牛肉　将香料捣碎，用纱布包好，与牛肉等其他调味料一起煮沸，要求每100kg鲜牛肉加水300kg，煮至六七成熟后，加入4kg食盐，小火炖2h即可。香料配比如下：葱5kg（切段）、姜2kg（切丝）、肉豆蔻200g、丁香200g、香叶200g、小豆蔻200g、花椒200g、八角400g、桂皮400g、小茴香200g、砂仁200g。

② 熬制　将油入锅烧热后，加入葱泥和姜泥，炸至黄色，出味后加入辣椒粉，然后将黄酱、面酱、芝麻酱和糊精加入，进行熬制。

③ 配料　分别将辅料用少量水溶化，在熬制后期加入，如增鲜剂、防腐剂、乳化剂、水解植物蛋白粉、食盐、味精可直接加入，同时加入绞碎的牛肉和部分牛肉汤，快出锅时加入蒜泥、芝麻和辣椒红色素。应注意的一点是，防腐剂（山梨酸钾）应用温水化开后，在开锅前加入，一定要混合均匀，否则达不到防腐的作用，另外也可加入少量抗氧化剂，使产品货架期更长。

④ 灌装　将瓶子洗净后，控干，利用80～100℃的温度将瓶烘干，然后进行灌装，酱体温度在85℃以上时趁热灌装，可不必进行杀菌，低于80℃灌装，应在水中煮沸杀菌40min。

2. 榨菜牛肉酱

（1）产品配方　榨菜20kg，牛肉15kg，植物油10kg，糊精30kg，鲜辣椒糊15kg，花生酱15kg，芝麻1kg，食盐2kg，番茄酱8kg，水解植物蛋白粉1kg，味精150g，蔗糖脂肪酸酯500g，单甘油酯500g，胡椒粉200g，核苷酸二钠（I＋G）10g，山梨酸钾50g，蒜粉、姜粉、葱粉适量。

（2）工艺流程

炒锅→入油→熬制

牛肉→炖熟→称量→绞碎→配料→出锅→灌装→封口→杀菌→贴标→成品

（3）操作要点

① 炖牛肉　将牛肉切块，炖法与牛肉香辣酱。

② 熬制　在锅中放油，待油热后将所有的液体原料入锅熬制，边搅拌边加热。酱在熬制过程中，可以凭经验判断酱是否可以出锅，或用折光仪进行检测，待熬制酱的固形物含量小于28％时即可。

③ 配料　待酱快熬制好时，加入粉状原料，量少的原料需先用水化开后加入。

④ 灌装　将瓶子洗净后控干，用80～90℃的温度将瓶子烘干，然后进行灌装，酱体温度在85℃以上热灌装，可不必进行杀菌，低于80℃灌装，应在水中煮沸加热杀菌40min。

3. 几种肉类辣酱

（1）产品配方

猪肉辣酱：黄豆酱100kg，辣椒酱20kg，辣椒粉2.4kg，白砂糖1.6kg，菜油

9kg，黄酒 2.6kg，五香粉 1.2kg，味精 0.87kg，糖精 0.0173kg，猪肉 7kg，苯甲酸钠 0.087kg，山梨酸 0.087kg，水 30kg。

牛肉辣酱：黄豆酱 100kg，辣椒酱 20kg，辣椒粉 2.4kg，白砂糖 1.6kg，菜油 9kg，黄酒 2.6kg，五香粉 1.2kg，味精 0.87kg，糖精 0.0173kg，牛肉 7kg，苯甲酸钠 0.087kg，山梨酸 0.087kg，水 30kg。

鸡肉辣酱：黄豆酱 100kg，辣椒酱 20kg，辣椒粉 2.4kg，白砂糖 8kg，菜油 9kg，黄酒 2.6kg，五香粉 1.2kg，味精 0.87kg，糖精 0.0173kg，鸡肉 8.7kg，苯甲酸钠 0.087kg，山梨酸 0.087kg，水 30kg。

兔肉辣酱：黄豆酱 100kg，甜面酱 73.5kg，辣椒酱 38kg，辣椒粉 4.6kg，白砂糖 9.2kg，菜油 17kg，黄酒 5kg，五香粉 2.3kg，味精 1.8kg，猪兔肉 13kg，苯甲酸钠 0.166kg，山梨酸 0.166kg，水 70kg。

香肠辣酱：黄豆酱 100kg，甜面酱 200kg，辣椒酱 83.5kg，辣椒粉 10kg，白砂糖 20kg，菜油 37kg，黄酒 11kg，五香粉 5kg，味精 4kg，香肠 72kg，苯甲酸钠 0.36kg，山梨酸 0.36kg，水 180kg。

火腿辣酱：黄豆酱 100kg，甜面酱 200kg，辣椒酱 83.5kg，辣椒粉 10kg，白砂糖 20kg，菜油 37kg，黄酒 11kg，五香粉 5kg，味精 4kg，火腿 72kg，苯甲酸钠 0.36kg，山梨酸 0.36kg，水 180kg。

（2）工艺流程

```
                          肉类→预处理
                              ↓
黄豆酱、甜面酱、辣椒酱→磨碎→调配→灭菌→热灌装→成品
```

（3）操作要点

① 酱类处理　将黄豆酱、甜面酱、辣椒酱通过胶体磨磨细成泥状。

② 肉类预处理　包括猪肉、牛肉、鸡肉、兔肉、香肠、火腿等，要求选择新鲜的肉类或优良的腌制品。

A. 猪肉　将新鲜猪肉洗净；若用干肉，则浸泡发胀后洗净；若用咸肉则浸水，刮去盐渍及赃物，洗净后，切成 1cm 见方的肉丁。最后按配方要求，加工成五香肉。在加工中一定要讲究烹调技术，研究烹调工艺，使五香肉质量优良，风味鲜美。

B. 兔肉　选择丰满无病的肉兔，将兔皮剥去，取出内脏，清洗干净，然后蒸煮成熟，再切成 1cm 见方的肉丁，最后烹调加工成五香肉类备用。

C. 鸡肉　鸡肉品种较多，其风味各不相同，为了保持产品的固有风味，应选用同一鸡种。将鸡去毛及去内脏，去头去脚后清洗干净，然后蒸煮成熟，再切成 1cm 见方的肉丁，最后加工烹调成五香鸡肉丁备用。

D. 牛肉　将新鲜的牛肉清洗干净，切成 1cm 见方的肉丁，然后蒸熟，再加工烹调成五香牛肉丁备用。

E. 火腿　将火腿洗净，先切成大块蒸熟，然后去骨，再切成 1cm 见方的肉丁

备用。

F. 香肠　将香肠洗净，蒸熟，切成薄片备用。

③ 调配　按配方要求加入其他调味原料。苯甲酸钠和山梨酸加入时需要用少量热水化开。同时边投料边开启搅拌，使物料充分混合均匀。

④ 灭菌　投料完成后，在95~98℃下保持30min灭菌。

⑤ 热灌装　灭菌结束后，即可进行灌装。

4. 海鲜辣椒酱

（1）产品配方

红辣椒25kg，虾油30kg，料酒3kg，白醋1kg，姜1.5kg，味精0.5kg，白砂糖5kg，桂皮、花椒、小茴香、丁香各0.2kg，水34kg，盐适量。

（2）工艺流程

```
                香辛料→粉碎
                     ↓
红辣椒→盐腌→脱盐→磨糊→混合→搅拌→后熟→装袋灭菌→成品
```

（3）操作要点

① 辣椒腌制　将红辣椒的头部和尾部歌咏竹签扎一个孔，然后在水中漂洗几分钟，捞出沥干，然后放入大缸中加入盐水进行腌制，每隔12h要翻到1次，4~5天后捞出。再将辣椒放入大缸中加入25%的粗盐继续腌制，每天翻到1次，4天后可进行静置腌制，40天左右便可成为半成品备用。

② 磨糊　将辣椒半成品从缸中捞出，在清水中浸泡5~6h，并洗去盐泥等杂物，把处理好的辣椒、姜片及少量盐水打碎磨糊。

③ 混合、搅拌　按照配方要求将桂皮等香辛料粉碎，将香辛料粉、白砂糖、味精、料酒、白醋等原料与辣椒糊一起放入大缸中，搅拌均匀，封盖进行后熟。要求每天搅拌1次，将酱料上下翻到，15天即可成熟。

④ 装袋灭菌　将酱料加热到85℃，保持10min，然后趁热灌装封口，经过冷却即为成品。

5. 鱼酱

（1）产品配方　小鲜鱼100kg，红辣椒500kg，盐25kg，米酒40kg，生姜5kg，花椒、茴香适量。

（2）工艺流程

```
红辣椒→晾干→剁碎

小鲜鱼→腌制→配料→密封沉化→成品
```

（3）操作要点

① 腌制　先将小鲜鱼用清水喂养1天，使其排泄干净。然后按鱼重的25%加入盐，按鱼重的40%加入米酒，米酒的酒精含量应为35%，放入坛内浸渍20天以上。

② 剁碎　将去蒂洗净、晾干水分的红辣椒、生姜均剁为碎块。

③ 配料　将辣椒块、生姜块放入盆中，加入适量花椒、茴香，把坛内的鱼和汁倒入盆中，拌匀，再装入坛内盖好，密封 2 个月即可食用。

6. 虾酱

（1）产品配方　小型虾 100kg，食盐 30～35kg，香料适量。

（2）工艺流程

原料处理→腌渍发酵→成熟酱缸→增香→包装→成品

（3）操作要点

① 原料处理　原料以小型虾类为主，常用的有小白虾、眼子虾、糠虾等。选用新鲜及体质结实的虾，用网筛筛去小鱼及杂物，洗净沥干。

② 腌渍发酵　加虾质量 30%～35% 的食盐，拌匀，渍入缸中。用盐量的大小根据气温及原料的鲜度而确定。气温高、原料鲜度差，适当多加盐；反之则少加盐。经 7 天后，虾体发红，表明已初步发酵，即可压去卤汁。然后把虾体磨成细酱状，转盛入缸中。在阳光下任其自然发酵 7 天，此后每天搅拌 2 次，每次 20min。用木棒上下搅匀、捣碎，然后压紧抹平，以使发酵均匀、充分。

③ 成熟酱缸　置于室外，借助日光加温促进成熟。缸口必须加盖，不使日光直照原料，防止发生过热变黑。同时应避免雨水、尘沙的混入。连续发酵 15～30 天后，虾酱发酵完成，色泽微红，可以随时出售。如要长时间保存，必须置于 10℃ 以下的环境中贮藏。得率为 70%～75%。

如捕捞后不能及时加工，需先加入 25%～30% 的食盐保存，这种半成品称为卤虾，运至加工厂进行加工时，将卤虾取出，沥去卤汁，并补加 5% 左右的食盐装缸发酵。

④ 增香　在加食盐时，同时加入茴香、花椒、桂皮等香料，混合均匀，以提高制品的风味。

⑤ 包装　定量装瓶，加盖封口即成。成品存放于阴凉处。

如要制成虾酱砖，可将原料小虾去杂洗净后，加 10%～15% 的食盐，盐渍 12h，压取卤汁；经粉碎，日晒 1 天后倒入缸中，加白酒 0.2% 和茴香、花椒、橘皮、桂皮、甘草等混合香料 0.5%，充分搅匀，压紧抹平表面，再洒酒一层，促进发酵。当表面逐渐形成一层厚 1cm 的硬膜，晚上加盖。发酵成熟后，缸口打一小孔，使发酵渗出的虾卤流集孔中，取出即为浓厚的虾油成品。如不取出虾卤，时间长了又复渗回酱中。成熟后的虾酱首先除去表面硬膜，取出软酱，放入木制模匣中，制成长方砖形，去掉膜底，取出虾酱，风干 12～24h 即可包装销售。

7. 贝肉酱

（1）产品配方　贝肉 85kg，面粉 15kg，酱油曲种适量，15°Bé 盐水 100kg。

（2）工艺流程

原料处理→蒸煮→接种→发酵→后熟→成品

（3）操作要点

① 原料处理　蛤肉、蚶肉等均可作为原料，充分脱沙洗净，然后绞碎。

② 蒸煮　以85％贝肉和15％面粉拌和均匀，入蒸笼上蒸1h左右。

③ 接种　蒸后放冷至40℃左右，撕成小块，加入预先用少量面粉调好的酱油曲种拌和均匀，装入盘内。放在温度变化不大的室内，使之生霉发酵。

④ 发酵　盆内物料每天上下倒换1次，使其发酵均匀。经3～5天，蛤肉上全部有白霉，并渗入内部。待其干燥，使温度由高温下降至室温时，即发酵完成。

⑤ 后熟　发酵半成品中加入其重量1倍的15°Bé的盐水，置室温内或阳光下使之进一步分解。每天早晚各拌1次至贝肉分解成糊状。

8. 蟹酱

（1）产品配方　鲜蟹100kg，食盐25～30kg。

（2）工艺流程

原料处理→捣碎→腌渍发酵→贮藏→包装→成品

（3）操作要点

① 原料处理　选择新鲜海蟹为原料，以9月份至翌年1月份的蟹为上等。捕捞后，及时加工处理。用清水洗净后，除去蟹壳和胃囊，沥去水分。

② 捣碎　将去壳的蟹置于桶中，捣碎蟹体，愈碎愈好，以便加速发酵成熟。

③ 腌渍发酵　加入25％～30％的食盐，搅拌混合均匀，倒入发酵容器，压紧抹平表面，以防酱色变黑。经10～20天，腥味逐渐减少，则发酵成熟。

④ 贮藏　蟹酱在腌渍发酵和贮藏过程中，不能加盖与出晒，以免引起变色，失去其原有的色泽。

⑤ 包装　每300g定量装瓶，真空封口。

9. 海鲜酱

（1）产品配方　虾米20kg，白芝麻6kg，红椒、辣椒粉各8kg，蒜、罗望子汁、柠檬汁、虾酱辣味酱、鱼露、糖各适量。

（2）工艺流程

原料处理→混合→成品

（3）操作要点

① 原料处理　红椒洗净、切段；虾米洗净、沥干；蒜去皮、切末；白芝麻可先炒熟，这样会更香。

② 混合　将虾米与糖、蒜末、白芝麻、红椒、辣椒粉、罗望子汁、柠檬汁、虾酱辣味酱、鱼露混合均匀即可。

10. 几种海鲜辣酱

（1）产品配方

虾米辣酱：黄豆酱100kg，甜面酱60kg，辣椒酱45.5kg，芝麻酱15kg，鲜酱油 30kg，五香粉 0.33kg，辣椒粉 4.6kg，白砂糖 6kg，麻油 15kg，黄酒 5kg，味精 1kg，虾米 26kg，苯甲酸钠 0.16kg，山梨酸 0.16kg，水 20kg。

鱿鱼辣酱：黄豆酱 100kg，甜面酱 60kg，辣椒酱 45.5kg，芝麻酱 15kg，鲜酱油 30kg，五香粉 0.33kg，辣椒粉 4.6kg，白砂糖 6kg，麻油 15kg，黄酒 5kg，味精 1kg，鱿鱼 26kg，苯甲酸钠 0.16kg，山梨酸 0.16kg，水 20kg。

目鱼辣酱：黄豆酱 100kg，甜面酱 60kg，辣椒酱 45.5kg，芝麻酱 15kg，鲜酱油 30kg，五香粉 0.33kg，辣椒粉 4.6kg，白砂糖 6kg，麻油 15kg，黄酒 5kg，味精 1kg，目鱼 26kg，苯甲酸钠 0.16kg，山梨酸 0.16kg，水 20kg。

淡菜辣酱：黄豆酱 100kg，甜面酱 110kg，辣椒酱 75kg，芝麻酱 50kg，鲜酱油 100kg，五香粉 0.54kg，辣椒粉 7.5kg，白砂糖 15kg，麻油 25kg，黄酒 8kg，味精 1.6kg，淡菜 22kg，苯甲酸钠 0.27kg，山梨酸 0.27kg，水 25kg。

海味辣酱：黄豆酱 100kg，甜面酱 60kg，辣椒酱 45.5kg，芝麻酱 15kg，鲜酱油 30kg，五香粉 0.33kg，辣椒粉 4.6kg，白砂糖 6kg，麻油 15kg，黄酒 5kg，味精 1kg，虾米 6kg，鱿鱼 6kg，蚌肉 6kg，蟹干 6kg，苯甲酸钠 0.16kg，山梨酸 0.16kg，水 15kg。

（2）工艺流程

水产品→预处理
　　　　↓
黄豆酱、甜面酱、辣椒酱→磨碎→调配→灭菌→热灌装→成品

（3）操作要点

① 酱类处理　将黄豆酱、甜面酱、辣椒酱通过胶体磨磨细成泥状。

② 水产品预处理

A. 虾米　将小虾米用水淘洗，去掉散屑及皮壳，再浸泡在适量的温水中，使其吸收水分而发胀变软。如果采用大虾米或虾仁，则先在温水中浸泡至发胀软透后切成小段。如果采用新鲜的虾皮，则应淘洗清洁沥干，然后用油炒至酥香备用。

B. 淡菜　用清水浸泡至淡菜中心胀开，用剪刀将肚下的毛皮及杂质去掉，再切成小块，然后冲洗干净，沥干水分，在加压蒸煮锅内以 80kPa 蒸汽压力蒸煮 1h 出锅，然后再加入酱油浸泡 8～10h 备用。

C. 鱿鱼及目鱼　先除去头颈部分，再除去肚内的海螵蛸、眼珠及嘴旁的软骨和杂质等，切成长 2cm、宽 0.8cm 的块状加水冲洗干净，然后浸泡 4～5h 后，在加压锅内以 80kPa 蒸汽压力蒸煮 40～45min 后出锅，最后加入酱油浸泡 4～5h 备用。

D. 蟹干　先将蟹干放在清水中浸泡 4～5h，然后沥干，加 2% 碳酸钠，再加水至蟹干浸没为度，继续浸泡 4～5h，至蟹肉柔软而呈玉白色为度，取出沥干，以 80kPa 蒸汽压力蒸煮 40～45min 出锅，最后加入酱油浸泡 8～10h 备用。

E. 蚌肉　蚌肉用清水浸泡 2～3h，待稍为发软，取刀挖去肚内泥杂物，并切

成小块，冲洗干净，加水浸泡直至软透，取出沥干，以蒸汽压力 80kPa 蒸汽压力蒸煮 40～45min 出锅，最后加入酱油浸泡 8～10h 备用。

③ 调配　按配方要求加入其他调味原料。苯甲酸钠和山梨酸加入时需要用少量热水化开。同时边投料边开启搅拌，使物料充分混合均匀。

④ 灭菌　投料完成后，在 95～98℃下保持 30min 灭菌。

⑤ 热灌装　灭菌结束后，即可进行灌装。

11. XO 酱

XO 酱是粤菜中制作复杂而且价值很高的调味品，它以制作原料名贵、制作工艺复杂和味道鲜美而闻名。

(1) 产品配方　干贝 200g，淡菜 100g，金钩 100g，咸红鱼干 150g，银鱼干 75g，海螺干 100g，广式香肠 200g，广式腊肉 150g，牛里脊肉 250g，野山椒 2 小瓶，豆瓣 40g，蚝油 200g，草菇老抽 20g，生抽王 30g，美极鲜 15g，盐 2g，胡椒粉 5g，味精 5g，白糖粉 30g，花雕酒 50g，花生油 750g，姜、葱、洋葱头各 100g。

(2) 工艺流程

原料预处理→炒制→成品

(3) 操作要点

① 原料预处理　干贝要求粒大、色黄、形整、颗粒圆。制作时放入碗中加水蒸软后，沥干水，用刀剁成蓉。淡菜要粒大、色正、干燥，放碗中加水蒸软后，沥干水，用刀剁成蓉。金钩要求色黄、粒大、干燥，温水发开后剁成蓉。咸红鱼干要求肉色棕红、皮白、无腐烂、干燥，切厚片去皮，上笼蒸透，去刺后油炸至酥，剁成蓉。银鱼干要求色白、体大均匀、干燥，温水发透后剁成蓉。海螺干要求色浅黄、片大、干燥、厚薄均匀，加水上笼蒸透后，取出剁成蓉。广式香肠要求色红、饱满、新鲜，用水洗净后上笼蒸透，剁成蓉。广式腊肉要求色红、纯瘦、新鲜，用水洗净后上笼蒸透，剁成蓉。牛里脊肉要求新鲜，洗净剁成蓉。野山椒要求广东产，去蒂剁成蓉。豆瓣要求色红、水分少、剁成蓉。所有干货原料一定要要求发开，不能有硬心。

② 炒制　炒锅置火上，倒入花生油烧热，下入姜（拍破）、葱（切节）、洋葱头（切小块），炸出香味后，捞去姜、葱、洋葱头不用，将油倒入容器中晾凉。

炒锅置火上，倒入炼过的花生油烧热；先下牛肉蓉炒干水分，再下香肠、腊肉蓉炒干水分，然后加入干贝、淡菜、金钩、咸红鱼干、银鱼干、海螺干蓉，待炒至酥香后，加入野山椒、豆瓣蓉，掺入清水约 150g，调入蚝油、草菇老抽、生抽王、美极鲜、盐、胡椒粉、味精、白糖粉、花雕酒等调料，改用小火将锅中水分收干，略凉后起锅装入容器中即成。

炒制时，所有原料一定要炒散。应避免结块现象。一定要将原料炒至酥香后，才能加清水和调料，最后收水分时不能收得太干。

四、果蔬复合调味酱

1. 西瓜豆瓣酱

（1）产品配方　西瓜 1 个，大豆 5kg，生姜 1kg，花椒、八角、姜、面粉各适量。

（2）工艺流程

① 制曲工艺流程

大豆→去杂清洗→浸泡→蒸煮淋干→拌入面粉→摊晾→制曲→成曲

② 制酱工艺流程

西瓜→切半→挖瓤→切块→加辅料拌匀→保温发酵→装瓶→成品

（3）操作要点

① 大豆的预处理　挑除杂质、霉烂、破残豆，加水浸泡至豆粒表皮刚胀满、液面不出现泡沫为度。取出沥干水分，再用水反复冲洗，除净泥沙。浸泡后的大豆在常压下蒸煮，维持 4h，豆粒基本软熟即可出甑。

② 大豆的发酵　出甑大豆拌入少量面粉，包裹豆粒即可，然后摊晾于干净的曲帘上，使其自然发酵，至菌丝密布、表面呈黄色时，即可出曲。搓散，储存备用。

③ 西瓜处理　挑选成熟的西瓜，利用清水洗净，切开挖出瓜瓤，不需去籽，切成 5cm 见方的丁字块，调整含糖量。

④ 配料、发酵　将西瓜瓤和豆曲以 5∶1 比例混合，香辛料以花椒、八角、姜为主，每 50kg 西瓜瓤约加入 1kg 香辛料。将上述原辅料充分混合均匀，使料温保持在 45℃左右或直接装入大缸中在烈日在暴晒，发酵 7 天即可，经过装瓶、密封即为成品。

2. 西瓜皮酱

（1）产品配方

绞碎西瓜皮 40kg（若为冻西瓜皮则为 33kg），砂糖 55kg，淀粉糖浆 5kg，琼脂 440g（若用冻西瓜皮则为 500g），柠檬香精 45mg，柠檬黄色素 22g，柠檬酸 287g。

（2）工艺流程

选料→切开去瓤→绞碎→取籽→加热浓缩→装罐→密封→杀菌→冷却→成品

（3）操作要点

① 选料　选择新鲜厚皮西瓜，洗净，刨尽青皮。瓜柄处硬质皮应切净。

② 切开瓜瓤　切 6～8 开，将瓜肉削下，黄肉瓜内皮可稍带瓜肉；红肉或橘黄肉者，则必须削尽至接近中果皮色，然后用水洗 1 次。

③ 绞碎　用绞板孔径 9～11mm 的绞肉机绞碎（速冻西瓜皮为 7～9mm），绞

出的皮成粒状，并及时浓缩。

④ 加热浓缩　按配比规定，将砂糖配成65%～70%的糖液，先取一半加入绞碎瓜皮中，在真空浓缩锅内加热软化20～30min，然后将剩余糖液及淀粉糖浆1次吸入，浓缩时间为15～20min。待可溶性固形物达69%～70%时，将溶解过滤后的琼脂吸入锅内，继续浓缩5～10min，至可溶性固形物达67%～68%（瓜皮应为64%）时，关闭真空泵破除真空，加热煮沸后，即加入柠檬酸、柠檬黄色素、柠檬香精，搅拌均匀后出锅，迅速装罐。琼脂按干琼脂1份，加水14～16份，经蒸汽加热溶化，再经离心机（内衬绒布袋）过滤后才能使用。

⑤ 装罐　趁热装罐，一般采用玻璃瓶。

⑥ 密封　酱体温度不低于85℃，装罐后停约2min再密封。

⑦ 杀菌及冷却　用排气箱蒸汽加热杀菌，并用温水洗净瓶外壁，分段淋水冷却。

3. 茄子酱

（1）产品配方　茄子150kg，胡萝卜浆35kg，油炸洋葱1.53kg，油炸芹菜、荷兰芹、茴香共600g，含固形物15%的番茄酱7.5kg，食盐6.5kg，砂糖400g，胡椒粉25g，芹菜叶、荷兰芹叶、茴香叶共15g，10%盐水适量。

（2）工艺流程

原料验收→挑选→水洗→盐水浸泡→切片→蒸煮→打浆→小料油炸→配料绞碎→加番茄酱→搅拌→装罐→密封→杀菌→冷却→成品

（3）操作要点

① 原料验收　茄子：新鲜、成熟适度、紫色、无病虫害及腐烂现象。番茄酱：色泽呈红色或橙红色，含固形物12%～30%，无霉变现象。芹菜：新鲜、成熟适度。荷兰芹：无霉烂变质，具有浓郁的香味。

② 挑选、水洗、盐水浸泡　剔除有病虫害、腐坏发霉的以及严重碰伤的茄子，用清水洗净，浸于10%盐水中约5min，然后捞出，冲洗表面附着的盐水。

③ 切片　用刀先去茄子蒂把，然后切成厚1cm的片，厚薄要基本一致。

④ 小料处理　胡萝卜洗干净后用刀除去根茎部及表皮呈青色的部分，再用水洗净后切段，加热软化。洋葱洗净，切去根部，剥除表皮，切片。茴香洗净，择去粗茎及枯萎部分。芹菜去根部，洗净，将茎切成长4cm的小段。荷兰芹洗净，修除腐坏部分及中心坚实的梗茎，切成薄片。

⑤ 蒸煮、打浆　将茄子、胡萝卜分别蒸煮后，打浆。

⑥ 小料油炸　所有小料除芹菜与荷兰芹一起炸外，其他要分别进行油炸，油温为140～160℃，炸至微变黄色，控油备用。

⑦ 配料绞碎　将茄子浆、胡萝卜浆与油炸洋葱、油炸芹菜、油炸荷兰芹、油炸茴香放在一起绞碎，筛孔直径1～3mm。

⑧ 搅拌　番茄酱与上述绞碎的诸料混合，加入食盐、砂糖、胡椒粉（白或黑）和三种菜叶（芹菜叶、荷兰芹叶、茴香叶），混合搅拌。

⑨ 装罐　装罐用玻璃瓶（500g），热装。

⑩ 排气密封　用排气法密封。

⑪ 杀菌　116℃杀菌 15min。

⑫ 冷却　分段冷却至 38℃左右。

4. 番茄酱

（1）产品配方　番茄 10kg。

（2）工艺流程

原料验收→清洗→修整→破碎→加热→打浆→真空浓缩→预热→装罐→密封→杀菌→冷却→揩罐→成品

（3）操作要点

① 原料验收　番茄原料采用一定要全红，符合规格要求。采收后的番茄按其色泽、成熟度、裂果等进行分级，分别装箱。

② 清洗　把符合生产要求的番茄倒入浮洗机内进行清洗，去除番茄表面的污物。

③ 修整　剔除不符合质量要求的番茄，去除番茄表面有深色斑点或青绿色果蒂部分，以保证番茄原料的质量。

④ 破碎　用螺旋输送机将精选后的番茄均匀地送入破碎机进行破碎和脱籽。

⑤ 加热（热处理）　通过管式加热器在 85℃左右加热果肉汁液，以便及时破坏胶质，提高番茄酱黏稠度。

⑥ 打浆　经热处理后果肉汁液及时输入三道不同孔径、转速的打浆机进行打浆，第一道孔径为 1mm（转速为 820r/min），第二道孔径为 0.8mm（转速为 1000r/min），第三道孔径为 0.4～0.6mm（转速为 1000r/min）。

⑦ 真空浓缩　应用真空浓缩锅进行浓缩，浓缩前应对设备仪表进行全面检查，并对浓缩锅及附属管道进行清洗和消毒，然后进行浓缩。采用双效真空浓缩锅经过三个蒸发室，番茄酱浓度达到要求为止。

⑧ 预热　浓缩后的番茄酱，经检查符合成品标准规定即可通过管式加热器快速预热，要求酱温度加热至 95℃后及时装罐。

⑨ 装罐密封　番茄酱装罐后要及时密封，密封时封罐机真空度 26.7～40.0kPa。

⑩ 杀菌及冷却　已密封的罐头应尽快进行杀菌，间隔时间不超过 30min。灭菌公式：5min—（25～40min）/100℃。沸水灭菌后的罐头应及时冷却至 40℃以下。

⑪ 揩罐　冷却后应及时将罐头揩干，堆装。

5. 木瓜酱

（1）产品配方　木瓜 1kg，砂糖适量。

（2）工艺流程

原料验收→去皮→切半→去籽及蒂→脱涩→切块→软化→打浆→浓缩→装罐→密封→杀菌→冷却→成品

（3）操作要点

① 原料验收、去皮　不适于生产木瓜罐头的小型果或加工罐头剩下的破碎不齐果块、肉瓤均可。采用人工或碱液去皮方法。

② 切半、去籽及蒂、脱涩　用不锈钢刀纵切对开，除掉籽、蒂。采用恒温温水浸泡方法脱涩。

③ 切块、软化　将果肉切成大小较均匀的碎果块，加入适量砂糖加热软化。

④ 打浆、浓缩　泥状酱应采用孔径 0.7～1.5mm 的打浆机打浆后加糖浓缩，块状酱不用打浆可直接加砂糖浓缩，至可溶性固形物 50% 左右为止。

⑤ 装罐、密封　采用 380g 四旋玻璃瓶，经洗净加热消毒后，罐温 40℃ 以上，酱温 80～90℃ 灌装。装罐后立即密封，旋紧罐盖。

⑥ 杀菌、冷却　杀菌公式 5min—15min/100℃，分段冷却至罐温 38℃ 左右。

6. 甘薯酱

（1）产品配方　甘薯 50kg，水 50kg，蔗糖 65kg，果胶 0.8kg，柠檬酸 0.3kg，果味香精 100mL，明矾 0.16kg。

（2）工艺流程

甘薯→清洗→去皮→切块→磨浆→浓缩→滤渣→配料→装罐→成品

（3）操作要点

① 清洗、去皮　采用人工去皮或碱液去皮。

② 切块　将去皮的甘薯切成小块，用清水浸泡，以防褐变。

③ 磨浆　将薯块与水一起用胶体磨磨浆，水的用量以水薯之比为 1∶1 为宜。

④ 浓缩、配料　浆液于浓缩锅中加热到 71～82℃ 保持 20min，再继续升温至 88℃，逐渐得到浓缩浆液，将浓缩浆液滤掉残渣后加入蔗糖、果胶、明矾、柠檬酸，再继续加热到 99～100℃，逐渐浓缩至膏状，使固形物含量达到 68% 以上，最后加入果味香精，其间应注意不断搅拌，以防煳底。

⑤ 灌装　将上述膏状浓缩物趁热灌装，或散装冷却保存。

7. 鳄梨酱

（1）产品配方　熟鳄梨 1 个，柠檬汁 5mL，辣酱油几滴，酸奶油 113mL，盐、胡椒粉各少许。

（2）工艺流程

原料处理→捣烂→混合→成品

（3）操作要点　鳄梨去皮、核后，放碗内用叉子捣烂，加柠檬汁、辣酱油、酸奶油、盐、胡椒粉，混合均匀，即成鳄梨酱备用。

8. 杏子果酱

（1）产品配方　新鲜杏子、白砂糖各 2.5kg，开水 825g。

（2）工艺流程

原料选择→原料处理→制糖液→入锅熬制→密封→成品

（3）操作要点

① 原料处理　将色黄、成熟而稍有硬度的新鲜杏子用清水洗净，再用刀一剖为二，挖去果核。

② 制糖液　将白砂糖 2.5kg 和开水 825g 放入锅煮沸熬制成糖液。

③ 入锅熬制　将处理加工好的杏子倒入锅内，加适量水和一半糖液用旺火煮沸，煮沸 20～30min，待果肉软化，果胶物质充分溶出后，加入另一半糖液，用中火继续熬制。在熬制时要不断翻动搅拌，并将杏子捣烂。待果酱浓缩到可以在筷子上挂成片状时，即为成品。

④ 密封　最后将果酱装入消过毒的玻璃瓶密封，然后放入沸水中杀菌 15min即可。

9. 杏仁酱

（1）产品配方　杏仁 100kg，琼脂、柠檬酸、防腐剂、浓糖液各适量。

（2）工艺流程

选料→冲洗浸泡→去皮→磨浆→浓缩→灌装→封盖→杀菌→冷却→检验→成品

（3）操作要点

① 选料　选取颗粒饱满、肉质乳白的干杏仁，剔除霉烂、虫蛀、氧化酸败及异物污染的杏仁。

② 冲洗浸泡　将选好的杏仁用自来水冲洗干净，加入 2～3 倍的水，浸泡 12h，软化，预脱苦。

③ 去皮　将浸泡好的杏仁倒入含 1％ NaOH 的沸水中煮沸 2min，杏仁：NaOH 液为 1∶3，然后迅速捞出，用自来水冲去残留碱液，搓去皮用自来水冲洗干净。

④ 磨浆　经护色的杏仁先用自来水漂洗 2～3 次，然后按杏仁质量加入 15 倍水磨浆，磨浆机筛孔的直径为 0.8mm。

⑤ 浓缩　在夹层锅中加入杏仁浆和浓糖液开始加热并不断搅拌以防煳锅，至可溶性固形物达 60％时，加入溶好的琼脂后继续浓缩，并不断搅拌。当可溶性固形物达 62％左右时，加入柠檬酸及防腐剂（预先溶解），继续加热浓缩至可溶性固形物达 65％以上，即可出锅。

⑥ 装罐、封盖、杀菌、冷却、检验　装瓶前用 60～70℃的热水烫洗玻璃瓶，

装瓶时酱体温度不低于85℃，之后立即封盖。采用（10min—20min—10min）/ 100℃公式杀菌，分段冷却至室温，检出不合格产品。

10. 芥末酱

（1）产品配方 芥末粉10kg，白醋1kg，食盐0.5~1kg，白糖1kg，增稠剂0.15~0.35kg。

（2）工艺流程

原料选料→粉碎→调酸→发制→调配→装瓶→杀菌→成品

（3）操作要点

① 原料选择 芥末粗粉应选择新鲜、色泽较深的。

② 粉碎 将芥末粗粉利用粉碎机进行粉碎，粒度要求在80目以上，越细越好。

③ 调酸 将10kg芥末细粉加20~25kg温水调成糊状，加入1kg白醋调pH值为5~6。

④ 发制 将调好酸的芥末糊放入夹层锅中，盖上盖密封，开启蒸汽，使锅内糊状物升温到80℃左右，在此温度下保温2~3h。发制过程是非常重要的工序，在此期间芥子苷在芥子酶的作用下，水解出异硫氰酸丙烯酯等辛辣物质。这是评价芥末酱质量优劣的关键，因此必须严格控制发酵发制条件。同时，发制过程应在密闭状态下进行，否则辛辣物质挥发。

⑤ 调配 首先将增稠剂溶化，配成浓度为4%的胶状液。白糖、食盐用少量水溶化，与发制好的芥末糊混合，再加入增稠剂，搅拌均匀即为芥末酱。

⑥ 装瓶、杀菌 调配好的芥末酱装入清洗干净的玻璃瓶内，经70~80℃、30min灭菌消毒，冷却后即为成品。利用塑料铝箔软包装也可以。

五、火锅底料

1. 清汤锅底料

（1）产品配方 大豆油70kg，鸡油14kg，鸡粉调味料20kg，味精12kg，食盐10kg，鸡骨抽提物2.5kg，五香粉2.5kg，白胡椒粉5kg，热水25kg，大枣6kg，枸杞5kg，党参6kg，黄芪2kg。

（2）工艺流程

五香粉、白胡椒粉 → 用水湿润

原料验收 → 大豆油+鸡油 → 加热 → 炸香辛料 → 投料(热水、食盐、鸡骨抽提物、味精) →

搅拌 → 加鸡粉调味料 → 灭菌 → 热包装 → 成品

大枣、枸杞、党参、黄芪

（3）操作要点

① 原料预处理及送料　五香粉、白胡椒粉用少量水先湿润备用；大枣选用1/4破碎度的无籽大枣；党参选用0.2cm×1cm规格的薄片；黄芪选用0.2cm的薄片。

② 加热　将大豆油加入锅中，加入鸡油熔化，然后升温到140℃。

③ 炸香辛料　加入已经润涨的香辛料，炸出香味，炸至温度到105℃，注意别煳锅。

④ 投料　待香辛料炸好后，投入鸡骨抽提物、味精、食盐和热水。

⑤ 搅拌　边投料边搅拌，加入鸡粉调味料和大枣、枸杞、党参、黄芪。

⑥ 灭菌　升温至95～98℃，保持30min灭菌。

⑦ 热包装　在物料温度高于85℃时，采用料包机热灌装。按180g/袋执行。

2. 辣汤锅底

（1）产品配方　郫县豆瓣酱140kg，大豆油90kg，牛油15kg，鸡粉调味料60kg，牛肉粉1kg，香浓鸡汤4kg，食盐20kg，白砂糖10kg，五香粉10kg，味精10kg，热水13kg，42°白酒7kg。

（2）工艺流程

五香粉→用水湿润

原料验收→大豆油＋牛油→加热→炸香辛料→炸至110℃左右→炸酱→炸至105℃左右→投料（热水、食盐、香浓鸡汤、白砂糖、味精）→搅拌→加鸡粉调味料→灭菌→加白酒→热包装→成品

（3）操作要点

① 原料预处理　五香粉用少量水先湿润、润涨备用。

② 加热　将大豆油加入锅中，加入牛油熔化，然后升温到140℃。

③ 炸香辛料　加入已经润涨的香辛料，炸出香味，炸至温度到110℃，注意别煳锅。

④ 炸酱　加入郫县豆瓣酱，炸至出红油，炸至温度到105℃，注意别煳锅。

⑤ 投料　待香辛料和郫县豆瓣酱炸好后，投入香浓鸡汤、味精、白砂糖、食盐和热水。

⑥ 搅拌　边投料边搅拌，加入鸡粉调味料。

⑦ 灭菌　升温至95～98℃，保持30min灭菌。灭菌结束时加入白酒。

⑧ 热包装　在物料温度高于85℃时，采用料包机热灌装。按110g/袋执行。

3. 咖喱火锅底料

（1）产品配方　洋葱泥30kg，土豆泥14kg，胡萝卜泥10kg，大蒜泥15kg，食盐32kg，鸡粉调味料20kg，白砂糖24kg，味精10kg，咖喱粉20kg，酱油7kg，牛油16kg，姜黄粉0.8kg，孜然粉0.4kg，热水10.8kg。

（2）工艺流程

洋葱、土豆、胡萝卜、大蒜→过切菜机切成泥状

牛油→加热→炒香辛料（姜黄粉、孜然粉、咖喱粉）→炒蔬菜→投料（热水、食盐、鸡粉调味料、白砂糖、酱油、味精）→灭菌→热包装→成品

（3）操作要点

① 原料预处理　洋葱、土豆、胡萝卜、大蒜过切菜机切成泥状。

② 加热　将牛油加入锅中，熔化，然后升温到120℃。

③ 炒香辛料　加入姜黄粉、孜然粉、咖喱粉，炒出香味和颜色，炒至温度到95℃，注意别煳锅。

④ 炒蔬菜　加入洋葱、土豆、胡萝卜、大蒜的泥状物，炒至脱水发焦。

⑤ 投料　待香辛料和蔬菜炒好后，投入热水、食盐、鸡粉调味料、白砂糖、酱油、味精。

⑥ 灭菌　升温至95～98℃，保持30min灭菌。

⑦ 热包装　在物料温度高于85℃时，采用料包机热灌装。按70g/袋执行。

4. 菌汤火锅底料

（1）产品配方　蘑菇提取液60kg，香菇提取液40kg，食盐56kg，味精22kg，干贝素0.3kg，I+G 1kg，牛肝菌提取粉10kg，鸡粉调味料35kg，洋葱粉0.2kg，白胡椒粉0.2kg，生姜粉0.1kg，水110kg，香菇香精0.2kg。

（2）工艺流程

原料称量→升温→投料→灭菌→加香精→热包装→成品

（3）操作要点

① 原料称量　按配方要求准确称量原料备用。

② 升温　加水升温到60℃。

③ 投料　依次投入蘑菇提取液、香菇提取液、食盐、味精、干贝素、I+G、牛肝菌提取粉、鸡粉调味料、洋葱粉、白胡椒粉、生姜粉，边投料边搅拌。

④ 灭菌　待物料搅拌均匀，充分溶解，升温至95～98℃，保持30min灭菌。灭菌结束时加入香菇香精。

⑤ 热包装　在物料温度高于85℃时，采用料包机热灌装。按50g/袋执行。

5. 番茄火锅底料

（1）产品配方　番茄酱50kg，泡姜3kg，鲜番茄20kg，洋葱4kg，大豆油30kg，味精6kg，食盐12kg，白砂糖8kg，鸡精15kg，I+G 0.5kg，乳酸4kg，白醋1.5kg。

（2）工艺流程

鲜番茄、泡姜、洋葱→粉碎成泥状

原料验收→大豆油→炒制→投料（味精、食盐、白砂糖、鸡精、I+G）→搅拌→灭菌→加乳酸、白醋→热包装→成品

（3）操作要点

① 预处理　将新鲜番茄清洗干净后过胶体磨；将洋葱和泡姜过切菜机打成泥状。

② 炒制　将大豆油烧到140℃，加入洋葱炒至嫩黄色，再加入泡姜，待洋葱和泡姜变黄为止，加入鲜番茄浆、番茄酱，炒制，升温至95℃以后关火。

③ 投料、搅拌　投入味精、食盐、白砂糖、鸡精、I＋G，搅拌均匀。

④ 灭菌　继续升温至95～98℃，保持30min灭菌，灭菌结束后投入乳酸和白醋，搅拌均匀。

⑤ 包装　在物料温度高于85℃时，采用机械灌装，按照600g/袋执行。

6. 味噌火锅底料

（1）产品配方　大豆油20kg，味噌94kg，香油1kg，泡椒1kg，高盐稀态一级酱油66kg，生姜17kg，鲜大蒜1kg，白砂糖16kg，变性淀粉1kg，味精4kg，食盐8kg，I＋G 0.4kg。

（2）工艺流程

生姜、鲜大蒜→粉碎成泥状　泡椒→粉碎成泥状

原料验收→大豆油→炒制→投料（味精、食盐、白砂糖、酱油、I＋G）→搅拌→加变性淀粉→灭菌→香油→热包装→成品

（3）操作要点

① 预处理　将泡椒清洗干净后过胶体磨；将生姜和鲜大蒜过切菜机打成泥状。

② 炒制　将大豆油烧到140℃，加入大蒜泥和生姜炒至嫩黄色，至温度为95℃时加入泡椒炒。

③ 投料　投入味噌、酱油、味精、食盐、白砂糖、I＋G，搅拌均匀，加入变性淀粉。

④ 灭菌　继续升温至95℃～98℃，保持30min灭菌，灭菌结束后投入香油，搅拌均匀。

⑤ 包装　在物料温度高于85℃时，采用机械灌装，按照500g/袋执行。

7. 牛油火锅底料

（1）产品配方　牛油160g，菜籽油40g，糍粑海椒、水发辣椒面共90g，郫县豆瓣35g，豆豉11g，泡制品15g，姜泥15g，蒜泥10g，食盐25g，白砂糖15g，醪糟汁30g，味精4g，鸡精6g，花椒16g，香料粉4g，料酒10g，山梨酸钾0.15g。

（2）工艺流程

原料验收→原料预处理→化牛油→加熟菜油→140℃左右下郫县豆瓣炒至酥香、红油亮出→下糍粑海椒、水发辣椒面炒→下用料酒溶的豆豉下姜蒜炒制→下泡制品

翻炒→下花椒及香料小火慢炒至出香→下醪糟汁、白砂糖、味精、鸡精、食盐、山梨酸钾出料→包装

（3）操作要点

① 精选原料是火锅底料制作的基础。火锅原料的优劣将直接影响火锅的风味和质量。例如调料中的两个主角花椒和辣椒，从季节上讲，7～8月出产的花椒（称伏椒）就比10～11月出产的秋椒品质好。从产地上讲汉源出产的大小红袍花椒，及四川西昌、茂汶、富顺等地出产的花椒麻味十足，香气浓郁，品质较好。干辣椒从品种上分有二荆条、子弹头、朝天椒、七星椒及云南小米辣等。二荆条干辣椒色泽好，香味正，辣味柔和；而朝天椒、七星椒、小米辣则个头小而尖，却辛辣无比；渝黔一带的子弹头肉厚色红、香辣兼具，因此要根据重点突出色、突出香或突出味的实际需要进行选择，也可以各取所长，兼而有之，进行组配使用。

② 掌握好各种调味料之间的最佳比例。

A. 解决好火锅调味料中对立统一的关系，即咸与甜、麻与辣这两对关系。火锅汤卤应以咸鲜味为主，甜味只是衬托主味，使汤卤的味道醇厚绵长，若回甜重了，就会压抑咸鲜味感。另外，麻和辣应以辣强于麻为宜，辣味比麻味突出一些，给人味蕾造成"麻辣并重"的和谐味感，若麻味过头，就会掩盖辣椒的风味，造成"喧宾夺主"。

B. 给火锅调味料定好底味，即咸味、鲜味。咸味是良好味感的基础，也是调味品中的主体；鲜味剂能引发食品原有的自然风味，它不仅赋予食品以鲜味，而且可以提高食品的味觉强度，优化整体口感，增强食品风味的持续性和浓厚感。咸味和鲜味共同构成火锅调味料的味感平台。火锅调味料中咸味的调配要结合所有含盐原料的盐分，如豆豉、豆瓣一般含盐量15％左右、泡制品8％左右，算出盐量后再确定另加多少食盐。利用鲜味的相乘原理，将味精、鸡精、I＋G进行复配达到增强鲜味的目的。

C. 利用各种调味料的不同性能，进行复配达到最佳调味效果。比如利用各种辣椒的香味、辣味、色泽的不同，将二荆条、子弹头、朝天椒等各取所长进行组配使用；再如在掌握各种香料主要香气成分、香型特征等基本性能的基础上，将不同香料按比例组配，从而形成汤卤的特殊风味。香料的作用是增强汤卤风味，切忌多用、滥用，破坏汤卤本身的和谐味感。

③ 分析各调味原料的属性和特点，确定油温、火力、下料顺序、炒制时间是炒制工艺环节的重点。火锅调味料中众多原料有它们各自不同的风味特点，都有被油脂溶解或通过加热而被水解的共同属性。豆瓣、糍粑海椒、豆豉、姜蒜等都具有脂溶生香出色的属性，如豆瓣通过炒，不仅辣味变得醇和，而且还增加了一种脂香感；姜蒜通过用油煸炒能很快挥发出它们辛辣芳香的气味；精盐、味精、鸡精、胡椒粉、料酒、醪糟、白砂糖等在火锅调味料中则属于水溶性的，通过水的传导加

热，以熬煮的方式将调味料煮出味来，使各调味料中的水溶性风味物质混在一起，构成了特有的鲜香味。另外，脂溶性原料炒制的火力和温度的掌握也是关键，宜采用小火，低温（130℃左右），以小火将原料炒至脱水酥香，油色红艳。如炒糍粑辣椒、豆瓣一定要炒至辣椒中的辣红素充分被油脂溶解出；油呈樱桃红，并有辣香味感。在小火炒时火力一定要均匀，切忌火力太猛、油温过高，否则辣椒或豆瓣发黑生焦，味道苦涩。炒制时间也要控制，不能炒嫩了，否则吃起来有生豆瓣味，豆瓣中的淀粉也易使卤汁浑浊。

④ 分析了各调味料的属性和特点后，即可确定下料顺序，即先将脂溶性的辣椒、豆瓣、姜蒜、豆豉下锅用油炒至油色红亮、酥香味出时再掺入鲜汤，投入水溶性调料，用中火慢慢熬煮，直至油水交融，红而发亮，各种味道融为一体。

六、肉类风味膏

1. 牛肉调味膏

（1）产品配方

① 红烧牛肉膏　牛肉 1000kg，水 100kg，木瓜蛋白酶 2kg，鲜姜 13kg，鲜蒜 10kg，洋葱 73kg，料酒 60kg，酱油 100kg，酵母抽提物 20kg，小料 107kg，棕榈油 100kg，牛油 100kg，水解植物蛋白调味液（HVP 液）30kg，白砂糖 50kg，味精 100kg，I＋G 10kg，淀粉 200kg，糊精 300kg，食盐 230kg，黄原胶 3kg，蔗糖脂肪酸酯（简称蔗糖酯）4kg，红烧牛肉香精 5kg。

其中小料配方：十三香粉 9kg，葡萄糖 50kg，复合多聚磷酸盐 10kg，干贝素 3kg，甘氨酸 30kg，半胱氨酸 5kg，硫胺素 5kg，黑胡椒粉 5kg。

② 清炖牛肉膏　牛肉 1000kg，鲜姜 20kg，鲜蒜 10kg，洋葱 20kg，酱油 50kg，酵母抽提物 10kg，小料 46kg，牛骨清汤 50kg，牛骨白汤 30kg，水解蛋白调味液（HVP 液）60kg，白砂糖 50kg，味精 80kg，I＋G 5kg，淀粉 200kg，糊精 150kg，食盐 200kg。

其中小料配方：五香粉 8kg，葡萄糖 15kg，复合多聚磷酸盐 10kg，干贝素 3kg，甘氨酸 8kg，半胱氨酸 6kg，硫胺素 3kg，蛋氨酸 3kg。

（2）工艺流程

① 红烧牛肉膏工艺流程

葱姜蒜、白砂糖、食盐、HVP液、棕榈油、牛油、味精、酵母抽提物、小料

牛肉 → 切细 → 煮开 → 磨浆 → 升温酶解 → 热反应 → 糊化 → 均质 → 灭菌 → 加香精 → 热包装

料酒、酱油　　淀粉、食盐、I+G、糊精、蔗糖酯　　　　　　　　　　成品

② 清炖牛肉膏工艺流程

白砂糖、牛骨清汤、牛骨白汤、HVP液、味精、酵母抽提物、小料

牛肉 → 切细 → 煮开 → 磨浆 → 热反应 → 糊化 → 过胶体磨、均质机 → 灭菌 → 热包装

葱姜蒜　酱油　　　　　　　　淀粉、食盐、I+G、糊精　　　　　　　　　成品

（3）操作要点

① 称量　按配方要求准确称量各种原辅料。

② 原料预处理　瘦牛肉切厚度、宽度为 3cm×3cm 细长条，鲜葱、鲜姜、鲜蒜过切菜机绞成泥状。

A. 红烧牛肉膏　牛肉加水、料酒和酱油煮开保持沸腾 20min。过绞肉机、胶体磨磨成泥状，泵入反应釜，然后升温至 62～66℃，酶解 40min，然后升温至 90℃保持 10min 灭酶。

B. 清炖牛肉膏　将牛肉和绞成泥状的葱姜蒜加水投入到夹层锅中，煮开，添加酱油，再保持沸腾 20min，过绞肉机绞碎，过一遍胶体磨，泵入反应釜。

③ 投料　将工艺要求将物料投进反应釜，投料的同时开始搅拌。

④ 热反应　待物料混合均匀后，升温进行热反应。红烧牛肉膏要求反应温度为 120～125℃，保持 60min；清炖牛肉膏要求反应温度为 100～105℃，保持 120min。

⑤ 糊化　热反应结束，降温至 70℃，添加 I+G、淀粉、食盐、糊精（蔗糖酯），充分溶解，混合均匀后过胶体磨、均质机均质。

⑥ 灭菌　升温至 95～98℃，保持 15min 灭菌。灭菌结束后添加香精，搅拌均匀。

⑦ 热包装　在物料温度高于 85℃时，采用机械灌装，多为工业用户使用，多采取大包装形式，为 10kg/袋或 20kg/桶。

2. 鸡肉调味膏

（1）产品配方

① 葱香鸡肉膏　鸡胸肉 350kg，鸡骨白汤 100kg，洋葱泥 60kg，生姜 20kg，香葱 20kg，水 220kg，食盐 100kg，鸡骨清汤 50kg，酵母抽提物 40kg，水解蛋白调味液（HVP液）70kg，小料 32kg，白砂糖 40kg，味精 65kg，I+G 3kg，糊精 120kg，淀粉 40kg，蔗糖酯 2kg，葱油香精 5kg。

其中小料配方：葡萄糖 16kg，半胱氨酸 3kg，丙氨酸 3kg，硫胺素 3kg，姜黄粉 3kg，复合多聚磷酸盐 2kg，白胡椒粉 2kg。

② 原味鸡肉膏　鸡胸肉 185kg，鸡皮 167kg，鸡油 104kg，水 205kg，食盐 81kg，鸡骨清汤 30kg，酵母抽提物 35kg，料酒 40kg，酱油 30kg，水解蛋白调味液（HVP液）40kg，小料 23.5kg，白砂糖 50kg，I+G 6.5kg，糊精 124kg，蔗糖酯 2kg。

其中小料配方：葡萄糖 9kg，半胱氨酸 4kg，甘氨酸 2kg，丙氨酸 3kg，硫胺素（Vb1）3kg，复合多聚磷酸盐 2kg，咖喱粉 0.5kg。

（2）工艺流程

鸡骨清汤(鸡骨白汤)、白砂糖、食盐、HVP液、酵母抽提物、小料

鸡胸肉 → 煮开 → 磨浆 → 热反应 → 糊化 → 均质 → 灭菌 →(加香精)→ 热包装 → 成品

（料酒、酱油）　　　　　I＋G、糊精、蔗糖酯

（3）操作要点

① 称量　按配方要求准确称量各种原辅料。

② 磨浆　投配方要求将鸡胸肉、鸡皮、香辛料加水投入到夹层锅中，煮开，添加料酒、酱油，再保持沸腾 20min，过绞肉机绞碎，过一遍胶体磨，泵入反应釜。

③ 热反应　将鸡油、糊精、白砂糖、食盐、HVP 液、蔗糖酯、酵母抽提物、小料投进反应釜，投料的同时开始搅拌。

待物料混合均匀后，升温进行热反应，升温至 103～106℃，保持 120min。

④ 糊化　热反应结束，降温至 70℃，添加 I＋G、糊精、蔗糖酯，充分溶解，混合均匀后过胶体磨、均质机。

⑤ 灭菌　升温至 95～98℃，保持 15min 灭菌。灭菌结束后添加香精，搅拌均匀。

⑥ 热包装　在物料温度高于 85℃时，采用机械灌装，多为工业用户使用，多采取大包装形式，为 10kg/袋或 20kg/桶。

3. 猪肉调味膏

（1）产品配方

① 豉汁排骨膏　猪瘦肉 20kg，水 32kg，木瓜蛋白酶 0.04kg，酱油 5.8kg，酵母抽提物 2.9kg，猪油 8.7kg，味精 8.7kg，食盐 13.6kg，小料 2.4kg，豆豉 3kg，蔗糖酯 0.2kg，羧甲基纤维素钠（CMC-Na）0.5kg，糊精 3kg，白砂糖 6.2kg，I＋G 0.2kg，豉汁排骨香精 1.5kg。

② 清蒸猪肉膏　猪瘦肉 1550kg，去皮洋葱 300kg，水 200kg，去籽甜椒 215kg，鲜茴香 100kg，香叶 10kg，白砂糖 100kg，味精 135kg，小料 66kg，酵母抽提物 20kg，水解蛋白调味液（HVP 液）27kg，糊精 300kg，食盐 250kg，I＋G 13.50，淀粉 170kg，蔗糖酯 6kg，瓜尔胶 5kg。

其中两者的小料配方均如下：葡萄糖 35kg，白胡椒粉 10kg，甘氨酸 7kg，丙氨酸 7kg，蛋氨酸 3kg，硫胺素 2kg。

（2）工艺流程

① 豉汁排骨膏工艺流程

猪油、白砂糖、酱油、豆豉、味精、酵母抽提物、小料

猪瘦肉 → 切细 → 煮开 → 磨浆 → 升温酶解 → 热反应 → 糊化 → 均质 → 灭菌 → 加香精 → 热包装

食盐、I+G、糊精、CMC-Na、蔗糖酯　　　　　　　　　　　　　成品

② 清蒸猪肉膏工艺流程

白砂糖、HVP液、味精、酵母抽提物、小料

猪肉 → 切细 → 煮开 → 磨浆 → 热反应 → 糊化 → 均质 → 灭菌 → 热包装 → 成品

香辛料　　　　　　蔗糖酯、瓜尔胶、淀粉、食盐、I+G、糊精

（3）操作要点

① 称量　按配方要求准确称量各种原辅料。

② 原料预处理　瘦猪肉切厚度、宽度为 3cm×3cm 细长条。

A. 豉汁排骨膏　猪肉切条后加水煮沸保持 20min。过绞肉机、胶体磨磨成泥状，泵入反应釜，然后升温至 62～66℃，酶解 60min，然后升温至 90℃保持 10min 灭酶。

B. 清蒸猪肉膏　去皮洋葱、去籽甜椒、鲜茴香、香叶通过切菜机磨成泥状。将猪肉和磨细的香辛料加水投入到夹层锅中，煮开，再保持沸腾 20min，过绞肉机绞碎，过一遍胶体磨，泵入反应釜。

③ 热反应　将工艺要求将物料投进反应釜，投料的同时开始搅拌。

待物料混合均匀后，升温进行热反应，豉汁排骨膏要求反应温度为 120～125℃，保持 40min；清蒸猪肉膏要求反应温度为 100～105℃，保持 120min。

④ 糊化　热反应结束，降温至 70℃，添加 I+G、淀粉、食盐、糊精（蔗糖酯），充分溶解，混合均匀后过胶体磨、均质机均质。

⑤ 灭菌　升温至 95～98℃，保持 15min 灭菌。灭菌结束后添加香精，搅拌均匀。

⑥ 热包装　在物料温度高于 85℃时，采用机械灌装，多为工业用户使用，多采取大包装形式，为 10kg/袋或 20kg/桶。

七、其他复合调味酱

1. 沙茶酱

沙茶酱是流行于东南亚各国和我国台湾、香港、福建等地的一种调味品，风味独特，香辣鲜俱佳，用途广泛，可用于热炒、凉拌菜肴配制、面包点心涂抹、烧烤调味、火锅调味、拌面、小吃拌食等。

沙茶酱品种有福建沙茶酱、潮州沙茶酱和进口沙茶酱三大类。

福建沙茶酱是用大剂量的油炸花生米末、适量去骨的油炸比目鱼干末、虾米末、蒜泥、辣椒粉、芥末粉、五香粉、沙姜粉、芫荽粉、香木草粉用植物油煸炒起香，佐以白糖、精盐，用文火慢炒半小时，至锅内不泛泡时离火，自然冷却后装入坛内，即成成品。可久藏1～2年而不变质。福建沙茶酱香味自然浓郁，用以烹制海鲜产品。

潮州沙茶酱是将油炸的花生米末，用熬熟的花生油与花生酱、芝麻酱调稀后，调以煸香的蒜泥、洋葱末、虾酱、豆瓣酱、辣椒粉、五香粉、芸香粉、草果粉、姜黄粉、香葱末、香菜籽末、芥末粉、虾米末、香叶末、香茅末等香料，佐以白糖、生抽、椰汁、精盐、辣椒油，用文火炒透取出，冷却后盛入洁净的坛子内，随用随取。潮州沙茶酱的香味较福建沙茶酱更为浓郁，可用于制作很多菜品。

进口沙茶酱又称沙嗲酱（satay sauce），是盛行于印度尼西亚、马来西亚和新加坡等东南亚地区的一种沙茶酱。它色泽为橘黄色，质地细腻，如膏脂，相当辛辣香咸，富有开胃消食之功效，调味特色突出，传入潮州广大地区后，经历代厨师琢磨改良，只取其富含辛辣的特点，改用国内香料和主料制作，并音译印尼文"SATE"，称之为沙茶（潮州话读"茶"为"嗲"音）酱。沙嗲酱的品种也很多，比较著名的有印度尼西亚沙嗲酱和马来西亚沙嗲酱。

（1）沙茶酱一

1）产品配方　花生酱14.6%，甜酱8.52%，芝麻酱6.15%，花生油6.15%，猪油2.38%，辣椒酱13.67%，虾米3.33%，蒜干0.85%，葱干0.85%，辣椒粉13.67%，白砂糖3.51%，糖精0.03%，小茴香0.24%，大茴香0.24%，鱼露7.52%，淡酱油6.15%，味精0.40%，苯甲酸钠0.05%，山梨酸钾0.05%，饮用水11.64%。

2）工艺流程

水→加入助鲜剂(加热煮沸)→加辛辣原料(加热煮沸)→加助香剂(加热煮沸)→加增稠剂(加热煮沸)→加甜味剂(加热煮沸)→添加脂性料(加热煮沸)→加呈香鲜辣料(加热煮沸)→加助鲜剂(加热煮沸)→加防腐剂→冷却→检验→包装→成品

3）操作要点

① 原料选择　沙茶酱的原料比较广泛，为了保证质量，降低成本，有的原料可以直接应用，有的原料必须经过加工处理才能有效应用。

A. 芝麻酱　如无芝麻酱则可用芝麻代之，其比例为3：2，即芝麻酱3kg用芝麻2kg代之。芝麻制成芝麻酱的处理方法：将芝麻漂洗除去杂质，沥干后用文火焙炒至发出香气，再研磨成芝麻酱备用。

B. 花生酱　如无花生酱则可用花生米代之，其比例是1：1。花生米制成花生酱的处理方法：先拣去霉烂变质部分，然后用文火焙炒去皮，再磨碎成花生酱备用。

C. 虾米　如无虾米则用虾皮代之，其比例为1：1，选用时应采用新鲜虾皮，严防发霉变质，其处理要求是用食用油炒至酥香备用。

D. 辣椒酱　如无辣椒酱则选用新鲜辣椒加盐腌制成熟，磨成酱状备用。如用干辣椒、咸辣椒代之也可以，其比例按质量优劣酌情掌握。

E. 猪油　一般都是采用板油煎熬而成，如无则可选用其他植物油。

F. 大茴香、小茴香　两者均有则比较理想，如无大茴香则以小茴香代之，其比例为2∶1。用时需烘干，磨成粉状备用。熬汁也可以，但熬汁需要加大用量。

G. 蒜干　为干大蒜，如无则以鲜大蒜代之，其比例为1∶3。用时需磨成粉末，新鲜大蒜可熬汁加入。有时还可以用冻大蒜代之，其比例为1∶2.5。

H. 葱干　为洋葱干，如无则以鲜洋葱代之，其比例为1∶6，用时需磨成粉末或熬汁加入。

I. 鱼露　其比例视质量情况灵活掌握。

J. 淡酱油　如无特制的淡酱油，则以相等的酱油代之。用时要检验质量与色泽。

② 混合、搅拌　在蒸汽夹层锅加入一定量的清水，煮沸后取出一部分，作为配料过程中调节蒸发及洗净桶之用，然后加入鱼露、酱油等，同时开动搅拌器不断翻动，煮沸后加入辛辣原料，再次煮沸后依次加入助香剂、增稠剂、甜味剂、脂性料（花生油、猪油）、呈香鲜辣料、助鲜剂和防腐剂，锅内呈现红褐色稠状，味香甜，要严格防结焦或喷出锅外，加入助鲜剂和防腐剂并煮沸后，立即停止加热并出锅冷却，一般每锅操作时间为1～2h。

③ 包装　加工成熟的沙茶酱出锅后，应放在已经消毒的铝质、不锈钢或搪瓷容器中，安全地运送至干净、清洁、消毒的房间内，加盖冷却，此时可抽样检测质量。

（2）沙茶酱二

1）产品配方　鳊鱼干35.7kg，虾米18.8kg，辣油19.3kg，味精2.6kg，I＋G 0.1kg，葱粉5.1kg，胡椒粉0.4kg，蒜粉0.4kg，辣椒粉9.6kg，色拉油及黄酒适量。

2）工艺流程

虾米→黄酒浸泡→沥干油炸（鳊鱼干直接油炸）→粉碎→混合（加入味精、辣椒粉、蒜粉、胡椒粉、姜粉、葱干等）→加热保温→冷却包装→成品

3）操作要点

① 油炸　沙茶酱的主料鳊鱼和虾米都要预先经过油炸才能使用，油炸可使鱼及虾的口感酥松，同时突出鳊鱼的香味。油炸不足，风味不强烈；油炸过头，会出现焦味。油炸鳊鱼干要求温度160℃，2～3min，以炸至金黄色为度。虾米是极易变腥的原料。采用黄酒浸泡后再油炸可以有效地去除虾臭、虾腥，同时可增强鳊鱼的香味。虾米以适量黄酒浸泡30min以上，然后沥干油炸，油炸要求与鳊鱼干相同。

② 辣油制作　选择色泽鲜红的辣椒制辣油为佳，辣油色泽要求呈明亮的红棕色，配比约为色拉油：辣椒＝20：1。也可以加入少量天然辣椒红色素。

③ 粉碎　研磨要求粉碎细度在 40 目左右。

④ 混合　用搅拌机将各种原料混合均匀。

⑤ 加热保温　加热保温具有杀菌作用，并可使物料间充分作用，风味达到稳定一致的效果。要求加热中心温度达到 85℃，保温 15～20min。时间过短，达不到稳定风味的作用；时间过长，浪费能源，还导致色泽、香味劣变。由于辅料中某些成分在高温受热时，风味被破坏，产生异臭，而且高温也会破坏营养成分，因此要严格控制杀菌温度。

2. 韩式香辣酱

（1）产品配方　日式红米酱 62g，干黄酱 210g，发酵调味液 41mL，果葡糖浆 2.8mL，白糖 6g，淀粉 3.6g，红辣椒粉 65g，红柿椒粉 18.4g，干朝天椒粗碎（去籽）4g，焦糖 0.4g，炒白芝麻 2g，韩式甜辣酱 220g，辣酱 183g，豆瓣辣酱 27g，牛肉精膏 4.8g，蒜泥 84g，辣椒油 48g，红柿椒油树脂 16g，加水 30mL。

（2）工艺流程

原料→称量→混合→加热灭菌→热灌装→成品

（3）操作要点

① 称量　按配方要求准确称量物料。

② 混合　将物料投入到加热罐中。淀粉用水溶解投入原料中。

③ 加热灭菌　将混合均匀的物料加热至 95℃，保温 30min。本品为半固态酱状，可常温包装。

④ 热灌装　在物料温度高于 85℃时，按规格要求包装。

3. 日本米酱

（1）产品配方　精米、大豆、米曲霉或酱油曲霉、嗜盐片球菌、鲁氏酵母、食盐各适量。

（2）工艺流程

制曲工艺流程：白米→洗浸、蒸煮、冷制→制曲（接种曲）→粉碎曲

制酱工艺流程：大豆→水洗、浸泡、蒸煮、冷却→发酵→成熟酱醅

（3）操作要点

① 制曲　将精米率为 93％的米水洗、浸泡约 24h，常压蒸 30min，冷却，接种由米曲霉或酱油曲霉培养的种曲。再在潮湿、室温为 30～40℃的曲室中培养 2 天左右，即为成曲。若采用木盘或竹帘制曲。则在培养过程中应翻曲 2～3 次。

制醅时米曲用量，以制米曲用的米重计，通常为制酱原料大豆的 50％～250％。甜口豆酱米曲用量较多，辣口豆酱米曲用量较少。制日本豆酱用的乳酸菌

为嗜盐片球菌，其培养液含菌数为 10^6 个/g。制日本豆酱用的酵母菌，与制酱油的酵母菌相同，为鲁氏酵母，其培养液菌数为 10^5 个/g。

② 制酱

A. 原料处理　将大豆洗净、浸泡 20h 左右，充分吸水至原重的 2.4 倍。

B. 蒸煮　在 0.05MPa 蒸汽压下蒸 20~60min。通常制红色豆酱的大豆蒸煮压力较高，蒸煮时间亦较长。自制豆酱则用水煮熟大豆。

③ 发酵　通常用钢筋混凝土发酵池，内壁刷涂料或使用内壁喷涂环氧树脂涂料的碳钢发酵罐。将米曲粉碎后与食盐拌匀，再与熟大豆及乳酸菌和酵母菌的培养液混合进行发酵，但有不少厂家保持传统，并不是每批都使用人工培养的乳酸菌液和酵母液。而是在制醅时加入上一批发酵正常的酱醅。这被认为是一种较好的办法，会使微生物生长更旺盛，产品风味亦更好。

在酱醅发酵、成熟过程中，室温可为常温或保持 30℃左右。米曲中的蛋白酶逐渐将大豆蛋白质分解成多肽及氨基酸，并由乳酸菌进行乳酸发酵，继而由酵母进行酒精发酵。待嗜盐片球菌增值至 $10^{4~6}$ 个/g 时，酱醅呈微酸性；当 pH 降至 5 左右时，该菌即停止增殖。这对于豆酱的口味、咸度，乃至色泽，均有重要作用。发酵成熟的时间因豆酱种类而异，辣口豆酱为 6~12 个月，甚至长达 2 年左右，甜口豆酱时间短。甜口豆酱夏天仅需 5 天，冬天 20 天。由于日本豆酱醅的浓度高于酱油醅，故发酵速度较为缓慢。

4. 美式烤肉酱

(1) 产品配方

配方一：水 550kg，果糖 350kg，洋葱粉 9.5kg，大蒜粉 6kg，食盐 23.5kg，水解植物蛋白 9kg，芥子粉 4kg，罗勒粉 1kg，丁香粉 500g，柠檬酸 10kg，匈牙利椒 1kg，烟熏香料 1.5kg，淀粉 45kg，醋 64kg，胡椒 500g，番茄酱香料 3kg，洋葱片 4kg。

配方二：水 500kg，番茄糊 175kg，果糖 15kg，玉米糖浆 30kg，淀粉 45kg，醋 115kg，洋葱粉 3kg，大蒜粉 1.5kg，食盐 20kg，水解植物蛋白 2.5kg，披萨草（牛至）粉 250g，丁香粉 250g，柠檬酸 3.5kg，烟熏香料 500g，匈牙利椒 250g，番茄酱香料 500g，碎洋葱 2.5kg，洋葱片 2kg。

配方三：水 600kg，番茄糊 12.5kg，果糖 80kg，玉米糖浆 160kg，淀粉 50kg，醋 70kg，洋葱粉 3.5kg，大蒜粉 2kg，食盐 25kg，水解植物蛋白 3kg，芥子粉 4kg，披萨草粉 250g，丁香粉 250g，胡椒 250g，烟熏香料 500g，匈牙利椒 500g，番茄酱香料 500g，碎洋葱 2.5kg，洋葱片 2kg。

配方四：水 600kg，果糖 360kg，洋葱粉 10kg，大蒜粉 6kg，食盐 26kg，水解植物蛋白 10kg，芥子粉 4kg，罗勒粉 1kg，丁香粉 500g，柠檬酸 10kg，匈牙利椒 1kg，烟熏香料 2kg，淀粉 50kg，醋 65kg，胡椒 1kg，番茄酱香料 2kg。

（2）工艺流程

水、果糖、食盐、水解植物蛋白、香辛料、柠檬酸→配料混合→加热糊化→降温加料→搅拌均匀→装瓶→成品

（3）操作要点

① 配料混合　将水、果糖、食盐、水解植物蛋白、香辛料、柠檬酸分别称重后放于蒸汽夹层锅内，搅拌均匀。

② 加热糊化　混合料加热煮沸，徐徐加入水淀粉，使其糊化10min左右。淀粉用量多少，决定其黏稠度的大小，一般用黏度计来测量。烤肉酱黏度大，较易附着在肉类表面，但不能仅顾及黏稠度而加大淀粉用量。如果提高番茄糊用量，比采用大量淀粉更合适，番茄糊的糖度在31％最为合适。

③ 降温加料　待糊化液温度冷却到85℃时，再加入烟熏香料、番茄酱香料及醋，搅拌均匀，保温20～30min。醋可提高烤肉酱的酸度，具有防腐作用，如用量超过20％会破坏其风味。若能采用苹果醋，其烤肉酱风味更佳。香料的使用是非常重要的，粉状或筛选过的香料，可配出不含任何颗粒的烤肉酱。碎黑胡椒或洋葱片，可配出带有一些颗粒的烤肉酱。辣椒粉的用量，可根据当地消费者对辣的偏爱程度做适当调整。

④ 装瓶　将保温的烤肉酱趁热装瓶，封口。装瓶前要将空瓶清洗干净、干燥灭菌。成品味道甜酸微辣，为烤肉专用调味料。

5. 墨西哥塔可酱

墨西哥塔可酱是一种加有调味料的番茄酱，深受美国、墨西哥等地的人们喜爱。这种酱通常与熟肉、家禽、鱼、玉米粉煎饼卷等一起食用，味道鲜美。番茄的品种繁多，应选用果胶质含量较高的品种作原料。如番茄泥本身已含有较多的果胶质，则不需要再加入树胶即可达到理想黏度，若黏度不够，可适当添加树胶。水分的添加量，视番茄泥的水分、糖分和酸度进行适当调整。

（1）产品配方

配方一：水1000kg，番茄泥600kg，碎大蒜18kg，碎洋葱28kg，盐18kg，辣椒粉22kg，碎鲜红辣椒8kg，小茴香粉7kg。

配方二：碎鲜番茄1720kg，番茄泥600kg，碎鲜红辣椒200kg，蜂蜜50kg，碎洋葱50kg，辣椒粉15kg。碎大蒜10kg，小茴香粉8kg，盐15kg。

（2）工艺流程

水、番茄泥、碎洋葱、碎大蒜、盐、辣椒粉、碎鲜红辣椒、小茴香粉、蜂蜜→配料混合
↓
成品←装瓶←保温←加热

（3）操作要点

① 加热　配方一是将所有原料分别称重后放于蒸汽夹层锅内，不断搅拌均匀，加热煮沸，10min后即可停止加热。

配方二是采用番茄鲜果通过高压蒸汽加热、软化后将果实破碎打成浆状。再进行过滤，除尽籽、皮、果肉粗纤维等。所得番茄泥再与其他原料共同配制。

② 保温、装瓶　加热的酱液必须在 85℃以上温度保持 20～30min，然后在 85℃以上趁热装瓶。装瓶前应将空瓶刷洗干净，干燥灭菌。

6. 墨西哥烧烤酱

墨西哥烧烤酱适合于烧烤各类肉食品。配方中加入新鲜蔬菜是决定品质的关键。顾客一般都希望调味品中蔬菜的碎片尽量保持完整，所以，工厂的加工技术非常重要。例如番茄，在烹煮完成前适时加入煮锅中，烹煮时间也不宜过久，以免失去风味。配方中可加入少量苹果醋，这样可使烧烤酱更鲜美。

（1）产品配方　水 400kg，番茄泥 800kg，葡萄浓缩糖浆 370kg，白醋 200kg，淀粉 23kg，柠檬酸 4kg，碎胡萝卜 20kg，碎洋葱 15kg，大蒜粉 1kg，洋葱粉 1kg，芥末粉 1kg，碎芹菜 15kg，碎辣椒 100kg，西班牙红椒 1kg，辣椒粉 0.5kg，黑胡椒粉 0.5kg，姜粉 0.5kg，小茴香粉 0.5kg，胡荽籽粉 0.5kg。

（2）工艺流程

```
                          淀粉 → 加水溶化

水、葡萄浓缩糖浆、柠檬酸、碎蔬菜、香辛料 → 混合配料 → 加热糊化 → 加白醋

                          成品 ← 保温装瓶 ← 搅拌均匀
```

（3）操作要点

① 混合配料　将水、葡萄浓缩糖浆、柠檬酸、碎蔬菜、香辛料等分别称重后放入蒸汽夹层锅内，搅拌均匀。

② 加热糊化　将混合料加热至沸，徐徐加入水淀粉糊化 10min 后停止加热。

③ 保温装瓶　加热糊化的烧烤酱保温 20～30min 后加入白醋，在 85℃以上趁热进行灌装、旋盖。装瓶前应将空瓶刷洗干净、干燥灭菌。

7. 紫苏子复合调味酱

紫苏子复合调味酱是以紫苏子、辣椒为原料，经与芝麻、豆瓣酱等进行调配而制成的调味酱。

（1）产品配方　豆瓣酱 60kg，芝麻 4kg，干辣椒 1kg，酱油 6kg，食盐 4kg，紫苏子 5kg，蔗糖 6kg，精炼菜油 8kg，花椒、小茴香、姜共 3kg。

（2）工艺流程

```
              精炼菜油      酱油、豆瓣酱              香辛料

原料处理 → 预煮 → 磨细 → 过筛 → 加热炒制 → 混合 → 翻炒 → 热焖 → 翻炒 → 装瓶

                          成品 ← 冷却 ← 杀菌 ← 封口
```

（3）操作要点

① 原料处理　紫苏子和芝麻应颗粒饱满，无杂质、无霉变、无虫蛀，经分选、

清洗、沥干后，在电炒锅中焙炒至香气浓郁、颗粒膨松，无生腥、无焦苦及煳味，时间15～20min。将紫苏子和芝麻在粉碎机中粉碎，过80目筛。辣椒为红色均匀、无杂色斑点的干辣椒，水分≤12%，剔除霉烂、虫蛀辣椒及椒柄，在夹层锅中预煮约0.5min后捞起，沥干水分，磨细成泥。

② 加热炒制　精炼菜油加温至150～180℃，如温度过低，使产品香味不足，过高则易焦煳。酱油不发酸，无异味，符合国家三级以上标准。酱油在夹层锅中加热至85℃，保持10min。豆瓣酱用磨浆机磨细。

③ 配料加工　花椒、小茴香及蔗糖应打碎成粉，过100目筛，姜去皮绞碎成泥。翻炒及热焖的时间5～10min，沸水杀菌，时间40min。

8. 胡椒风味调味酱

(1) 产品配方　大豆酱7kg，胡椒0.5kg，辣椒0.3kg，姜0.15kg，大蒜0.15kg，黑曲霉种曲、盐各适量。

(2) 工艺流程

```
                黑曲霉 → 扩大培养 → 种曲
                                  ↓
大豆 → 清洗 → 浸泡 → 蒸煮 → 冷却 → 接种 → 制酱曲 → 制醅 → 固态低盐发酵 → 酱醅 → 酱醪
                           ↑                                                    ↓
           胡椒 → 预处理 → 粉碎                         成品 ← 包装 ← 杀菌 ← 浸醪
```

(3) 操作要点

① 浸泡　大豆要浸泡4～8h。浸泡程度为豆粒表面无皱纹，并能用手指压成两瓣为适度。

② 蒸煮　在高压灭菌锅中于121℃维持30min。

③ 接种　接入3%的黑曲霉种曲。

④ 制酱曲　于30℃烘箱内培养16h后调盘。到22h左右第一次翻曲，再经6～8h第二次翻曲，此时控温25℃，曲温34～36℃，再经60h后出曲。

⑤ 制酱　将大豆曲倒入大烧杯中扒平压实，自然升温到40℃左右，再加入60～65℃的1.11g/mL热盐水，充分拌匀，在室温中发酵4～5天得成品大豆酱。

⑥ 调配　将各种配料分别加入锅内进行煸炒，煸炒温度为85℃以上，维持10～20min。

第五章

液态复合调味料

液态复合调味料以两种或两种以上的调味品为主要原料，添加或不添加其他辅料，加工而成的呈液态的复合调味料。与半固态（酱）状复合调味料比具有黏度小、流动性好的特点。

第一节　液态复合调味料的特点及种类

一、液态复合调味料的特点

一般来讲，液态复合调味料与固态复合调味料相比具有口感自然，风味好的特点，更接近手工或家庭烹饪的风味，使用时也更直接和方便。但是，如何使液态和半液态调味品在未进入消费领域之前仍能维持较好的品质，尽可能实现较长的保质期，是液态复合调味料的研发和生产中所遇到的常见课题。

与粉末产品相比，液态复合调味料的保质期具有多样性，从最长的 18 个月到 2 个月不等，之所以如此是由于液态复合调味料的水分含量较高，产品本身含的蛋白质和糖类等成分较多，该环境极适合微生物的繁殖，因此，灭菌方式的选用及包材、储存条件等对液态复合调味料的保质期长短关系非常大。如果在杀菌及抑菌方面的功夫做不到家，就很容易酿成酸败或腐败，给企业利益造成一定的损失。因此，在研发阶段必须预先充分考虑到该产品的保质期要求，选择适当的杀菌及灌装方式，确保产品质量在保质期内的基本一致。

与粉末产品相比，液态复合调味料在包装形式上更具多样性。除了各种规格和大小不同的塑料袋、铝箔袋等袋装形式以外，塑料瓶、玻璃瓶装也是液态产品包装的重要组成部分。在液态复合调味料的包装生产线上可能发生的问题有很多，必须通过生产实践不断总结和积累经验及教训，持续改进设备能力和人的操作方式才能把好质量关。

二、液态复合调味料的种类

液体复合调味料顾名思义是指可以流动的或有一定黏度的半流动性的产品，主要指可用于某种食物的浇汁、盖头、蘸汁、浸汁、烧烤汁、汤料及各种沙司（含风味酱）等，再细分还可以将每个种类分成不同的品种，如汤料可分为佐餐汤料、面汤料和烹调专用高汤料，盖头可分为盖饭汁、面条浇头和各种肉丸子的浇头等，烧烤汁可分为牛肉、猪肉、鸡肉和各种鱼的烧烤酱汁，至于沙司的品种就更多了。表 5-1 所示为液态复合调味料的主要种类及品种。

表 5-1　液态复合调味料的主要种类及品种

种类	品种
浇头	打卤浇头、炒面浇头
盖头	各种盖饭酱汁、各种菜肴浇汁
蘸汁	火锅蘸汁、饺子蘸汁、烤肉蘸汁
浸汁	各种烤肉（滚揉）、烤鱼浸汁
烧烤汁	各种烤肉酱汁、烤畜肉内脏酱汁
汤料	方便面料包、佐餐汤料、烹调高汤、锅底料
沙司	油醋汁、沙拉酱、番茄酱（沙司）、咖喱酱汁、炒菜酱汁、香辣酱

液态调味料在复合调味料中占有极其重要的地位，它与粉末和颗粒调味料相比，还有一个重要特点是它所适应的食物面非常广。粉末复合调味料虽然具有保质期长的特点，但它所能适应的食物面和消费环境是有限的，大宗消费的盐、糖和味精、鸡精等鲜味剂虽然是颗粒或粉末的，但也就限于这样一些特殊产品，家庭和餐饮业消费的主要复合调味料仍然是液态和酱状的。粉末复合调味料一般不如液态的口感自然，至于是不是美味则是另外的事，最典型的就是方便面的粉包，它的味道在家庭厨房里是做不出来的，但由于味道鲜美，也受到了不少消费者的喜爱。

为什么液态复合调味料的口感比粉末调味料来得自然，主要原因是粉末复合调味料的原料都经过了二次加工，一般是经过喷雾干燥、热风干燥、微波干燥等干燥过程最后成为粉末和颗粒的，在二次加工过程中失去了部分香气成分，并因热反应产生了某些食材原本不存在的气味成分，这样或多或少地使粉末和颗粒原料的香气及味道出现了某种微妙的变化。而液体复合调味料所使用的主要原料一般未经过上述加工，因而热损失小，其风味的自然程度当然就高些。

从目前我国液态复合调味料的品种结构来看，火锅蘸料、炒菜酱汁、香辣酱占有重要地位。另外，烤肉酱、沙拉酱、盖饭酱汁等也正在异军突起，特别在餐饮领域十分流行。与同为东亚国家的日本相比，纯液态复合调味料更多地出现在日本，特别是面条汤料，日本是面条用液态复合调味料生产最发达的国家，品种多，产量大。湿面在我国近些年发展较快，但日本已经有了几十年的湿面专用液态复合调味料的生产历史，为此，本章也专门介绍了一些面条用汤料的生产工艺和配方供大家参考。

第二节　液态复合调味料的生产关键点

液态复合调味料的生产除了配方重要以外，在生产工艺上的关键控制点就是灭菌了。液态复合调味料因产品种类繁多，杀菌方式不一，包装形式的多样性以及流通方式不同等原因，受二次污染的机会也相对较多，因此发生产品腐败的机会也较高。特别是某些糖度低、盐含量低、水分大、pH 值接近中性的产品，如果没能选择好适当的灭菌方法，心存侥幸地将产品送入市场，就极有可能造成事故。因此说，选择好适当的灭菌方法是控制微生物的菌数，保证产品质量非常重要的环节。

一、灭菌简介

对料液进行加热处理有两方面的含义：一是通过加热让参与其中的原料充分溶解，相互完全融合，质地均一化；其二是达到灭菌的效果。

加热灭菌多数情况下温度是控制在 95～100℃，但加热时间控制在多长比较合适值得研究。一般情况下，微生物（除耐热菌以外）在单纯的水中被加热到 80℃持续 10min 就会迅速死亡，但复合调味料是一个含各种营养成分的集合体，有的还含有脂肪，微生物在这种环境中由于热对细胞的穿透性降低了许多，因而微生物的耐热性也增强了。特别是初始菌数较大的产品，有的加热 40min～1h 后仍有可能残留的菌数较高，在这种情况下，再延长加热灭菌时间意义就不大了。因为时间过长的加热不仅不能起到满意的灭菌效果，还会对产品本来的风味和色泽造成较大的破坏，适得其反了。

在尽可能短的时间内达到比较满意的灭菌效果是我们所追求的，但因各种因素的制约，加热时间经常设定的比较长，这不仅对维护产品质量不利，还浪费了能源。此外，不同的产品性状应采取不同的加热手段和灌装方法，以取得最佳的灭菌效果。普通的加热釜（夹层锅）内的加热不一定能适应所有产品的灭菌需求，所以才有了热灌装、超高温瞬时灭菌及高压灭菌等方式的出现。

二、灭菌方式

由于复合调味料的品种多，产品内在的理化性状复杂，还有来自原材料微生物源状况的差异，有些原料比较干净，有的则菌数极高，为了满足保质期限的要求，就必须在灭菌时考虑本企业的设备状况，采取不同的灭菌手段。目前主要的灭菌手段有如下几种。

1. 一般加热灭菌（釜内加热）与热灌装

这是最古老也是最一般的加热灭菌方法，采用的设备一般是夹层锅、炒酱锅、冷热缸等设备。将温度升至 95～100℃，保温 20min 以上，然后冷却或不冷却灌装，后者是与热灌装手段联系起来的灭菌方式，将罐内升至 98℃并保温 20min 以上后，不冷却直接通过泵将料液送入储料罐，在保温 85℃以上的情况下，通过灌装机直接进行灌装。热灌装的目的有两个，一是杀灭包材内的微生物，二是排挤出包材内的空气，使包材内形成相对的真空状态。这种方法目前在业内运用得十分广泛，操作简单效率高，能满足大部分产品的灭菌需求。

用热灌装方法灌装的瓶装产品，有时会发生瓶口处液表面的离水现象，这种现象多出现有一定黏度的产品上。分析其原因主要是由于灌装后的料液温度很高，接下来马上打盖，存于瓶盖内侧与液体表面之间（瓶口处）的热气在冷却之后会形成冷凝水，由于产品本身有一定黏度，不能马上吸收这部分水，所以看上去好像是产品本身水分的渗出。解决方法之一，可考虑采取倒置一段时间（直至基本冷却）的方法，让产品吸收掉这部分冷凝水，同时还能对瓶盖进行灭菌。

2. 超高温瞬时灭菌

这是一种使用超高温瞬时灭菌装置的灭菌方法。该装置由泵、输入料管、双套盘管、瞬时高温加热器、清洗部分、出料管等组成，泵与输入料管连接、输入料管与双套盘管连接，双套盘管的管尾与瞬时高温加热器连接。瞬时高温加热器由多个直管组成，相互连接，热源一般为蒸汽。

该类装置的优点是封闭式加热灭菌，糖类、氨基酸等因美拉德反应而损失的极少，颜色变化通常比一般加热灭菌法小得多。此外，挥发性香气成分及酒精等基本不损失，是低盐液体复合调味料等比较理想的灭菌装置。由于液体在通过盘管时极大地增加了液体表面积，加之采用超高温（120～140℃），只需要数秒或数十秒的极短时间，即可将初始菌数很大的液体迅速处理为含菌很少的产品。

3. 高压灭菌

对于糖度低、盐含量低，或含有固形物的液体或酱状产品，应采用高压（高温）灭菌工艺进行灭菌处理，这实际上是采用了罐头（含软罐头）生产工艺的生产方法。应选择适当的高压灭菌装置，工艺条件大致可设定在 115～121℃，灭菌时间一般为 10～20min，根据产品质量要求灵活掌握。采用高压灭菌法的目的主要是为了杀灭芽孢杆菌的芽孢或其他耐热菌。经过高压灭菌的产品，其保质期一般可达 1～2 年。

三、灭菌方式的选择

根据以往生产实践的经验，选择好适当的灭菌方式是十分重要的，它直接关系到产品质量的稳定和保质期的实现。从目前我国复合调味料生产企业的设备状况来看，采用一般的加热灭菌及热灌装方式基本上不存在问题，但拥有高压灭菌设备的企业，特别是拥有超高温瞬时灭菌装置的企业就更少了。如此看来，我国复合调味料生产企业在灭菌方式上可以说还比较落后。有人说使用超高温瞬时灭菌装置的一般都是乳制品企业，生产复合调味料不需要这种的装置，这种认识是不对的。随着我国复合调味料品种的增加，特别是非浓缩低盐液态复合调味料由于其风味自然口感好，今后这类产品是增加的趋势，因此，对这类低盐液态产品在选择灭菌手段时遇到的问题会越来越大。如果没有这样的设备，企业在生产低盐产品时只能选择不得已的方法，如提高盐含量，但这与产品设计的初衷相违背，对产品风味也产生负面影响；提高酸度降低 pH 值会让产品风味变得不可接受；剩下的手段就是热灌装，或者在热灌装后再将袋子放入 100℃ 的开水中烫一段时间等，然而这些手段都不是最理想的，很容易发生质量事故。

采用何种灭菌方式最主要的是看产品的理化指标、包材及其储存条件，这些都是判断产品保质期长短的最主要的依据。一般理化分析项目包括可溶性固形物含量、食盐含量、pH、水分活度 A_w、黏度、相对密度以及色度。在实践中，由于品种的差异性以及企业研发人员经验程度的不同，常会出现究竟采用何种灭菌方法为好的困惑，也就是说在实践中需要有些指标作为界定，用它可作为选择性的参考。表 5-2 所示为我们在研发和生产实践的基础上总结出的选择灭菌手段的参考性指标。

表 5-2　液态复合调味料灭菌手段的选择性参考指标

项目 \ 灭菌方式 / 适应情况	一般加热法[罐(釜)加热，80～100℃]	热灌装法（80～90℃）	超高温瞬时灭菌法(100～150℃)	高压灭菌法（120～130℃）
可溶性固形物含量/°Bx	≥30	≤37	≤28	≤28
食盐含量/%	≥10	≤10	4.0 上下	4.0 上下
pH	—	4.7 以上	5.10 上下	5.10 上下
水分活度/%	0.88 以下	0.88 以上	0.92 以上	0.92 以上
黏度/10^{-3}Pa·s(或有固形物)	—	低、中、高黏度	中低黏度（3Pa·s 以下）	有固形物(肉、香辛料、蔬菜等)
浓缩膏(浓缩面汤、动植物提取物)	●			
风味酱、塔菜、沙司类		●		
低浓度味液(火锅蘸料、煮肉汤等)			●	
炒酱类、沙司类、凉拌蔬菜酱等				●
常温储存 3～6 个月以上	●			
冷藏（常温）储存 3～24 个月		●		
冷藏储存 2～3 个月			●	
常温储存 12 月以上				●

项目 / 适应情况 （灭菌方式）	一般加热法 [罐(釜)加热，80～100℃]	热灌装法 (80～90℃)	超高温瞬时灭菌法(100～150℃)	高压灭菌法 (120～130℃)
加热设备 加热罐(釜)	●			
加热罐(＋热充填包装机＋充填枪)		●		
超高温瞬时灭菌装置			●	
高压灭菌装置				●

炒酱（风味酱）是多年来我国发展较快的一类复合调料，这类产品种类很多，其中多数产品的黏稠度较大（半固态），多含固形物，如香辛料原形物（如辣椒圈或块儿）、花生、植物蛋白、芝麻等，还有较多的油脂。对这类产品的灭菌应综合考虑产品整体的理化性质，当食盐含量在 7％ 左右且油的含量较多时，在炒酱锅内对物料进行充分炒制灭菌（包括对带菌数较大的原料先期灭菌处理）的基础上，有可能采用热灌装的方式。但如果盐含量很低（如 4％ 以下），所要求的保质期长（如 2 年），还是应考虑采用高压灭菌方式进行处理。

四、保质期的判定

在液态复合调味料生产中，如何判断保质期的期限是重要的一环，既要考虑客户对保质期限的要求，又要与产品本身的各种理化指标衔接，还要与本企业的设备处理能力联系起来进行判断，否则就不可能实现预期的目标。根据生产实践经验，不同的液体或酱状产品因其可溶性固形物含量、食盐含量、pH、水分活度等的不同，保质期是不同的，灭菌方式及包材等的差异，也能导致保质期的延长或缩短。此外，表 5-2 给出的参考性指标中，最应该看重的是食盐含量和水分活度，就是说有时尽管浓度（固形物含量）很高，但食盐含量较低或水分活度较高都是危险的，必须采取热灌装或超高温瞬时灭菌才能保证预先设计的保质期。

此外，液态复合调味料的保质期的长短不仅取决于产品在灭菌及抑菌方面的状况，还应进行感官检验，就是说要检验产品在保质期内是否能够基本保持原有的品质特色，不发生严重的口感及色调变化（褐变现象），不发生严重的脂肪氧化等。要进行上述检验就需要使用恒温箱（设为 37℃）进行储存试验，通过此等试验可以同时判断出产品在抑菌和品质保持两方面的能力。

运用 37℃ 恒温的保存试验很容易就能检验出产品的耐储存性能，一般情况下在 37℃ 中保存 1 个月相当于常温（20～25℃）储存 3 个月到半年的时间，防腐性能在 1 个月内基本就能得出结论。感官检验则需要每隔 1 周进行一次观察，将其与标准样品（冷冻样）进行比较，观察样品在口味和色调上的变化。需要人为地设定一个界限（对口味和色调评分），超过了这个界限则认为不合格。有条件的企业还可以使用色差计等设备对样品的色调变化程度进行数据检测。

目前有不少企业为了满足商品有足够的货架期（如1年半）而延长保质期限，若单从防止产品腐败的角度来看，该产品或许能够满足要求，但是这么长的保质期并不能保证每种液态产品在保持原有品质特色上不出问题，换句话说就是液态或半液态产品在1年半到2年的保质期中是比较容易出现风味和色调上的较大变化的，特别在常温储存的环境中更是如此，只不过是这种变化不容易被察觉而已，然而这种变化被认为是产品在长期储存过程中伴随着极其缓慢的美拉德反应而产生的一种质的改变。

通常在保质期判断基本正确的情况下，产品在保质期内的感官检测合格率是很高的，但有时也会出现某些意外的情况，如包材选择不适当，空气透过包材进入产品内部导致氧化；储存环境的温度过高加速了产品内部的美拉德反应，导致产品的色香味发生变化；还有某些黏度较高的产品，由于变性淀粉或增稠剂选择不当，或在加工过程中的糊化处理不当，也可导致黏度的下降。

此外，还要结合产品在整个运输、转运、储存及消费等方面的因素进行综合判断。例如有的虽然属于即食性（低浓度）的产品，就产品本身的性质来看十分不利于长期储存，但其整个储运和消费过程都能被置于冷冻环境（−18℃）之中，因此该产品不需要瞬时高温灭菌或高压灭菌等处理就能安全地储存1~2年。

第三节　液态复合调味料的生产工艺与配方

一、提取物类

1. 蔬菜高汤

蔬菜高汤是西式酱汁的基础原料，主要用于食品加工厂生产西式汤羹或者调制西式调味料的重要原料。

（1）产品配方　洋葱60kg，胡萝卜150kg，芹菜100kg，番茄30kg，食盐10kg，酵母抽提物0.5kg，水1200kg。

（2）工艺流程

原料预处理→称量→熬煮→过滤→浓缩→灭菌→灌装→检测→成品

（3）操作要点

① 原料预处理　洋葱、胡萝卜、芹菜、番茄经过清洗后，用切菜机切成泥状。

② 熬煮　加入食盐和水，加热至95℃以上沸腾1h。

③ 过滤　煮汁过120目滤网，去渣留液浓缩。同时加入酵母抽提物。

④ 浓缩　浓缩至料液可溶性固形物（以Brix计）为15%~16%。

⑤ 灭菌　灭菌温度96~100℃，保温时间30min。

⑥ 灌装　热灌装，灌装温度不低于85℃。

⑦ 成品　本品需−18℃冷冻储存，冷链运输。

2. 鸡骨高汤

鸡骨高汤是最常见的烹饪辅料之一，在烹调过程中代替水，加入菜肴或汤羹中，目的是为了提鲜，使味道更浓郁。

（1）产品配方　鸡骨架70kg，洋葱12.5kg，胡萝卜8kg，大葱20kg，料酒2kg，食盐2kg，生姜0.4kg，水350kg。

（2）工艺流程

原料预处理→鸡骨架破碎→熬煮→过滤→浓缩→灭菌→灌装→检测→成品

（3）操作要点

① 原料预处理　洋葱、胡萝卜、大葱、生姜经过清洗后，用切菜机切成泥状。鸡骨架化冻后加入料酒用沸水煮熟并清洗。

② 鸡骨架破碎　使用骨泥机将鸡骨架破碎成泥状。

③ 熬煮　所有原料加入罐中，加热至95℃以上沸腾4h。

④ 过滤　煮汁过120目滤网，去渣留液浓缩。

⑤ 浓缩　浓缩至料液可溶性固形物（以 Brix 计）为9%～10%。

⑥ 灭菌　灭菌温度96～100℃，保温时间30min。

⑦ 灌装　热灌装，灌装温度不低于85℃。

⑧ 成品　本品需−18℃冷冻储存，冷链运输。

3. 海鲜高汤

海鲜高汤是以各种虾蟹类或者鱼类为原料，将其炒香后加入蔬菜（如番茄、洋葱、胡萝卜等）类香辛料，经熬煮、提取、过滤等工艺制成的产品，适用于做海鲜汤品及海鲜料理的基底和淋酱。

（1）产品配方　虾仁45kg，扇贝肉30kg，蟹肉8kg，生姜片4kg，料酒2kg，洋葱丁2.5kg，香葱碎4kg，植物油20kg，水250kg。

（2）工艺流程

原料预处理→称重→煸炒→熬煮→过滤→浓缩→灭菌→灌装检测→成品

（3）操作要点

① 原料预处理　虾仁、扇贝肉、蟹肉化冻后备用，生姜片、洋葱丁、香葱碎清洗干净。

② 煸炒　炒锅中加入植物油加热至100℃后加入海鲜，翻炒至微变色。

③ 炖煮　所有原料加入罐中，加热至95℃以上沸腾1h，然后保温30min。

④ 过滤　煮汁过120目滤网，去渣留液浓缩。

⑤ 浓缩　浓缩至料液可溶性固形物（以 Brix 计）为10%～12%。

⑥ 灭菌　灭菌温度96～100℃，保温时间30min。

⑦ 灌装　热灌装，灌装温度不低于85℃。

⑧ 成品　本品需－18℃冷冻储存，冷链运输。

4. 复合骨汤

（1）产品配方　牛棒骨160kg，牛腿肉80kg，整鸡30kg，洋葱50kg，西芹35kg，胡萝卜60kg，番茄酱50kg，白胡椒粉1kg，百里香3.5kg，月桂叶1.5kg，加水至总量1400kg。

（2）工艺流程

原料预处理→称重→焙烤→熬煮→过滤→油脂分离→浓缩→灭菌→灌装→检测→包装→成品

（3）操作要点

① 原料预处理　洋葱、西芹、胡萝卜清洗干净后切丁备用，牛腿肉用绞肉机切成肉馅备用。

② 焙烤　牛棒骨和整鸡在烤炉内烤到能看到焦煳的斑点，但不能烤焦。

③ 熬煮　所有原料加入罐中，加热至95℃以上沸腾2h，然后保温30min。

④ 过滤　煮汁过120目滤网。

⑤ 浓缩　浓缩至料液可溶性固形物（以Brix计）为10％～12％。

⑥ 灭菌　灭菌温度96～100℃，保温时间30min。

⑦ 灌装　热灌装，灌装温度不低于85℃。

⑧ 成品　本品需－18℃冷冻储存，冷链运输。

5. 山珍菌汤

（1）产品配方　双孢菇700kg，牛肝菌350kg，香菇100kg，食盐120kg，鸡粉150kg，鸡清汤10kg，白胡椒粉3kg，大蒜粉4kg，生姜粉2kg，水10000kg。

（2）工艺流程

原料预处理→入罐→提取→过滤→浓缩→调配→灭菌→灌装→金属探测器→降温→包装(外包装)→出库

（3）操作要点

① 原料预处理　双孢菇、牛肝菌、香菇经过清洗后，用切菜机切成丁状。

② 提取　加入10倍的水90～95℃提取3h。

③ 过滤　煮汁过120目滤网，去渣留液备用。

④ 浓缩　浓缩至料液可溶性固形物（以Brix计）为10％以上。

⑤ 调配　加入剩余其他原料，搅拌均匀后灭菌。

⑥ 灭菌　灭菌温度96～100℃，保温时间30min。

⑦ 灌装　热灌装，灌装温度不低于85℃。

二、基础调味料类

1. 蚝豉汁

这是以豆豉、蚝油为主要原料，添加香葱、生抽等辅料调配而成的一种基础调味汁，具有豆豉味香浓、颜色红亮的特点，可作为基础调味料广泛使用。

（1）产品配方　豆豉 20kg，蚝油 15kg，香葱 10kg，生姜片 5kg，食盐 10kg，味精 1kg，料酒 10kg，生抽 10kg，变性淀粉 15kg，鸡骨清汤 150kg，色拉油 40kg，水适量。

（2）工艺流程

原料预处理→称重→加热→调配→灭菌→灌装→检测→成品

（3）操作要点

① 原料预处理　生姜片、香葱清洗干净和豆豉一起过斩拌机斩碎，变性淀粉预先用少量水化开制成淀粉水。

② 称重　根据设备情况，按配方要求同比例放大，准确称量各原料。

③ 加热　加入色拉油，升温至 100℃，加入预处理的生姜、香葱和豆豉炒香。

④ 调配　加入鸡骨清汤后煮开，然后加入其他原料，边搅拌边投料，搅拌均匀后测定料液可溶性固形物含量。

⑤ 灭菌　灭菌温度 96～100℃，保温时间 20min。

⑥ 灌装　热灌装，灌装温度不低于 85℃。

2. 鲜味汁

（1）产品配方　生抽 29kg，酸水解植物蛋白调味液 75kg，食盐 25kg，白砂糖 17kg，白醋 5kg，味精 1kg，I＋G 0.5kg，葡萄糖 0.5kg，焦糖色素 0.5kg，水 50kg。

（2）工艺流程

原料→称重→调配→灭菌→降温→灌装→检测→成品

（3）操作要点

① 称重　根据设备情况，按配方要求同比例放大，准确称量各原料。

② 调配　将酸水解植物蛋白调味液、生抽加入调配罐中开启搅拌加温至 60℃，依次投入食盐、白砂糖、葡萄糖和焦糖色素，全部溶解后调整可溶性固形物。

③ 灭菌　灭菌温度 96～100℃，保温 30min。

④ 降温　降温至 70℃，加入味精、I＋G、白醋。

⑤ 灌装　灌口加装 120 目筛网，降温至 60℃灌装。

3. 蚝油

（1）产品配方

配方一：浓缩蚝汁 100kg，水 600kg，食盐 100kg，白砂糖 220kg，变性淀粉

50kg，焦糖色素 5kg，乳酸 3kg，柠檬酸 3kg，酵母抽提物 10kg，I＋G 3kg，黄原胶 1kg，甘氨酸 5kg。

配方二：浓缩蚝汁 150kg，水 450kg，酱油 100kg，食盐 80kg，白砂糖 180kg，变性淀粉 40kg，柠檬酸 3kg，酵母抽提物 2kg，I＋G 3kg，丙氨酸 5kg，蚝油香精 5kg。

（2）工艺流程

原料→称量→调配→灭菌（→加香）→包装→成品

（3）操作要点

① 称量　根据设备情况，按配方要求同比例放大，准确称量各原料。

② 调配　将除香精外的物料投入加热锅中，边搅拌边投料，使物料充分混合均匀；需要预先把黄原胶与白砂糖粉充分混合，同时保持高速搅拌，使黄原胶充分溶化于水中；需要预先在容器内用少量水把淀粉化开，做成淀粉水。

③ 灭菌　加热至 95℃以上，保温 40min 灭菌。

④ 加香　香精在加热灭菌降温至 85℃以下后加入。

⑤ 灌装　本品在温度高于 75℃以上灌装。

4. 鲜鸡汁

（1）产品配方

配方一：水 420kg，食盐 134kg，味精 80kg，I＋G 10kg，白砂糖 50kg，β-胡萝卜素（1%）0.8kg，变性淀粉 18kg，黄原胶 1.5kg，酒精 15kg，鸡骨油 15kg，鸡肉提取物 175kg，鸡肉香精 2kg。

配方二：水 360kg，食盐 120kg，浓缩鸡汁 100kg，味精 60kg，I＋G 5kg，白砂糖 40kg，姜黄色素 0.2kg，变性淀粉 20kg，黄原胶 1kg，鸡骨油 15kg，鸡肉香精 5kg，香辛料 5kg。

（2）工艺流程

原料→称量→调配→灭菌→加香→包装→成品

（3）操作要点

① 称量　根据设备情况，按配方要求同比例放大，准确称量各原料。

② 调配　将除香精外的物料投入加热锅中，边搅拌边投料，使物料充分混合均匀；需要预先把黄原胶及色素与白砂糖粉充分混合，同时保持高速搅拌，使黄原胶及色素充分溶化于水中；需要预先在容器内用少量水把淀粉化开，做成淀粉水。

③ 灭菌　加热至 98℃，保温 40min 灭菌。

④ 加香　香精在加热灭菌降温至 85℃以下后加入。

⑤ 灌装　本品在温度高于 75℃以上灌装。

5. 醋酸调味液

（1）产品配方　白醋 14.5kg，绵白糖 30kg，食盐 4kg，干海带 0.03kg，柠檬汁 2.5kg，水 65kg。

（2）工艺流程

原料预处理→称量→调配→灭菌→降温→灌装→过金属探测器→检测→成品

（3）操作要点

① 原料预处理　干海带浸泡 24h 后清洗干净备用。

② 称量　根据设备情况，按配方要求同比例放大，准确称量各原料。

③ 调配　将白醋和水投入加热罐中，边搅拌边投入固态原料，使物料充分混合均匀。

④ 灭菌　加热至（85±2)℃，保温 30min 灭菌。

⑤ 降温　加热灭菌后降温至 50℃以下，加入柠檬汁搅拌均匀后灌装，灌口加装 120 目过滤网。

⑥ 灌装　本品可以采用常温灌装。

6. 甜酱油调味汁

（1）产品配方　特级酱油 600kg，单晶冰糖 250kg，香葱碎 5kg，生姜片 10kg，桂皮 30kg，食盐 200kg，水 1000kg，山梨酸钾 0.5kg，焦糖色素 1.2kg 、酵母提取物 10kg。

（2）工艺流程

原料预处理→称量→调配→灭菌→降温→灌装→过金属探测器→检测→成品

（3）操作要点

① 原料预处理　香葱碎、生姜片、桂皮洗净后备用。

② 称量　根据设备情况，按配方要求同比例放大，准确称量各原料。

③ 调配　开启搅拌，向调配罐中加入特级酱油和单晶冰糖，升温至 95℃加入香葱碎、生姜片、桂皮、酵母提取物、山梨酸钾、焦糖色素和食盐，溶解均匀后调整料液可溶性固形物。

④ 灭菌　灭菌温度 95～100℃，保温时间 30min。

⑤ 灌装　加热灭菌后降温至 50℃以下灌装，灌口加装 120 目过滤网。

7. 蚝香调味汁

（1）产品配方　蚝油 200kg，特级生抽 120kg，食盐 60kg，辣椒粉 2kg，米酒 60kg，陈醋 25kg，水适量，白砂糖 20kg，变性淀粉 0.5kg，酵母提取物 5kg。

（2）工艺流程

原料预处理→称量→调配→灭菌→降温→灌装→过金属探测器→检测→成品

（3）操作要点

① 原料预处理　变性淀粉用适量水化开后备用。

② 称量　根据设备情况，按配方要求同比例放大，准确称量各原料。

③ 调配　开启搅拌，向调配罐中加入蚝油和特级生抽，升温至 95℃加入食盐、

辣椒粉、白砂糖、酵母提取物和淀粉水，溶解均匀后调整料液可溶性固形物。

④ 灭菌　灭菌温度 95～100℃，保温时间 30min。

⑤ 降温　降温至 85℃后加入米酒和陈醋。

⑥ 灌装　降温至 50℃以下灌装，灌口加装 80 目过滤网。

8. 孜然风味汁

（1）产品配方　孜然粉 10kg，洋葱汁 70kg，食盐 12kg，鸡汤 200kg，味精 10kg，鸡粉 4kg，变性淀粉 3kg，水适量。

（2）工艺流程

原料预处理→称量→调配→灭菌→灌装→过金属探测器→检测→成品

（3）操作要点

① 原料预处理　变性淀粉用适量水化开后备用。

② 称量　根据设备情况，按配方要求同比例放大，准确称量各原料。

③ 调配　开启搅拌，向调配罐中加入洋葱汁和鸡汤，升温至 95℃加入食盐、味精、鸡粉、孜然粉和淀粉水，溶解均匀后调整料液可溶性固形物。

④ 灭菌　灭菌温度 95～100℃，保温时间 30min。

⑤ 灌装　保持 85℃以上热灌装，灌口加装 80 目过滤网。

9. 芥末腐乳汁

（1）产品配方　白腐乳 50kg，白砂糖 15kg，芝麻油 1.5kg，芥末粉 2kg，食盐 16kg，番茄酱 0.8kg，芥末精油 0.5kg，水 130kg，双乙酸钠 0.8kg。

（2）工艺流程

原料预处理→称量→调配→灭菌→降温→灌装→过金属探测器→检测→成品

（3）操作要点

① 原料预处理　白腐乳和番茄酱分别过胶体磨磨碎后备用。

② 称量　根据设备情况，按配方要求同比例放大，准确称量各原料。

③ 调配　开启搅拌，向调配罐中加入水和白腐乳，升温至 95℃加入白砂糖、芝麻油、芥末粉、食盐、番茄酱和双乙酸钠，溶解均匀后调整料液可溶性固形物。

④ 灭菌　灭菌温度 95～100℃，保温时间 30min。

⑤ 降温　降温至 85℃，加入芥末精油，搅拌均匀后灌装。

⑥ 灌装　保持 85℃以上热灌装，灌口加装 80 目过滤网。

三、蘸汁

1. 海鲜汁

（1）产品配方　特级生抽 76kg，鱼露 8kg，白砂糖 4kg，味精 2kg，I＋G 0.2kg，苹果醋 2kg，辣椒油 4kg，生姜片 0.2kg，葱油 4kg，焦糖色素 0.5kg，鲣鱼液 0.2kg，水适量。

（2）工艺流程

原料预处理→称量→调配→灭菌→灌装→过金属探测器→检测→成品

（3）操作要点

① 原料预处理　生姜片洗净后加适量水打成姜泥备用。

② 称量　根据设备情况，按配方要求同比例放大，准确称量各原料。

③ 调配　开启搅拌，向调配罐中加入鱼露和特级生抽，升温至60℃加入白砂糖、味精、I+G、焦糖色素、姜泥和鲣鱼液，搅拌均匀后调整料液可溶性固形物。

④ 灭菌　灭菌温度95～100℃，保温时间20min后加入辣椒油和葱油，继续保温5min。

⑤ 降温　降温至85℃，加入苹果醋。

⑥ 灌装　降温至50℃灌装，灌口加装120目过滤网。

2. 麻酱汁

（1）产品配方　芝麻酱20kg，泡野山椒5kg，水52kg，食盐2kg，味精4.5kg，鲜蒜瓣1kg，芥末粉0.3kg，鸡汤10kg，白醋5kg，白砂糖3kg。

（2）工艺流程

原料预处理→称量→调配→灭菌→灌装→过金属探测器→检测→成品

（3）操作要点

① 原料预处理　鲜蒜瓣清洗干净后用切菜机切碎，泡野山椒过绞肉机切碎备用。

② 称量　根据设备情况，按配方要求同比例放大，准确称量各原料。

③ 调配　开启搅拌，向调配罐中加入配方中一半的水，然后加入芝麻酱，搅拌均匀后加入鸡汤、泡野山椒、食盐、味精、蒜泥、芥末粉和白砂糖，升温至60℃后过胶体磨、均质机，调整料液可溶性固形物。

④ 灭菌　灭菌温度95～100℃，保温时间20min。

⑤ 降温　降温至85℃，加入白醋，搅拌均匀后灌装。

⑥ 灌装　保持85℃以上热灌装，灌口加装120目过滤网。

3. 蒜蓉辣椒汁

（1）产品配方　鲜蒜瓣30kg，白砂糖20kg，白醋4kg，特级生抽50kg，食盐3kg，辣椒油树脂0.1kg，芝麻油10kg，水45kg，变性淀粉0.2kg。

（2）工艺流程

原料预处理→称量→调配→灭菌→灌装→过金属探测器→检测→成品

（3）操作要点

① 原料预处理　鲜蒜瓣清洗干净后用切菜机切碎，变性淀粉用少量水化成淀粉水。

② 称量　根据设备情况，按配方要求同比例放大，准确称量各原料。

③ 调配　开启搅拌，向调配罐中加入水和特级生抽，升温至60℃加入白砂糖、食盐、辣椒油树脂、芝麻油和蒜泥，搅拌均匀后过胶体磨、均质机，调整料液可溶性固形物。

④ 灭菌　灭菌温度95～100℃，保温时间10min。

⑤ 降温　降温至85℃，加入白醋，搅拌均匀后灌装。

⑥ 灌装　保持85℃以上热灌装，灌口加装120目过滤网。

4. 藤椒豉汁

（1）产品配方　藤椒油10kg，鸡汁4kg，豆豉5kg，食盐4kg，酱油20kg，水50kg，乳化淀粉1kg，植物油10kg。

（2）工艺流程

原料预处理→称量→调配→灭菌→灌装→过金属探测器→检测→成品

（3）操作要点

① 原料预处理　豆豉用斩拌机斩碎备用，乳化淀粉提前用少量水化开。

② 称量　根据设备情况，按配方要求同比例放大，准确称量各原料。

③ 调配　加入植物油升温至100℃，加入豆豉炒香，然后继续加入鸡汁、食盐、酱油、乳化淀粉、水和藤椒油，过胶体磨、均质机，调整料液可溶性固形物。

④ 灭菌　灭菌温度95～100℃，保温时间10min。

⑤ 灌装　保持85℃以上热灌装，灌口加装120目过滤网。

5. 酸辣汁

（1）产品配方　美极鲜味汁8kg，米醋10kg，陈醋9.6kg，保宁醋36kg，生抽30kg，辣鲜露7kg，味精0.8kg，白砂糖2kg，山梨酸钾0.05kg，辣椒酱0.5kg。

（2）工艺流程

原料→称量→调配→灭菌→降温→灌装→过金属探测器→检测→成品

（3）操作要点

① 称量　根据设备情况，按配方要求同比例放大，准确称量各原料。

② 调配　开启搅拌，向调配罐中加入生抽、美极鲜味汁、辣椒酱、白砂糖、辣鲜露和山梨酸钾，搅拌均匀后过胶体磨。

③ 灭菌　灭菌温度95～100℃，保温时间20min。

④ 降温　降温至85℃，加入陈醋、米醋和保宁醋。

⑤ 灌装　本品可采用常温灌装，灌口加装60目过滤网。

6. 果香调味汁

（1）产品配方　西柠汁（香柠汁）：浓缩西柠汁500kg，白醋600kg，白砂糖600kg，食盐50kg，水600kg，牛油150kg，芝士粉25kg，柠檬400kg，柠檬黄色素0.2kg。

复合橙汁：浓缩橙汁 200kg，鲜橙 1000kg，白醋 600kg，白砂糖 600kg，青柠 100kg，水 600kg，柠檬黄色素 0.2kg，米酒 100kg。

（2）工艺流程

原料预处理→称量→调配→灭菌→降温→包装→成品

（3）操作要点

① 原料预处理　将柠檬、青柠榨汁，过 120 目滤网除渣留液备用，柠檬黄色素提前用少量水化开。

② 称量　根据设备情况，按配方要求同比例放大，准确称量各原料。

③ 调配　将除米酒和白醋之外的原料投入到滤液中，混合均匀。

④ 灭菌　将料液加热至 95～100℃，保温 20min 灭菌。

⑤ 降温　降温至 85℃，加入白醋和米酒。

⑥ 包装　本品采用常温灌装。

7. 麻辣汁

（1）产品配方　辣椒粉 3kg，花椒粉 1kg，芝麻酱 1kg，米醋 22.5kg，特级生抽 18kg，香葱碎 3kg，香菜碎 3kg，姜丁 2kg，鸡粉 0.5kg，白砂糖 15kg，味精 1kg，变性淀粉 0.2kg，植物油 25kg，鸡汤 6kg，山梨酸钾 0.05kg，食盐 2kg。

（2）工艺流程

原料预处理→称量→调配→灭菌→降温→灌装→过金属探测器→检测→成品

（3）操作要点

① 原料预处理　香葱碎、香菜碎、姜丁提前洗净备用，变性淀粉提前用少量水化开。

② 称量　根据设备情况，按配方要求同比例放大，准确称量各原料。

③ 调配　加入植物油升温至 100℃，加入香葱碎炸至微黄，然后加入除米醋外的其他原料，过胶体磨、均质机，调整料液可溶性固形物。

④ 灭菌　灭菌温度 95～100℃，保温时间 10min。

⑤ 降温　降温至 85℃后加入米醋，搅拌均匀后灌装。

⑥ 灌装　保持 75℃以上热灌装，灌口加装 120 目过滤网。

8. 甜辣汁

（1）产品配方　水 85kg，辣椒酱 5kg，红枣浓缩汁 10kg，蒜泥 0.5kg，番茄酱 0.2kg，味精 0.5kg，食盐 2kg，变性淀粉 0.05kg，山梨酸钾 0.05kg。

（2）工艺流程

原料预处理→称量→调配→灭菌→灌装→过金属探测器→检测→成品

（3）操作要点

① 原料预处理　变性淀粉加少量水化开后备用。

② 称量　根据设备情况，按配方要求同比例放大，准确称量各原料。

③ 调配　开启搅拌将水加入调配罐中，升温至60℃加入辣椒酱、番茄酱、红枣浓缩汁、蒜泥、食盐、味精、变性淀粉、山梨酸钾，全部原料溶解后过胶体磨、均质机，调整料液可溶性固形物。

④ 灭菌　灭菌温度95～100℃，保温时间30min。

⑤ 灌装　保持75℃以上热灌装，灌口加装80目过滤网。

9. 韭花汁

（1）产品配方

水55kg，韭花酱18kg，蒜泥1kg，花生酱5kg，特级生抽4kg，食盐4kg，味精0.5kg，变性淀粉0.05kg，植物油15kg。

（2）工艺流程

原料预处理→称量→调配→灭菌→灌装→过金属探测器→检测→成品

（3）操作要点

① 原料预处理　变性淀粉加少量水化开后备用。

② 称量　根据设备情况，按配方要求同比例放大，准确称量各原料。

③ 调配　开启搅拌加入植物油，升温至100℃后加入韭花酱和花生酱炒香，然后加入蒜泥、特级生抽、食盐、味精、变性淀粉、水，搅拌均匀后过均质机。

④ 灭菌　灭菌温度95～100℃，保温时间30min。

⑤ 灌装　保持75℃以上热灌装，灌口加装80目过滤网。

⑥ 成品　本品需冷冻保存。

四、拌汁

1. 中华凉面汁

（1）产品配方　酱油180mL，盐33.6g，味精12g，鸡精6.4g，I+G 1g，白糖104g，猪肉浓汤22g，蔬菜精膏25g，焦糖色素3.9g，酸水解植物蛋白调味液180mL，酵母抽提物5.4g，甘氨酸1.4g，果葡糖浆190g，阿斯巴甜0.7g，苹果酸4.2g，水280mL。

（2）工艺流程

原料→称量→调配→灭菌→降温→包装→检测→成品

（3）操作要点

① 称量　根据设备情况，按配方要求同比例放大，准确称量各原料。

② 调配　将物料投入加热锅中，边搅拌边投料，使物料充分混合均匀。

③ 灭菌　加热至95～100℃，保温30min灭菌。

④ 降温　降温至50℃以下加入阿斯巴甜。

⑤ 灌装　本品可以采用常温灌装。

2. 沙茶味凉面汁

（1）产品配方　特级生抽 150mL，食盐 60g，味精 40g，I＋G 2g，白砂糖 180g，鸡肉膏 60g，白胡椒粉 1g，沙茶酱 20g，虾酱 3g，酸水解植物蛋白调味液 100mL，蒜汁 20g，干贝素 1g，白醋 60mL，水 400mL。

（2）工艺流程

原料→称量→调配→灭菌→降温→包装→检测→成品

（3）操作要点

① 称量　根据设备情况，按配方要求同比例放大，准确称量各原料。

② 调配　开启搅拌加入水、特级生抽和酸水解植物蛋白调味液，升温至 60℃，加入鸡肉膏、沙茶酱、虾酱、蒜汁、干贝素、白胡椒粉、食盐和白砂糖，搅拌均匀后调整料液固形物含量。

③ 灭菌　混合物料加热至 95～100℃，保温 30min 灭菌。

④ 降温　降温至 85℃加入白醋、味精和 I＋G。

⑤ 灌装　保持 85℃热灌装，灌口加装 120 目筛网。

3. 红油凉面汁

（1）产品配方　特级生抽 260mL，食盐 40g，味精 40g，I＋G 2g，白砂糖 180g，红烧猪肉膏 30g，酵母抽提物 2g，特细辣椒粉 1.6g，蒜汁 8g，干贝素 1g，白醋 40mL，水 450mL。

（2）工艺流程

原料→称量→调配→灭菌→降温→灌装→检测→成品

（3）操作要点

① 称量　根据设备情况，按配方要求同比例放大，准确称量各原料。

② 调配　开启搅拌向调配罐中加入水和特级生抽，升温至 60℃后加入食盐、白砂糖、红烧猪肉膏、酵母抽提物、特细辣椒粉、蒜汁和干贝素，全部搅拌均匀后调整固形物含量。

③ 灭菌　混合物料加热至 95～100℃，保温 30min 灭菌。

④ 降温　降温至 85℃，加入白醋、味精和 I＋G。

⑤ 灌装　保持 85℃热灌装，灌口加装 60 目洁净筛网。

4. 鸡丝凉面汁

（1）产品配方　酱油 80mL，盐 36g，味精 60g，鸡精 6.4g，I＋G 1g，白糖 50g，鸡骨（肉）浓汤 80g，鸡肉咸味香精 20g，白胡椒粉 3g，特细辣椒粉 0.6g，酸水解植物蛋白调味液 120mL，干贝素 1g，甜菊苷粉 0.2g，白醋（15%）40mL，水 550mL。

（2）工艺流程

原料→称量→调配→灭菌→降温→灌装→检测→成品

（3）操作要点

① 称量　根据设备情况，按配方要求同比例放大，准确称量各原料。

② 调配　开启搅拌，向调配罐中加入水、特级生抽和鸡骨（肉）浓汤，升温至 60℃后加入除白醋、味精、I＋G 外的其他原料，搅拌均匀后调整料液可溶性固形物含量。

③ 灭菌　混合物料加热至 95～100℃，保温 30min 灭菌。

④ 降温　降温至 85℃后加入剩余原料。

⑤ 灌装　保持 85℃热灌装，灌口加装 60 目洁净筛网。

5. 鲜香拌面汁

（1）产品配方　植物油 4.2kg，猪油 3.2kg，鸡油 3.2kg，葱段 6.3kg，生姜片 1.1kg，香菇粉 0.5kg，生抽 105kg，单晶冰糖 21kg，水 18.9kg，焦糖色素 0.5kg，味精 3.4kg，I＋G 0.4kg，八角 0.2kg，草果 1.3kg，陈皮 0.6kg，香菇浸膏 0.5kg，山梨酸钾 0.1kg。

（2）工艺流程

原料预处理→称量→煸炒→调配→灭菌→降温→灌装→检测→成品

（3）操作要点

① 原料预处理　葱段、生姜片等洗净后备用。

② 称量　根据设备情况，按配方要求同比例放大，准确称量各原料。

③ 煸炒　开启搅拌将植物油、猪油和鸡油加入炒锅中，升温至 100℃后加入生姜片、葱段、八角、草果、陈皮炒至微黄，去渣留油加入调配罐中。

④ 调配　向调配罐中加入香菇粉、生抽、单晶冰糖、水、焦糖色素、味精和山梨酸钾，搅拌均匀后调整可溶性固形物含量。

⑤ 灭菌　混合物料加热至 95～100℃，保温 20min 灭菌。

⑥ 降温　降温至 85℃后加入香菇浸膏和 I＋G。

⑦ 灌装　保持 85℃热灌装，灌口加装 60 目洁净筛网。

6. 凉粉调味汁

（1）产品配方　特级生抽 35kg，白砂糖 7kg，食盐 3kg，味精 6kg，米醋 52kg，花椒粉 0.6kg，熟芝麻 0.2kg。

（2）工艺流程

原料→称量→调配→灭菌→降温→灌装→检测→成品

（3）操作要点

① 称量　根据设备情况，按配方要求同比例放大，准确称量各原料。

② 调配　开启搅拌向调配罐中加入特级生抽，升温至 60℃后加入白砂糖、食盐、味精、花椒粉、熟芝麻，搅拌均匀后调整料液可溶性固形物含量。

③ 灭菌　混合物料加热至 95～100℃，保温 20min 灭菌。

④ 降温　降温至80℃后加入米醋。

⑤ 灌装　本品可采用常温灌装。

7. 凉皮汁

（1）产品配方　水63.5kg，食盐5kg，味精5.6kg，白砂糖2kg，鸡粉1kg，I+G 0.1kg，香醋12kg，生抽14kg，山梨酸钾0.05kg。

（2）工艺流程

原料→称量→调配→灭菌→降温→灌装→检测→成品

（3）操作要点

① 称量　根据设备情况，按配方要求同比例放大，准确称量各原料。

② 调配　开启搅拌向调配罐中加入生抽和水，升温至60℃后加入白砂糖、食盐、味精、鸡粉和山梨酸钾，搅拌均匀后调整料液可溶性固形物含量。

③ 灭菌　混合物料加热至95～100℃，保温20min灭菌。

④ 降温　降温至80℃后加入香醋和I+G。

⑤ 灌装　本品可采用常温灌装。

8. 大拌菜汁

（1）产品配方

淡味调味汁：橄榄油30kg，葡萄醋9kg，蛋黄5kg，白砂糖5kg，食盐1.5kg，味精0.8kg，黄原胶2kg，水40kg。

中式调味汁：食醋70mL，香油90mL，酱油80mL，食盐5g，味精3g，葱末8g，辣椒粉0.6g，芝麻5g，芥末粉0.3g，白砂糖10g，糊精5g，蒜末1g。

西班牙风味调味汁：葡萄醋50g，橄榄油100g，食盐8g，胡椒粉0.5g，柠檬汁50g，酸橙汁50g，白砂糖25g，咖喱粉3g，薄荷叶末9.5g。

日式调味汁：色拉油38kg，食醋14kg，蛋黄6kg，白砂糖5kg，味精1kg，食盐5kg，芥末粉1kg，味淋5kg，预糊化淀粉3.5kg，糊精3kg，水25kg。

匈牙利风味调味汁：食醋50kg，色拉油110kg，食盐3kg，白砂糖0.5kg，胡椒粉0.5kg，辣椒红色素1.5kg，洋葱碎末40kg，味精0.3kg。

印度风味调味汁：白醋50kg，色拉油110kg，食盐3kg，白砂糖2kg，丁香粉0.1kg，胡椒粉0.5kg，咖喱粉15kg，洋葱泥40kg，味精0.5kg。

（2）工艺流程

原料→称量→调配→灭菌→降温→灌装→检测→成品

（3）操作要点

① 称量　根据设备情况，按配方要求同比例放大，准确称量各原料。

② 调配　将除醋外的物料投入加热锅中，边搅拌边投料，使物料充分混合均匀。需要预先把黄原胶与白砂糖粉充分混合，同时保持高速搅拌，使黄原胶充分溶化于水中。

③ 灭菌　加热至 95～100℃，保温 10min 灭菌。

④ 降温　醋类原料在加热灭菌降温至 70℃ 以下后加入。

⑤ 灌装　本品可以采用常温灌装。

9. 怪味酱汁

（1）产品配方　芝麻酱 14kg，白砂糖 11kg，花椒粉 1.5kg，白胡椒粉 0.5kg，鸡汁 4.5kg，香油 2kg，食盐 2kg，特级生抽 13.5kg，香醋 13.5kg，辣椒油 10kg，水 30kg，乳化淀粉 0.2kg。

（2）工艺流程

原料预处理→称量→调配→灭菌→降温→灌装→检测→成品

（3）操作要点

① 原料预处理　乳化淀粉预先用少量水化开后备用。

② 称量　根据设备情况，按配方要求同比例放大，准确称量各原料。

③ 调配　开启搅拌向调配罐中加入水和芝麻酱，搅拌均匀升温至 60℃，然后加入白砂糖、特级生抽、花椒粉、白胡椒粉、鸡汁、香油、食盐、辣椒油和乳化淀粉，搅拌均匀后过均质机。

④ 灭菌　混合物料加热至 95～100℃，保温 20min 灭菌。

⑤ 降温　降温至 85℃ 后加入香醋。

⑥ 灌装　保持 85℃ 热灌装，灌口加装 60 目洁净筛网。

10. 老醋木耳调味汁

（1）产品配方　陈醋 32kg，蚝油 32kg，特级生抽 12kg，香油 7kg，辣椒油 7kg，白砂糖 6kg，味精 4kg，食盐 3kg。

（2）工艺流程

原料→称量→调配→灭菌→降温→灌装→检测→成品

（3）操作要点

① 称量　根据设备情况，按配方要求同比例放大，准确称量各原料。

② 调配　开启搅拌向调配罐中加入特级生抽，升温至 60℃，然后加入蚝油、白砂糖、味精和食盐搅拌均匀。

③ 灭菌　混合物料加热至 95～100℃，保温 20min 灭菌，然后加入香油和辣椒油继续保温 5min。

④ 降温　降温至 80℃ 后加入陈醋。

⑤ 灌装　降温至 50℃ 灌装，灌口加装 80 目筛网。

11. 口水味汁

（1）产品配方　水 50kg，生姜片 4kg，老抽 0.5kg，八角碎 0.2kg，山柰碎 0.4kg，白胡椒粉 0.2kg，绵白糖 30kg，味精 1kg，食盐 17kg，I+G 0.05kg，山梨酸钾 0.05kg。

（2）工艺流程

原料预处理→称量→调配→灭菌→降温→灌装→检测→成品

（3）操作要点

① 原料预处理　八角碎、山柰碎分别打成粉备用。

② 称量　根据设备情况，按配方要求同比例放大，准确称量各原料。

③ 调配　开启搅拌向调配罐中加入水升温至 60℃，然后加入老抽、生姜片、八角粉、山柰粉、白胡椒粉、绵白糖、味精、食盐，搅拌均匀后调整可溶性固形物含量。

④ 灭菌　混合物料加热至 95～100℃，保温 20min 灭菌。

⑤ 降温　降温至 85℃后加入 I＋G。

⑥ 灌装　保持 85℃热灌装，灌口加装 120 目洁净筛网。

12. 椒麻汁

（1）产品配方　水 15kg，植物油 15kg，辣椒段 4kg，特级生抽 13kg，青花椒 4kg，白砂糖 1.5kg，鸡粉 2kg，味精 1.5kg，I＋G 0.2kg，海鲜酱 50kg，食盐 2.5kg，麻椒精油 0.2kg，山梨酸钾 0.05kg，辣椒粉 2kg。

（2）工艺流程

原料预处理→称量→煸炒→调配→灭菌→降温→灌装→检测→成品

（3）操作要点

① 原料预处理　辣椒段清洗后沥干水分备用。

② 称量　根据设备情况，按配方要求同比例放大，准确称量各原料。

③ 煸炒　开启搅拌将植物油加入炒锅中，然后升温至 100℃后加入辣椒段和青花椒炒香，降温至 70℃加入辣椒粉，5min 后用筛网过滤，去渣留油放入调配罐中。

④ 调配　向调配罐加入海鲜酱、特级生抽、水、白砂糖、鸡粉、味精、食盐、山梨酸钾，搅拌均匀后调整可溶性固形物含量。

⑤ 灭菌　混合物料加热至 95～100℃，保温 20min 灭菌。

⑥ 降温　降温至 85℃后加入 I＋G 和麻椒精油，搅拌均匀后灌装。

⑦ 灌装　保持 85℃热灌装，灌口加装 40 目洁净筛网。

13. 石锅拌饭汁

（1）产品配方　白味噌 100g，酸水解植物蛋白调味液 140mL，番茄沙司 150g，白砂糖 60g，食盐 160g，干贝素 1g，洋葱 54g，辣椒粉 56g，红柿椒粉 26g，韩式甜辣酱 8g，麦芽糖浆 30g，蒜泥 100g，白醋 90mL，发酵调味液 30mL。

（2）工艺流程

原料预处理→称量→调配→加热→灭菌→降温→灌装→检测→成品

（3）操作要点

① 原料预处理　洋葱加少量水打成泥备用。

② 称量　根据设备情况，按配方要求同比例放大，准确称量各原料。

③ 调配　开启搅拌将发酵调味液、酸水解植物蛋白调味液加入调配罐，升温至60℃加入白味噌、番茄沙司、白砂糖、食盐、干贝素、洋葱泥、辣椒粉、红柿椒粉、韩式辣椒酱、麦芽糖浆、蒜泥，搅拌均匀后过胶体磨。

④ 灭菌　加热至95～100℃，保持30min灭菌。

⑤ 降温　降温至85℃，加入白醋搅拌均匀后灌装。

⑥ 灌装　保持85℃热灌装，灌口加装20目洁净筛网。

14. 奶油意面酱汁

（1）产品配方　人造奶油29g，中筋面粉46g，牛奶200g，鸡肉精膏6g，洋葱粉2g，白胡椒粉1g，盐6.5g，鸡精0.5g，干贝素0.2g，I+G 0.4g，味精8g，变性淀粉2g，奶酪粉末65g，加水至成品800g。

（2）工艺流程

原料预处理→称量→调配→灭菌→灌装→检测→成品

（3）操作要点

① 原料预处理　变性淀粉用少量水化开后制成水淀粉备用。

② 称量　根据设备情况，按配方要求同比例放大，准确称量各原料。

③ 调配　向调配罐中加入人造奶油，升温同时开启搅拌，奶油化开之后加入中筋面粉加热到95～100℃保温30min，然后依次缓慢加入牛奶、水、鸡肉精膏、奶酪粉末、洋葱粉、白胡椒粉、盐、鸡精、干贝素、I+G、味精和变性淀粉，其间调配罐温度保持90℃以上，搅拌均匀后灭菌。

④ 灭菌　本品采用超高温瞬时灭菌，灭菌温度135℃，时间10s。

⑤ 灌装　保持85℃热灌装，灌口加装20目洁净筛网。

⑥ 成品　本品为低盐产品，需低温（0～4℃）储存和流通。

15. 蛤蜊番茄意面汁

（1）产品配方　色拉油60g，鲜大蒜8g，朝天辣椒0.15g，洋葱280g，番茄酱100g，去皮番茄罐头（整番茄）300g，牛肉精膏11g，白糖20g，盐19g，味精2g，月桂粉0.2g，黑胡椒粉2g，变性淀粉5g，冷冻蛤蜊肉250g，水150g。

（2）工艺流程

原料预处理→称重→煸炒→调配→灭菌→灌装→检测→成品

（3）操作要点

① 原料预处理　洋葱和鲜大蒜洗净后打成泥状备用，去皮番茄切成小块儿，冷冻蛤蜊肉解冻。变性淀粉加水化开成水淀粉备用。

② 煸炒　开启搅拌，向调配罐中加入色拉油升温至100℃，放入蒜末和朝天辣

椒炸至微黄，然后放入洋葱炸至微黄。

③ 调配　依次向调配罐中投入番茄酱、牛肉精膏、月桂粉和水，95～100℃保温 30 分钟，然后加整番茄、调味料和蛤蜊肉，加水淀粉，搅拌均匀后过胶体磨、均质机。

④ 灭菌　温度 95～100℃，保温 30min。

⑤ 灌装　本品为低盐产品，热灌装温度大于 85℃，灌口加装 20 目洁净筛网。

⑥ 成品　本品需冷藏（0～4℃）流通。

16. 番茄意面酱汁

（1）产品配方　色拉油 50g，洋葱 220g，胡萝卜 45g，番茄酱 400g，盐 20.5g，白糖 22g，味精 20g，I＋G 0.25g，鸡精 1.5g，柠檬酸钠 0.7g，月桂叶粉 0.2g，蒜粉 0.2g，肉豆蔻粉 0.15g，西芹粉 0.1g，番茄沙司 300g，水 400g。

（2）工艺流程

原料预处理→称重→煸炒→调配→灭菌→灌装→检测→成品

（3）操作要点

① 原料预处理　洋葱和胡萝卜洗净后用切菜机切丁备用。

② 煸炒　开启搅拌，向调配罐中加入色拉油升温至 100℃，放入洋葱丁和胡萝卜丁炸至微黄。

③ 调配　向调配罐中投入番茄酱和水，升温至 95～100℃煮沸 50min，然后加入剩余原料煮沸 20min，搅拌均匀后过胶体磨、均质机。

④ 灭菌　温度 95～100℃，保温 30min。

⑤ 灌装　本品为低盐产品，热灌装温度大于 85℃，灌口加装 20 目洁净筛网。

⑥ 成品　本品需冷藏（0～4℃）流通。

五、炖汁（汤汁）

1. 关东煮汁

（1）产品配方　水 45kg，鱼粉 0.2kg，特级生抽 6kg，麦芽糖浆 10kg，食盐 13kg，白砂糖 10kg，酸水解植物蛋白调味液 1kg，本味淋 3kg，味精 2kg，海带汁 1.5kg，鲣鱼汁 1.8kg，焦糖色素 0.5kg，柠檬酸钠 0.45kg，I＋G 0.05kg。

（2）工艺流程

原料→称量→调配→灭菌→降温→灌装→检测→成品

（3）操作要点

① 称量　根据设备情况，按配方要求同比例放大，准确称量各原料。

② 调配　开启搅拌加入所有液体原料，升温至 60℃后加入除 I＋G 外的粉体原料，搅拌均匀调整可溶性固形物含量。

③ 灭菌　混合物料加热至 95～100℃，保温 20min 灭菌。

④ 降温　降温至 85℃后加入 I+G。

⑤ 灌装　保持 85℃热灌装，灌口加装 60 目洁净筛网。

2. 卤蛋调味汁

（1）产品配方　水 6kg，鸡精 0.8kg，红糖 3kg，红茶粉 0.5kg，特级生抽 80kg，丁香粉 1kg，肉桂粉 3kg，八角粉 1kg，小茴香粉 1kg，焦糖色素 1.5kg，变性淀粉 0.05kg，食盐 6kg。

（2）工艺流程

原料预处理→称量→调配→灭菌→灌装→检测→成品

（3）操作要点

① 原料预处理　红茶粉、八角粉、丁香粉、肉桂粉、小茴香粉提前用沸水浸泡 2h 备用，变性淀粉提前用少量水化开备用。

② 称量　根据设备情况，按配方要求同比例放大，准确称量各原料。

③ 调配　开启搅拌加入所有原料，搅拌均匀后调整可溶性固形物含量。

④ 灭菌　混合物料加热至 95～100℃，保温 20min 灭菌。

⑤ 灌装　保持 70～85℃热灌装，灌口加装 40 目洁净筛网。

3. 炖牛腩汁（港式）

（1）产品配方　特级生抽 5kg，草菇老抽 10kg，蚝油 50kg，白砂糖 10kg，花雕酒 20kg，黄油 5kg。

（2）工艺流程

原料→称量→调配→灭菌→降温→灌装→检测→成品

（3）操作要点

① 称量　根据设备情况，按配方要求同比例放大，准确称量各原料。

② 调配　开启搅拌加入除花雕酒之外的所有原料，搅拌均匀后灭菌。

③ 灭菌　混合物料加热至 95～100℃，保温 30min 灭菌。

④ 降温　降温至 70℃加入花雕酒，搅拌均匀后测定料液可溶性固形物含量。

⑤ 灌装　降温至 50℃左右灌装，灌口加装 60 目洁净筛网。

4. 红烧牛肉汤汁

（1）产品配方　水 30kg，牛肉浸膏 6.2kg，牛肉提取物 20kg，变性淀粉 1.5kg，特级生抽 2kg，白砂糖 2kg，牛油 2kg，糊精 10kg，八角粉 0.1kg，桂皮粉 0.2kg，草果粉 0.2kg，味精 10kg，I+G 0.4kg，食盐 13.5kg，酸水解植物蛋白粉 2kg。

（2）工艺流程

原料预处理→称量→调配→灭菌→灌装→检测→成品

（3）操作要点

① 原料预处理　变性淀粉用少量水化开后制成水淀粉备用。

② 称量　根据设备情况，按配方要求同比例放大，准确称量各原料。

③ 调配　开启搅拌向调配罐中加入水并升温至 60℃，加入所有原料搅拌均匀后调整可溶性固形物含量。

④ 灭菌　混合物料加热至 95～100℃，保温 30min。

⑤ 灌装　降温至 50℃灌装，灌口加装 40 目筛网。

5. 罗宋汤汁

（1）产品配方　水 53.8kg，圆白菜 13.4kg，番茄酱 7.6kg，洋葱 7.6kg，胡萝卜 4.6kg，肥牛肉 1.4kg，白砂糖 1.4kg，西芹丁 1.8kg，麦芽糖浆 5kg，鲜蒜米 0.4kg，鸡粉 2kg，酵母粉 0.7kg，白醋 0.4kg，辣椒红色素 0.01kg，人造奶油 0.7kg，牛肉粉 1kg，月桂叶粉 0.02kg，I＋G 0.1kg，土豆丁 4.5kg，山梨酸钾 0.05kg。

（2）工艺流程

原料预处理→称量→煸炒→调配→灭菌→灌装→检测→成品

（3）操作要点

① 原料预处理　圆白菜、洋葱、胡萝卜清洗干净后用切菜机切碎备用，肥牛肉切成肉丁备用。

② 称量　根据设备情况，按配方要求同比例放大，准确称量各原料。

③ 煸炒　人造奶油加入炒锅升温至 100℃后加入洋葱和番茄酱炒香，然后加入土豆丁和西芹丁继续煸炒 10min。

④ 调配　开启搅拌向调配罐中加入水并升温至沸腾，加入牛肉丁煮 20min，然后加入炒好的蔬菜和除圆白菜丁之外的其他原料，搅拌均匀。

⑤ 灭菌　混合物料加热至 95～100℃，煮沸 20min 灭菌，然后加入圆白菜丁继续保温 5min。

⑥ 灌装　保持 70～85℃热灌装。

⑦ 成品　本品为低盐产品，需冷冻（－18℃）保存，冷链运输。

6. 酸辣汤汁

（1）产品配方　水 75kg，鸡骨汤 6kg，特级生抽 0.2kg，白砂糖 0.05kg，保宁醋 5kg，变性淀粉 1.5kg，味精 1kg，白胡椒粉 0.2kg，麦芽糖浆 8kg，山梨酸钾 0.05kg，火腿丝 2kg，熟鸡肉丝 4kg，蘑菇丝 2kg，木耳丝 2kg。

（2）工艺流程

原料预处理→称量→调配→灭菌→降温→灌装→检测→成品

（3）操作要点

① 原料预处理　变性淀粉加少量水化开做成水淀粉备用，木耳丝、蘑菇丝洗净备用。

② 称量　根据设备情况，按配方要求同比例放大，准确称量各原料。

③ 调配　开启搅拌向调配罐中加入水和鸡骨汤并升温至沸腾，加入除保宁醋

和白胡椒粉之外的其他原料，搅拌均匀。

④ 灭菌　升温至 95～100℃，保温 30min。

⑤ 降温　降温至 85℃加入保宁醋和白胡椒粉。

⑥ 灌装　保持 70～80℃热灌装。

⑦ 成品　本品为低盐产品，需冷冻（-18℃）保存，冷链运输。

7. 拉面调味汁

（1）产品配方

配方一：生抽 450kg，老抽 30kg，味精 55kg，砂糖 40kg，I+G 1kg，食盐 60kg，豆瓣辣酱 13kg，生姜 8kg，鲜大蒜 8kg，鱼露 20kg，植物蛋白水解液 50kg，焦糖色 10kg，黑胡椒粉 1kg，猪肉膏 40kg，加水 200kg。

配方二：生抽 25L，蛋白水解液 20L，食盐 100kg，砂糖 20kg，鸡粉 2.5kg，猪肉粉 1kg，I+G 0.3kg，大葱 10kg，生姜 5kg，白胡椒 0.2kg，丁香 0.1kg，八角 0.1kg，芝麻油 2kg，豆瓣酱 1kg，丙氨酸 5kg，加水至 1000L。

（2）工艺流程

原料预处理→称量→调配→灭菌→降温→灌装→检测→成品

（3）操作要点

① 原料预处理　用榨汁机将生姜和大蒜打成泥状备用。

② 称重　根据设备情况，按配方要求同比例放大，准确称量各原料。

③ 调配　开启搅拌，向调配罐中加入除芝麻油（配方二）之外的其他原料，搅拌均匀后过胶体磨，调整料液可溶性固形物含量。

④ 灭菌　温度 95～100℃，保温 20min。

⑤ 降温　降温至 85℃加入芝麻油（配方二）。

⑥ 灌装　保持温度大于 85℃热灌装，灌口加装 20 目洁净晒网。

8. 几款中式面汤料

（1）产品配方

鸡香面汤料：酱油 80mL，食盐 86g，味精 60g，I+G 2g，白砂糖 48g，鸡骨白汤 200g，鸡肉咸味香精 10g，酵母抽提物 40g，白胡椒粉 3g，辣椒粉 1g，酸水解植物蛋白调味液 100mL，黄酒 40mL，干贝素 0.8g，水 400mL。

上海鸡丝面汤料：酱油 80mL，食盐 80g，味精 80g，I+G 1.4g，白砂糖 40g，鸡骨白汤 130g，酵母抽提物 10g，白胡椒粉 1g，八角粉 0.2g，姜泥 14g，酸水解植物蛋白调味液 240mL，乳酸（50%）2.4g，干贝素 0.8g，水 400mL。

老汤面汤汁：酱油 560mL，食盐 60g，味精 50g，I+G 1.4g，白糖 70g，红烧牛肉膏 50g，牛骨清汤 20g，鸡骨白汤 30g，蚝汁 8g，黑胡椒粉 0.4g，五香粉 0.1g，花椒粉 0.4g，蒜泥 11g，姜泥 9g，酸水解植物蛋白调味液 100mL，黄豆酱 13g，水 100mL。

麻辣牛肉面汤料：食盐 102g，味精 80g，I＋G 1.4g，白砂糖 30g，瓜尔胶 1.6g，花椒粉 1.8g，豆瓣辣酱 40g，牛肉精膏 60g，牛肉咸味香精 20g，酵母抽提物 2g，辣椒粉 3g，麻椒粉 4g，八角粉 0.2g，姜泥 20g，蒜泥 18g，果葡糖浆 60g，酸水解植物蛋白调味液 140mL，黄酒 60mL，干贝素 0.8g，水 400mL。

臊子面汤料：酱油 240mL，食盐 100g，味精 40g，I＋G 1g，白砂糖 90g，瓜尔胶 2g，白胡椒粉 3g，豆瓣辣酱 20g，猪肉精膏 60g，猪肉咸味香精 8g，酵母膏 6g，红辣椒粉 1g，姜泥 8g，冻猪肉馅（8mm）50g，干香菇粒 10g，变性淀粉 22g，干贝素 0.8g，乳酸（50%）10g，白醋 40mL，水 360mL。

四川担担面汤料：酱油 162mL，食盐 28g，味精 39g，I＋G 1g，白砂糖 128g，辣椒粉 2.4g，红柿椒粉 1.6g，芝麻酱 217g，郫县豆瓣 8g，豆胶 1.2g，果葡糖浆 16g，酸水解植物蛋白调味液 80mL，辣椒油 12g，芝麻油 52g，冻猪肉馅（8mm）68g，水 145mL。

四川牌坊面汤料：淡口酱油 100mL，食盐 142g，味精 60g，I＋G 1g，白砂糖 20g，白胡椒粉 3g，酵母抽提物 3g，豆瓣辣酱 20g，猪骨白汤 100g，鸡骨白汤 60g，猪肉咸味香精 4g，姜泥 8g，干贝素 1g，虾酱 9g，水 520mL。

五香牛肉面汤料：食盐 79g，味精 60g，I＋G 1.4g，白砂糖 38g，辣椒粉 1.4g，瓜尔胶 1.8g，黑胡椒粉 2g，陈皮粉 0.2g，八角粉 0.2g，花椒粉 0.4g，焦糖色素 1g，牛骨白汤 90g，牛肉咸味香精 3g，洋葱汁 5g，姜泥 20g，干贝素 1g，烤牛脂 40g，酸水解植物蛋白调味液 240mL，水 420mL。

海鲜拉面料：酱油 320mL，食盐 100g，白砂糖 64g，鲣鱼精膏 64g，焦糖色素 6.4g，海带汁 58g，猪骨白汤 20g，蔬菜汁 30g，干贝素 1g，酸水解植物蛋白调味液 240mL，水 210mL。

（2）工艺流程

原料→称量→调配→灭菌→降温→灌装→检测→成品

（3）操作要点

① 本品为热灌装（85℃以上）。

② 加热灭菌条件　温度 95～100℃，视不同产品，持续 20～40min。

③ 为防止醋酸和酒精挥发，白醋、黄酒需在灌装前添加。

④ 瓜尔胶与白糖粉混合均匀后投入水中并快速搅拌。

9. 朝鲜冷面汤汁

（1）产品配方

配方一：特级生抽 60mL，食盐 135g，味精 140g，I＋G 2g，白砂糖 100g，鸡精 5g，牛肉膏 50g，酸水解植物蛋白调味液 50g，豆瓣酱 22g，焦糖色素 12g，乌斯塔沙司 60g，甜菊糖苷 0.35g，柠檬酸 7g，白醋（15%）60mL，苹果醋（5%）35mL，酒精（95%）30mL，水 380mL。

配方二：特级生抽 80mL，食盐 110g，味精 80g，I+G 1g，白糖 50g，猪肉精膏 12g，秋刀鱼精膏 24g，扇贝汁 12g，辣椒粉 2g，焦糖色素 4.8g，白菜精膏 6g，果葡糖浆 206g，苹果汁 80g，苹果酸 3.2g，苹果醋 18mL，白醋（15％）42mL，酒精（95％）28mL，水 360mL。

配方三：豆酱（深色）30kg，乌斯塔沙司 40kg，牛骨素 40kg，味精 80kg，I+G 3kg，白砂糖 110kg，豆瓣酱 22kg，食盐 80kg，阿斯巴甜 1.6kg，鸡精 10kg，焦糖色素 8kg，水 480kg，食醋（15％）75kg，苹果醋（5％）40kg。

配方四：果葡糖浆 15kg，食醋（4.2％）13kg，酸水解植物蛋白调味液 10kg，白砂糖 9kg，食盐 5.5kg，味精 7kg，鸡精 10kg，琥珀酸 0.5kg，乳酸（50％）0.8kg，芝麻油 1.2kg，青花鱼精（液）0.5kg，柠檬酸 0.45kg，苹果酸 0.3kg，水 36kg。

（2）工艺流程

原料→称量→调配→灭菌→降温→灌装→检测→成品

（3）操作要点

① 灭菌　温度 95～100℃，保温 30min。

② 降温　为防止醋酸和酒精挥发，醋类和酒精类需降温至 70℃ 以后加入。

③ 灌装　本产品可常温灌装。

10. 日式汤面调料汁

（1）产品配方

味噌拉面汤：白味噌 240g，纳豆泥 160g，味精 40g，食盐 100g，I+G 1g，鲣鱼精膏 20g，白砂糖 12g，生姜泥 8g，蒜泥 8g，酸水解植物蛋白调味液 20g，鱼露 15g，猪肉膏 10g，海带精膏 16g，大葱碎末 80，水 270g。

味噌方便面汤：豆味噌 600g，特级生抽 184g，风味猪油 53g，鸡肉浓缩汤 26g，味精 18g，鸡精 13g，食盐 13g，麻油 11g，白糖 8g，洋葱粉 8g，蒜粉 5g，I+G 1g，干贝素 0.5g，辣椒粉 0.5g，加水至 1L。

味噌湿面汤：八丁红味噌 500g，特级生抽 200mL，鸡风味油脂 30g，海带粉 8g，鸡粉 10g，食盐 80g，麻油 11g，白砂糖 8g，洋葱粉 8g，苹果酸 0.4g，I+G 0.8g，干贝素 0.5g，白胡椒粉 10g，蒜粉 10g，生姜粉 20g，洋葱粉 10g，加水至 1L。

酱油味 1：特级生抽 320mL，食盐 100g，味精 43g，酸水解植物蛋白调味粉 10g，乳酸 0.5g，猪肉粉 1g，I+G 0.3g，鸡粉 50g，海带粉 5g，鸡风味油脂 5g，洋葱粉 10g，生姜粉 6g，猪油 20g，焦糖色素 5g，加水至 1L。

酱油味 2：特级生抽 450mL，食盐 16g，味精 100g，I+G 2g，瓜尔胶 6g，鸡肉膏 186g，猪肉膏 20g，黑胡椒粉 2.2g，焦糖色素 3.2g，马铃薯淀粉 10g，水 250mL。

日式面条调味汁：特级生抽 100kg，白砂糖 40kg，味淋 35kg，山梨糖醇 20kg，鲣鱼汁 35kg，味精 60kg，水 700kg，I＋G 0.2kg。

日式面条调味汁（2 倍浓缩型）：特级生抽 340kg，味淋 180kg，白砂糖 55kg，液体海带精 45kg，液体鲣鱼精 35kg，鲣鱼精粉 20kg，猪骨素 25kg，I＋G 0.5kg，香菇精粉 2kg，焦糖色素 2kg，水 260kg。

日式海味面条调味汁：鲣鱼汁 920kg，特级生抽 50kg，味淋 10kg，海带精 4kg，白砂糖 5kg，琥珀酸粉 3kg，香菇粉 2kg，鸡精 2kg，I＋G 1.2kg，味精 0.5kg。

日式鸡骨汤面：特级生抽 290mL，食盐 98g，味精 115g，I＋G 1g，白砂糖 50g，鸡肉膏 28g，焦糖色素 1.1g，酸水解植物蛋白调味液 100mL，白菜膏 2g，水 460mL。

（2）工艺流程

原料预处理→称量→调配→灭菌→灌装→检测→成品

（3）操作要点

① 原料预处理　瓜尔胶需与白砂糖或者食盐充分搅拌均匀后缓慢加入料液中。

② 灭菌　温度 95～100℃，保温 30min。

③ 灌装　本产品可常温灌装。

11. 日式岩崎汤面汁

（1）产品配方　酸水解植物蛋白调味液 120mL，食盐 196g，味精 48g，白砂糖 20g，变性淀粉 4g，I＋G 2g，干贝素 0.8g，柠檬酸 0.2g，卷心菜粉 16g，焦糖 0.8g，鸡肉膏 25g，洋葱膏 11g，白菜汁 4g，加水 660mL。

（2）工艺流程

原料→称重→调配→灭菌→灌装→检测→成品

（3）操作要点

① 调配　开启搅拌将水加入调配罐中，升温至 60℃加入其他原料，搅拌均匀后调整料液可溶性固形物含量。

② 灭菌　灭菌温度 95～100℃，时间 30min。

③ 灌装　采用常温灌装。

12. 干贝上汤

（1）产品配方　水 67kg，干贝柱 5kg，白砂糖 13kg，食盐 17kg，变性淀粉 3kg，柠檬酸 0.1kg，酵母抽提物 3kg，味精 0.45kg，I＋G 0.05kg。

（2）工艺流程

原料预处理→称量→调配→保温→灭菌→灌装→检测→成品

（3）操作要点

① 预料预处理 干贝柱用水提前浸泡8h，然后用绞肉机绞碎备用，变性淀粉用少量水化开制成水淀粉备用。

② 称量 根据设备情况，按配方要求同比例放大，准确称量各原料。

③ 调配 开启搅拌将水加入调配罐中，升温至60℃加入其他原料，搅拌均匀后调整料液可溶性固形物含量。

④ 灭菌 加热至95～100℃，保温30min灭菌。

⑤ 灌装 保持温度大于85℃灌装。

13. 香菇上汤

（1）产品配方 香菇20kg，水60kg，金针菇0.3kg，食盐18kg，葡萄糖2.5kg，白砂糖4kg，变性淀粉2kg，焦糖色素0.1kg，味精1kg，酵母抽提物1kg。

（2）工艺流程

原料预处理→称量→调配→灭菌→灌装→检测→成品

（3）操作要点

① 原料预处理 香菇和金针菇用沸水煮10min后过绞肉机绞碎备用，变性淀粉预先用少量水化开制成水淀粉备用。

② 称量 根据设备情况，按配方要求同比例放大，准确称量各原料。

③ 调配 开启搅拌将水投入调配罐中，升温至60℃然后投入其他原料，搅拌均匀后调整可溶性固形物含量。

④ 灭菌 加热至95～100℃，保温30min灭菌。

⑤ 灌装 保持温度大于85℃灌装。

14. 红烩汁

（1）产品配方 番茄酱12.5kg，水10kg，红葡萄酒25kg，胡萝卜丁7.5kg，香芹丁7.5kg，洋葱丁7.5kg，柿椒粉5kg，食盐2.5kg，白胡椒粉1kg，大豆油25kg，月桂叶粉0.8kg。

（2）工艺流程

原料→称量→煸炒→调配→灭菌→降温→灌装→检测→成品

（3）操作要点

① 称量 根据设备情况，按配方要求同比例放大，准确称量各原料。

② 煸炒 将大豆油加入调配罐中，升温至100℃，加入洋葱丁、胡萝卜丁、香芹丁炸至微黄，然后加入番茄酱炒至红油析出。

③ 调配 继续加入食盐、白胡椒粉、月桂叶粉、柿椒粉和水，搅拌均匀后过胶体磨。

④ 灭菌 加热至95～100℃，保温20min灭菌。

⑤ 降温 灭菌结束后降温至75℃加入红葡萄酒，搅拌均匀后调整料液可溶性

固形物含量。

⑥ 灌装　保持料液温度在 70～80℃ 之间灌装，灌口加装 40 目洁净筛网。

六、炒汁

1. 麻婆风味汁

（1）产品配方　色拉油 15kg，牛油 8kg，郫县豆瓣 24kg，泡椒 24kg，老抽 4kg，味精 8.5kg，食盐 3kg，五香粉 1kg，鸡粉调味料 3.8kg，花椒油 13.5kg，变性淀粉 1.5kg，水 27kg，山梨酸钾 0.05kg。

（2）工艺流程

原料预处理→称量→煸炒→调配→灭菌→灌装→检测→成品

（3）操作要点

① 原料预处理　泡椒去水后用绞肉机绞碎，泡椒水留用；变性淀粉用少量水化开后制成水淀粉备用。

② 称量　根据设备情况，按配方要求同比例放大，准确称量各原料。

③ 煸炒　色拉油加入调配罐中升温至 100℃，加入郫县豆瓣和泡椒泥煸炒，炒至红油析出。

④ 调配　开启搅拌将水投入调配罐中，升温至 60℃ 然后投入其他原料，搅拌均匀后调整可溶性固形物含量。

⑤ 灭菌　加热至 95～100℃，保温 30min 灭菌。

⑥ 灌装　保持温度大于 85℃ 灌装。

2. 三杯汁

（1）产品配方　冰糖 20kg，蒜泥 5kg，食盐 3kg，特级生抽 10kg，味精 3kg，变性淀粉 1kg，焦糖色素 0.5kg，蚝油 5kg，芝麻油 3kg，辣椒酱 10kg，本味淋 10kg，麦芽糖浆 5kg，I＋G 0.1kg，米酒 30kg。

（2）工艺流程

原料预处理→称量→调配→灭菌→降温→灌装→检测→成品

（3）操作要点

① 原料预处理　变性淀粉预先用少量水化开制成水淀粉备用。

② 称量　根据设备情况，按配方要求同比例放大，准确称量各原料。

③ 调配　开启搅拌将水投入调配罐中，升温至 60℃ 然后投入除米酒之外的其他原料，搅拌均匀后过胶体磨、均质机，调整可溶性固形物含量。

④ 灭菌　加热至 95～100℃，保温 30min 灭菌。

⑤ 降温　降温至 70℃ 加入米酒。

⑥ 灌装　温度降至 50℃ 灌装，灌口加装 40 目筛网。

3. 红烧汁

（1）产品配方　白砂糖25kg，特级生抽34kg，米酒20kg，水15kg，焦糖色素1kg，变性淀粉2kg，食盐3kg，蚝汁2kg，红腐乳2kg，八角粉1kg，桂皮粉1kg，生姜片3kg，山梨酸钾0.1kg，味精1kg，酵母抽提物1kg。

（2）工艺流程

原料预处理→称量→调配→灭菌→降温→灌装→检测→成品

（3）操作要点

① 原料预处理　变性淀粉预先用少量水化开制成水淀粉备用，生姜片用榨汁机打成泥备用。

② 称量　根据设备情况，按配方要求同比例放大，准确称量各原料。

③ 调配　开启搅拌将水投入调配罐中，升温至60℃然后投入除米酒之外的其他原料，搅拌均匀后过胶体磨、均质机，调整可溶性固形物含量。

④ 灭菌　加热至95～100℃，保温30min灭菌。

⑤ 降温　降温至70℃加入米酒。

⑥ 灌装　温度降至50℃灌装，灌口加装40目筛网。

4. 糖醋汁

（1）产品配方

番茄酱10kg，白砂糖46kg，山楂浆4kg，食盐2kg，变性淀粉2kg，白醋12kg，水25kg。

（2）工艺流程

原料预处理→称量→调配→灭菌→降温→灌装→检测→成品

（3）操作要点

① 原料预处理　变性淀粉预先用少量水化开制成水淀粉备用。

② 称量　根据设备情况，按配方要求同比例放大，准确称量各原料。

③ 调配　开启搅拌将番茄酱和山楂浆投入调配罐中，升温至60℃然后投入食盐、白砂糖和变性淀粉，搅拌均匀后调整料液可溶性固形物含量。

④ 灭菌　加热至95～100℃，保温30min灭菌。

⑤ 降温　降温至70℃加入白醋。

⑥ 灌装　温度降至50℃灌装，灌口加装40目筛网。

5. 宫保酱汁

（1）产品配方　米醋20kg，白砂糖30kg，食盐2kg，变性淀粉2kg，番茄酱6kg，泡椒25kg，郫县豆瓣13kg，色拉油13.5kg，花椒油0.1kg，山梨酸钾0.1kg，水13kg。

（2）工艺流程

原料预处理→称量→煸炒→调配→灭菌→降温→灌装→检测→成品

（3）操作要点

①原料预处理　泡椒去水后用绞肉机绞碎，泡椒水留用；变性淀粉用少量水化开后制成水淀粉备用。

②称量　根据设备情况，按配方要求同比例放大，准确称量各原料。

③煸炒　色拉油加入调配罐中升温至100℃，加入郫县豆瓣和泡椒泥煸炒，炒至红油析出。

④调配　将水缓慢投入调配罐中，然后投入除米醋外的其他原料，搅拌均匀后调整可溶性固形物含量。

⑤灭菌　加热至95～100℃，保温30min灭菌。

⑥降温　降温至70℃加入米醋。

⑦灌装　温度降至50℃灌装，灌口加装20目洁净筛网。

6. 鱼香汁

（1）产品配方　郫县豆瓣8kg，泡椒22kg，香葱碎2.5kg，生姜丁2kg，鲜蒜米5.5kg，色拉油12kg，变性淀粉2kg，水15kg，白砂糖30kg，香醋15kg，豆瓣酱5.5kg，山梨酸钾0.05kg，料酒0.5kg，特级生抽0.5kg。

（2）工艺流程

原料预处理→称量→调配→灭菌→降温→灌装→检测→成品

（3）操作要点

①原料预处理　泡椒去水后用绞肉机绞碎，泡椒水留用，变性淀粉预先用少量水化开制成水淀粉备用；鲜蒜米打成泥备用。

②称量　根据设备情况，按配方要求同比例放大，准确称量各原料。

③煸炒　色拉油加入调配罐中升温至100℃，加入香葱碎、生姜丁、蒜泥炒制微黄，然后加入郫县豆瓣和泡椒泥煸炒，炒至红油析出。

④调配　将水缓慢投入调配罐中，然后投入除香醋、料酒外的其他原料，搅拌均匀后调整可溶性固形物含量。

⑤灭菌　加热至95～100℃，保温30min灭菌。

⑥降温　降温至70℃加入香醋和料酒。

⑦灌装　温度降至50℃灌装，灌口加装20目筛网。

7. 红咖喱风味汁

（1）产品配方　鲜南姜碎4kg，鲜香茅碎4kg，鲜红尖椒26kg，甜椒3.5kg，水7kg，红葱块4kg，鲜蒜米3.7g，香菜2kg，虾膏2.8kg，咖喱粉1kg，大豆油8kg，鸡粉3.2kg，白砂糖11.8kg，鱼露9.5kg，红咖喱酱14kg，山梨酸钾0.08kg。

（2）工艺流程

原料预处理→称量→调配→灭菌→灌装→检测→成品

（3）操作要点

① 原料预处理　鲜红尖椒、红葱块、甜椒和鲜蒜米用切菜机切碎。

② 称量　根据设备情况，按配方要求同比例放大，准确称量各原料。

③ 调配　开启搅拌，将所有原料加入调配罐中升温至 60℃，搅拌均匀后过胶体磨两遍。

④ 灭菌　加热至 95～100℃，熬煮 45min。

⑤ 灌装　温度降至 50℃灌装，灌口加装 20 目筛网。

8. 绿咖喱风味汁

（1）产品配方　洋葱碎 9kg，红葱 5.8kg，香茅草碎 8kg，南姜碎 4.5kg，鲜蒜米 4.4kg，绿尖椒 30kg，香菜碎 1.9kg，咖喱粉 1.5kg，鸡粉 5.7kg，鱼露 15kg，白砂糖 6kg，大豆油 20kg。

（2）工艺流程

原料预处理→称量→调配→灭菌→灌装→检测→成品

（3）操作要点

① 原料预处理　红葱、绿尖椒和鲜蒜米用切菜机切碎。

② 称量　根据设备情况，按配方要求同比例放大，准确称量各原料。

③ 调配　开启搅拌，将所有原料加入调配罐中升温至 60℃，搅拌均匀后过胶体磨两遍。

④ 灭菌　加热至 95～100℃，熬煮 45min。

⑤ 灌装　温度降至 50℃灌装，灌口加装 20 目筛网。

9. 蘑菇调味汁

（1）产品配方　酱油 16.5kg，酸水解植物蛋白调味液 5.5kg，鱼露 1.1kg，洋葱汁 15kg，鸡粉调味料 11kg，味精 3.5kg，I＋G 2kg，牛肝菌粉 0.1kg，蘑菇粉 0.1kg，香菇浸膏 2.2kg，鸡汤 11kg，酵母粉 2.2kg，蚝油 22kg，食盐 1kg，水 2.5kg，焦糖色素 9kg，香醋 5.5kg，山梨酸钾 0.05kg。

（2）工艺流程

原料→称量→调配→灭菌→灌装→检测→成品

（3）操作要点

① 称量　根据设备情况，按配方要求同比例放大，准确称量各原料。

② 调配　开启搅拌将酱油、酸水解植物蛋白调味液和水投入调配罐中，升温至 60℃然后投入除香醋之外的其他原料，搅拌均匀后调整料液可溶性固形物含量。

③ 灭菌　加热至 95～100℃，保温 30min 灭菌。

④ 降温　降温至 70℃加入香醋。

⑤ 灌装　温度降至 50℃灌装，灌口加装 40 目筛网。

10. 回锅酱汁

(1) 产品配方　色拉油 27kg，郫县豆瓣 7kg，泡辣椒 15kg，甜面酱 10kg，草菇老抽 4kg，豆豉 2kg，白砂糖 7kg，鸡粉调味料 2kg，味精 2.5kg，变性淀粉 1kg，水 35kg，山梨酸钾 0.05kg。

(2) 工艺流程

原料预处理→称量→煸炒→调配→灭菌→灌装→检测→成品

(3) 操作要点

① 原料预处理　将泡辣椒的水和辣椒分离，水备用，辣椒过胶体磨磨碎备用；变性淀粉预先用少量水化开后制成水淀粉备用。

② 称量　根据设备情况，按配方要求同比例放大，准确称量各原料。

③ 煸炒　将色拉油加入调配罐中加温至 100℃，然后加入豆豉、郫县豆瓣和泡椒煸炒至出红油。

④ 调配　加入其他的原辅料，搅拌均匀后调整料液可溶性固形物含量。

⑤ 灭菌　加热至 95～100℃，保温 30min 灭菌。

⑥ 灌装　保持温度大于 85℃热灌装。

11. 日式炒面汁

(1) 产品配方

乌斯塔沙司 38kg，米醋 7L，特级生抽 5L，70％山梨糖醇 22kg，香菇精粉 1.5kg，青花鱼精膏 1.5kg，猪肉精膏 0.5kg，洋葱粉 0.5kg，乳酸（50％）1.5L，食盐 5.5kg，黄原胶 0.25kg，焦糖 2kg，丁香粉 0.2kg，肉豆蔻粉 0.06kg，陈皮粉 0.06kg，黑胡椒粉 0.11kg，辣椒粉 0.08kg，加水 10.8kg。

(2) 工艺流程

原料预处理→称量→调配→灭菌→降温→灌瓶机→装箱→成品

(3) 操作要点

① 原料预处理　黄原胶预先用少量酒精化开后搅拌均匀备用，使用时缓慢加入料液中。

② 调配　开启搅拌，将水、特级生抽升温至 60℃，然后加入除米醋和乳酸外的其他原料，搅拌均匀。

③ 灭菌　加热至 95～100℃，保温 30min 灭菌。

④ 降温　降温至 85℃加入米醋和乳酸，搅拌均匀后灌装。

⑤ 灌装　保持 80～85℃热灌装，灌口加装 40 目洁净筛网。

12. 沙茶蚝油炒面汁

(1) 产品配方　食盐 40g，味精 40g，黄原胶 1.4g，I＋G 2g，白砂糖 60g，红烧猪肉膏 50g，沙茶酱 80g，蚝油 26g，酸水解植物蛋白调味液 300mL，水 420mL。

（2）工艺流程

原料预处理→称量→调配→灭菌→降温→灌装→检测→成品

（3）操作要点

① 原料预处理　黄原胶预先用少量酒精溶解均匀备用，使用时缓慢加入。

② 称量　根据设备情况，按配方要求同比例放大，准确称量各原料。

③ 调配　开启搅拌，将水加入调配罐中，升温至 60℃，然后加入除味精和 I+G 外的其他原料，搅拌均匀。

④ 灭菌　升温至 95～100℃，保温时间 30min。

⑤ 降温　降温至 80℃加入味精和 I+G，搅拌均匀后测定料液固形物含量。

⑥ 灌装　降温至 50℃左右灌装，灌口加装 40 目洁净筛网。

13. 黄焖酱汁

（1）产品配方　柱侯酱 20kg，海鲜酱 11kg，白砂糖 4kg，香油 2kg，蚝油 9kg，花雕酒 10kg，辣椒酱 2kg，海鲜酱油 6kg，白胡椒粉 0.5kg，变性淀粉 1kg，水 35kg，食盐 3kg，山梨酸钾 0.05kg。

（2）工艺流程

原料预处理→称量→调配→灭菌→降温→灌装→检测→成品

（3）操作要点

① 预料预处理　变性淀粉预先用少量水化开后制成水淀粉备用。

② 称量　根据设备情况，按配方要求同比例放大，准确称量各原料。

③ 调配　开启搅拌将水加入调配罐中，升温至 60℃加入柱侯酱、海鲜酱、白砂糖、蚝油、辣椒酱、海鲜酱油、白胡椒粉、变性淀粉、食盐和山梨酸钾，搅拌均匀后升温灭菌。

④ 灭菌　加热至 95～100℃，保温 30min 灭菌。

⑤ 降温　降温至 85℃加入花雕酒和香油，搅拌均匀后调整可溶性固形物含量。

⑥ 灌装　保持温度 70～85℃之间灌装，灌口加装 20 目洁净筛网。

14. 京都汁

（1）产品配方　番茄酱 30kg，白砂糖 30kg，白醋 30kg，特级生抽 5kg，辣椒粉 0.1kg，芥末粉 0.1kg，排骨酱 6kg，山梨酸钾 0.05kg。

（2）工艺流程

原料→称量→调配→灭菌→降温→灌装→检测→成品

（3）操作要点

① 称量　根据设备情况，按配方要求同比例放大，准确称量各原料。

② 调配　开启搅拌，将特级生抽加入调配罐中，升温至 60℃加入除白醋之外的其他原料，搅拌均匀后灭菌。

③ 灭菌　加热至 95～100℃，保温 20min 灭菌。

④ 降温　灭菌结束后降温至 75℃加入白醋，搅拌均匀后调整可溶性固形物含量。

⑤ 灌装　保持 50℃左右灌装，灌口加装 40 目洁净筛网。

七、烧烤汁

1. 韩式烤肉汁

（1）产品配方　水 33kg，白砂糖 32kg，剁椒 1.5kg，番茄酱 4.5kg，酿造酱油 12kg，洋葱泥 1kg，食盐 5kg，孜然粉 1kg，鲜蒜米 2kg，味精 0.3kg，辣椒粉 0.1kg，变性淀粉 1kg，黑胡椒粉 0.3kg，小茴香粉 0.2kg，泡菜粉 0.2kg，蚝油 10kg。

（2）工艺流程

原料预处理→称量→调配→灭菌→灌装→检测→成品

（3）操作要点

① 原料预处理　变性淀粉预先用少量水化开制成水淀粉备用，剁椒和鲜蒜米用胶体磨磨成泥状备用。

② 称量　根据设备情况，按配方要求同比例放大，准确称量各原料。

③ 调配　开启搅拌将酱油和水加入调配罐中，升温至 60℃加入其他原料，搅拌均匀后调整料液可溶性固形物含量。

④ 灭菌　加热至 95～100℃，保温 30min 灭菌。

⑤ 灌装　保持温度 80～85℃之间热灌装，灌口加装 40 目洁净筛网。

2. 猪肉照烧汁

（1）产品配方　酿造酱油 320mL，柠檬汁 280mL，味淋 200mL，麦芽糖浆 80g，色拉油 50g，白砂糖 50g，味精 10g，香菜末 3.5g，孜然粉 3.5g，生姜粉 5g，黑胡椒粉 2g，洋葱泥 5g。

（2）工艺流程

原料→称量→调配→灭菌→灌装→检测→成品

（3）操作要点

① 称量　根据设备情况，按配方要求同比例放大，准确称量各原料。

② 调配　开启搅拌将酿造酱油和味淋加入调配罐中，升温至 60℃加入麦芽糖浆、色拉油、白砂糖、味精、香葱末、孜然粉、洋葱泥、黑胡椒粉、生姜粉和柠檬汁，搅拌均匀后测定料液可溶性固形物含量。

③ 灭菌　加热至 95～100℃，保温 30min 灭菌。

④ 灌装　保持温度大于 85℃热灌装，灌口加装 20 目洁净筛网。

3. 黑胡椒调味汁

（1）产品配方　水 85kg，黑胡椒碎 2.5kg，番茄酱 14kg，洋葱丁 2.5kg，蒜泥 1.5kg，无盐奶油 2.5kg，食盐 1kg，味精 0.3kg，鸡粉调味料 0.1kg，白砂糖 0.3kg，变性淀粉 3.5kg，山梨酸钾 0.05kg，红酒 1kg，月桂叶粉 0.2kg，草菇老抽 1kg。

（2）工艺流程

原料预处理→称量→煸炒→调配→灭菌→降温→灌装→检测→成品

（3）操作要点

① 原料预处理　变性淀粉预先用少量水化开制成水淀粉备用。

② 称量　根据设备情况，按配方要求同比例放大，准确称量各原料。

③ 煸炒　无盐奶油加入炒锅中，升温至 100℃加入洋葱丁炒至微黄。

④ 调配　开启搅拌，将除红酒之外的其他原料加入调配罐中，搅拌均匀。

⑤ 灭菌　加热至 95℃以上，保温 30min 灭菌。

⑥ 降温　降温至 85℃加入红酒，搅拌均匀后调整料液可溶性固形物含量。

⑦ 灌装　保持温度在 70～80℃之间灌装。

4. 炭烧汁

（1）产品配方　水 20kg，米酒 10kg，特级生抽 30kg，蒜泥 12kg，沙茶酱 6kg，冰糖 7.5kg，麦芽糖浆 18kg，辣椒粉 0.2kg，变性淀粉 1kg，山梨酸钾 0.05kg。

（2）工艺流程

原料预处理→称量→调配→灭菌→降温→灌装→检测→成品

（3）操作要点

① 原料预处理　变性淀粉预先用少量水化开制成水淀粉备用，使用时缓慢加入调配罐。

② 称量　根据设备情况，按配方要求同比例放大，准确称量各原料。

③ 调配　开启搅拌，将除米酒之外的其他原料加入调配罐中，搅拌均匀。

④ 灭菌　加热至 95℃以上，保温 30min 灭菌。

⑤ 降温　降温至 85℃加入米酒，搅拌均匀后调整料液可溶性固形物含量。

⑥ 灌装　保持温度在 70～80℃之间灌装，灌口加装 40 目洁净筛网。

5. 红酒沙司

（1）产品配方　无盐奶油 1kg，红葱头 1.5kg，洋葱丁 5kg，红酒 30kg，牛骨白汤 4kg，月桂叶粉 0.02kg，罗勒叶 0.5kg，食盐 8kg，胡椒粉 0.2kg，变性淀粉 1kg，水 50kg。

（2）工艺流程

原料预处理→称量→煸炒→调配→灭菌→降温→灌装→检测→成品

（3）操作要点

① 原料预处理　变性淀粉预先用少量水化开制成水淀粉备用，红葱头去皮后

打成泥备用。

② 称量　根据设备情况，按配方要求同比例放大，准确称量各原料。

③ 煸炒　无盐奶油加入炒锅中，升温至100℃加入洋葱丁和红葱泥炒至微黄。

④ 调配　开启搅拌，将除红酒之外的其他原料加入调配罐中，搅拌均匀后过胶体磨。

⑤ 灭菌　加热至95℃以上，沸腾20min，然后保温10min。

⑥ 降温　降温至85℃加入红酒，搅拌均匀后调整料液可溶性固形物含量。

⑦ 灌装　保持温度在70～80℃之间灌装。

6. 果香烤肉汁

（1）产品配方　酱油400L，苹果汁200kg，菠萝汁150kg，白葡萄酒100kg，食盐70kg，清酒调味液110L，蜂蜜110kg，蒜粉28kg，洋葱粉16kg，生姜精油3kg，变性淀粉1kg，熟芝麻5kg，味精10kg，I＋G 0.5kg，辣椒粉3kg，加水至1000L。

（2）工艺流程

原料→称量→调配→灭菌→降温→灌装→检测→成品

（3）操作要点

① 称量　根据设备情况，按配方要求同比例放大，准确称量各原料。

② 调配　开启搅拌，将酱油、苹果汁和菠萝汁加入调配罐中，升温至60℃加入食盐、清酒调味液、蜂蜜、蒜粉、洋葱粉、变性淀粉、熟芝麻、味精、I＋G、辣椒粉和水。

③ 灭菌　加热至95℃以上，保温30min灭菌。

④ 降温　降温至85℃加入白葡萄酒和生姜精油，搅拌均匀后调整料液可溶性固形物含量。

⑤ 灌装　保持温度在70～80℃之间灌装。

7. 味噌汁

（1）产品配方　味噌酱200kg，特级生抽190kg，白砂糖200kg，食盐10kg，冰醋酸1.6kg，鸡精10kg，番茄酱20kg，苹果酸0.4kg，I＋G 0.8kg，干贝素0.5kg，白胡椒粉10kg，鲜蒜米2kg，生姜片6kg，猪肉膏7kg，加水至1000L。

（2）工艺流程

原料预处理→称量→调配→灭菌→储罐→灌装→检测→成品

（3）操作要点

① 预料预处理　用榨汁机将生姜片和鲜蒜米打成汁状备用。

② 称量　根据设备情况，按配方要求同比例放大，准确称量各原料。

③ 调配　开启搅拌，将水投入调配罐中，升温至60℃然后投入其他原料，搅拌均匀后调整可溶性固形物含量。

④ 灭菌　加热至95℃以上，保温30min灭菌。

⑤ 灌装　保持温度大于85℃热灌装。

8. 烤鱼汁

（1）产品配方　水27kg，色拉油11kg，辣椒段3.7kg，陈皮粉4kg，味精0.5kg，食盐5kg，海鲜酱27kg，鸡粉1kg，山梨酸钾0.05kg，白酒1kg，柠檬汁2kg，白砂糖25kg。

（2）工艺流程

原料→称量→煸炒→调配→灭菌→降温→灌装→检测→成品

（3）操作要点

① 称量　根据设备情况，按配方要求同比例放大，准确称量各原料。

② 煸炒　色拉油加入调配罐中升温至100℃，加入辣椒段炒至深枣红色，去渣留油备用。

③ 调配　将除白酒之外的其他原料加入调配罐中，搅拌均匀。

④ 灭菌　加热至95℃以上，保温30min灭菌。

⑤ 降温　降温至85℃加入白酒，搅拌均匀后调整料液可溶性固形物含量。

⑥ 灌装　保持温度在70～80℃之间灌装。

9. 黄金烤肉汁

（1）产品配方　水5.6kg，菠萝汁1kg，水蜜桃汁4kg，苹果汁4kg，蜂蜜27kg，白砂糖13kg，洋葱丁9kg，蒜泥10kg，特级生抽25kg，本味淋9.5kg，熟芝麻0.2kg，辣椒酱1kg，食盐1.4kg，香油0.7kg，变性淀粉0.8kg，味精0.2kg。

（2）工艺流程

原料→称量→煸炒→调配→灭菌→降温→灌装→检测→成品

（3）操作要点

① 原料预处理　变性淀粉预先用少量水溶解均匀备用，使用时缓慢加入调配罐。

② 称量　根据设备情况，按配方要求同比例放大，准确称量各原料。

③ 调配　将除香油之外的其他原料加入调配罐中，搅拌均匀。

④ 灭菌　加热至95℃以上，保温30min灭菌。

⑤ 降温　降温至85℃加香油，搅拌均匀后调整料液可溶性固形物含量。

⑥ 灌装　保持温度在70～80℃之间灌装。

10. 烤鳗汁

（1）产品配方　特级生抽350mL，麦芽糖浆150g，白砂糖180g，本味淋250mL，味精4g，I＋G 0.4g，焦糖色素2g，胭脂虫红色素0.5g，变性淀粉1g，食盐15g，加水至1L。

（2）工艺流程

原料预处理→称量→调配→灭菌→降温→灌装→检测→成品

（3）操作要点

① 原料预处理　变性淀粉预先用少量水化开制成水淀粉备用。

② 称量　根据设备情况，按配方要求同比例放大，准确称量各原料。

③ 调配　开启搅拌，将特级生抽和本味淋加入调配罐中，升温至 60℃后加入麦芽糖浆、白砂糖、味精、I+G、变性淀粉和食盐，搅拌均匀后调整料液固形物含量。

④ 灭菌　加热至 95～100℃，保温 20min 灭菌。

⑤ 降温　降温至 50℃加入焦糖色素和胭脂虫红色素，搅拌均匀后灌装。

⑥ 灌装　常温灌装，灌口加装 40 目洁净筛网，冷藏储存。

11. 葡香烤肉汁

（1）产品配方　红葡萄酒 260mL，红酒醋 15mL，柠檬汁 15mL，酱油 150mL，本味淋 130mL，鸡精 50g，白砂糖 60g，食盐 28g，变性淀粉 10g，焦糖色素 5.5g，黑胡椒碎 0.2g，月桂叶碎 0.1g，水 320mL。

（2）工艺流程

原料预处理→称量→调配→灭菌→降温→灌装→检测→成品

（3）操作要点

① 原料预处理　变性淀粉预先用少量水溶解均匀备用，使用时缓慢加入调配罐。

② 称量　根据设备情况，按配方要求同比例放大，准确称量各原料。

③ 调配　开启搅拌，将水和酱油加入调配罐中，升温至 60℃后加入除红葡萄酒和红酒醋之外的其他原料，搅拌均匀后灭菌。

④ 灭菌　加热至 95～100℃，保温 20min 灭菌。

⑤ 降温　降温至 85℃加入红葡萄酒和红酒醋，搅拌均匀后调整料液可溶性固形物含量。

⑥ 灌装　保持料液 70～80℃热灌装，灌口加装 40 目洁净筛网。

12. 烤鸡排沙司

（1）产品配方　酿造酱油 110mL，白砂糖 250g，味精 15g，变性淀粉 20g，黄原胶 1g，本味淋 100mL，焦糖色素 2g，蜂蜜 100g，水 430mL。

（2）工艺流程

原料称量→原料预处理→调配→灭菌→灌装→检测→成品

（3）操作要点

① 原料称量　根据设备情况，按配方要求同比例放大，准确称量各原料。

② 原料预处理　黄原胶预先用少量酒精溶解均匀后备用，变性淀粉预先用少量水化开制成水淀粉备用，使用时缓慢加入调配罐中。

③ 调配　将所有原料加入调配罐中，升温至 60℃，搅拌均匀。

④ 灭菌　加热至 95℃以上，保温 30min 灭菌。

⑤ 灌装　本品需要热灌装，在不低于85℃的温度下灌装，灌口加装60目洁净筛网。

13. 烤猪排沙司

（1）产品配方　水57kg，酿造酱油20kg，姜片1kg，蒜泥1kg，白砂糖7.5kg，果葡糖浆15kg，蜂蜜2kg，苹果浆2kg，梨浆3.5kg，洋葱丁7.5kg，辣椒酱1.5kg，牛肉粉1kg，料酒1kg。

（2）工艺流程

原料预处理→称量→调配→灭菌→降温→灌装→检测→成品

（3）操作要点

① 原料预处理　姜片预先用打浆机打成姜泥备用。

② 称量。根据设备情况，按配方要求同比例放大，准确称量各原料。

③ 调配　开启搅拌，将水和酱油加入调配罐中，升温至60℃加入姜泥、蒜泥、白砂糖、果葡糖浆、蜂蜜、洋葱丁、辣椒酱和牛肉粉，搅拌均匀后过胶体磨。

④ 灭菌　加热至95℃以上，保温20min后加入苹果浆和梨浆，然后继续保温10min。

⑤ 降温　降温至85℃加入料酒，搅拌均匀后调整料液可溶性固形物含量。

⑥ 灌装　保持料液温度70～80℃之间灌装，灌口加装20目洁净筛网。

14. 鸡串烧烤汁

（1）产品配方　酿造酱油250mL，黄豆酱170g，鸡精20g，蒜泥65g，洋葱丁26g，生姜泥33g，苹果泥65g，蜂蜜93g，炒芝麻碎7g，辣椒粉5g，白胡椒粉3g，白砂糖98g，芝麻油7g，本味淋135g，色拉油26g，酵母抽提物0.2g。

（2）工艺流程

原料→称量→煸炒→调配→灭菌→降温→灌装→检测→成品

（3）操作要点

① 称量　根据设备情况，按配方要求同比例放大，准确称量各原料。

② 煸炒　色拉油加入调配罐中升温至100℃，加入洋葱丁、生姜泥和蒜泥煸炒至微黄。

③ 调配　将除芝麻油之外的所有原料加入调配罐中，搅拌均匀后升温灭菌。

④ 灭菌　加热至95℃以上，保温30min灭菌。

⑤ 降温　降温至85℃加入芝麻油，搅拌均匀后调整可溶性固形物含量。

⑥ 灌装　保持料液温度70～80℃之间热灌装，灌口加装20目洁净筛网。

八、浇淋汁

1. 红果酸辣汁

（1）产品配方　山楂浆50kg，青梅汁8kg，芝麻酱4kg，洋葱泥4kg，芥末精油 4kg，香油 4kg，白砂糖 2kg，食盐 8kg，水 20kg。

（2）工艺流程

原料→称量→调配→灭菌→降温→灌装→检测→成品

（3）操作要点

① 称量　根据设备情况，按配方要求同比例放大，准确称量各原料。

② 调配　开启搅拌，将芝麻酱加入调配罐中，分 5 次加入水，搅拌均匀后加入食盐、白砂糖、山楂浆、青梅汁、洋葱泥搅拌均匀后升温。

③ 灭菌　升温至 95～100℃，保温 20min 灭菌。

④ 降温　降温至 85℃加入芥末精油和香油，搅拌均匀后灌装。

⑤ 灌装　保持料液 70～80℃之间灌装，灌口加装 20 目洁净筛网。

⑥ 成品　本品需 0～4℃低温储存。

2. 五味酱汁

（1）产品配方　番茄酱 40kg，白醋 5kg，陈醋 2.5kg，菠萝罐头 7.5kg，辣酱 1.5kg，白砂糖 7.5kg，鲜蒜米 7.5kg，鲜辣椒 7.5kg，生姜片 4kg，香菜碎 2.5kg，水 10kg，山梨酸钾 0.05kg，变性淀粉 1kg，食盐 7kg。

（2）工艺流程

原料预处理→称量→调配→灭菌→降温→灌装→检测→成品

（3）操作要点

① 原料预处理　菠萝罐头过胶体磨磨成菠萝浆，鲜蒜米、鲜辣椒、生姜片加少量水用打浆机打成泥状，变性淀粉预先加少量水化成水淀粉。

② 称量　根据设备情况，按配方要求同比例放大，准确称量各原料。

③ 调配　开启搅拌，将番茄酱和水加入调配罐中，升温至 60℃加入除白醋和陈醋外的其他原料，搅拌均匀后升温灭菌。

④ 灭菌　升温至 95～100℃，保温 20min 灭菌。

⑤ 降温　降温至 85℃加入白醋和陈醋，搅拌均匀后灌装。

⑥ 灌装　保持料液温度 70～80℃之间灌装。

⑦ 成品　本品需 0～4℃冷藏储存和运输。

3. 日式照烧汁

（1）产品配方　淡口酱油 370mL，味淋 110mL，清酒 27mL，麦芽糖浆 225g，苹果醋 160mL，白砂糖 65g，味精 2g，蒜泥 0.3g，洋葱泥 0.2g，姜泥 0.2g，变性淀粉 1.5g，焦糖色素 0.1g，加水至 1L。

（2）工艺流程

原料预处理→称量→调配→灭菌→降温→灌装→检测→成品

（3）操作要点

① 原料预处理　变性淀粉预先用少量水化开制成水淀粉备用。

② 称量　根据设备情况，按配方要求同比例放大，准确称量各原料。

③ 调配　开启搅拌，将淡口酱油和味淋加入调配罐中，升温至60℃加入麦芽糖浆、白砂糖、味精、蒜泥、洋葱泥、姜泥、变性淀粉、焦糖色素和水，搅拌均匀后灭菌。

④ 灭菌　加热至95～100℃，保温30min灭菌。

⑤ 降温　降温至70℃加入苹果醋和清酒，搅拌均匀后调整料液可溶性固形物含量。

⑥ 灌装　常温灌装，灌口加装40目洁净筛网。

4. 白灼汁

（1）产品配方　特级生抽61kg，海鲜膏1kg，鱼露5kg，焦糖色素5kg，白砂糖7.5kg，味精2kg，I＋G 0.2kg，葱油20kg，山梨酸钾0.05kg，食盐0.6kg，酸水解植物蛋白调味液2kg，白醋0.2kg。

（2）工艺流程

原料→称量→调配→灭菌→降温→灌装→检测→成品

（3）操作要点

① 称量　根据设备情况，按配方要求同比例放大，准确称量各原料。

② 调配　开启搅拌将酱油和水加入调配罐中，升温至60℃加入除白醋外的其他原料，搅拌均匀后升温灭菌。

③ 灭菌　升温至95～100℃，保温30min灭菌。

④ 降温　降温至85℃加入白醋，搅拌均匀后调整可溶性固形物含量。

⑤ 灌装　保持料液温度70～80℃之间灌装。

⑥ 成品　本品需0～4℃低温储存。

5. 粤式蒸鱼豉油汁

（1）产品配方　老抽700kg，生抽700kg，香油23kg，味精250kg，白砂糖100kg，红葱头150kg，芫荽梗100kg，冬菇蒂250kg，姜片30kg，白胡椒粒5kg，白汤2500kg。

（2）工艺流程

原料预处理→称量→蒸煮→过滤→调配→灭菌→包装→检测→成品

（3）操作要点

① 原料预处理　红葱头、芫荽梗、冬菇蒂、姜片、白胡椒粒置于水中浸泡2h。

② 称量　根据设备情况，按配方要求同比例放大，准确称量各原料。

③ 蒸煮　将红葱头、芫荽梗、冬菇蒂、姜片、白胡椒粒加入酱油中，煮至沸腾，并保持20min。

④ 过滤　将煮完的液体过120目滤网，去渣留液备用。

⑤ 调配　将其他原料投入到滤液中，混合均匀后调整可溶性固形物含量。

⑥ 灭菌　升温至 95～100℃，保温 10min 灭菌。

⑦ 包装　本品可以采用常温灌装。

6. 咖喱盖饭汁

（1）产品配方　南瓜块 30kg，培根 13.5kg，洋葱丁 5kg，椰浆 30kg，咖喱粉 1.35kg，食盐 7kg，白胡椒粉 0.05kg，人造奶油 1kg，水 24kg，罗勒粉 0.3kg，山梨酸钾 0.05kg。

（2）工艺流程

原料预处理→称量→煸炒→调配→灭菌→灌装→检测→成品

（3）操作要点

① 原料预处理　培根用绞肉机绞碎备用。

② 称量　根据设备情况，按配方要求同比例放大，准确称量各原料。

③ 煸炒　将人造奶油加入调配罐中，升温至 100℃，化开后加入洋葱丁炒至微黄，然后加入培根和咖喱粉炒香。

④ 调配　加入水、南瓜块、食盐、椰浆和山梨酸钾，升温至 100℃，熬煮 20min 后过胶体磨，然后加入罗勒粉和白胡椒粉，搅拌均匀后调整可溶性固形物含量。

⑤ 灭菌　加热至 95～100℃，保温 10min 灭菌。

⑥ 灌装　本品需要热灌装，灌装温度不低于 70℃，灌口加装 60 目洁净筛网。

⑦ 成品　0～4℃冷藏储存和运输。

7. 牛肉盖饭汁

（1）产品配方　特级生抽 250mL，果葡糖浆 100g，清酒发酵调味液 100mL，鸡精 20g，食盐 8g，复合果汁 5g，味精 4g，I＋G 0.3g，加水至 1L。

（2）工艺流程

原料→称量→调配→灭菌→灌装→检测→成品

（3）操作要点

① 称量　根据设备情况，按配方要求同比例放大，准确称量各原料。

② 调配　开启搅拌，向调配罐中加入水和特级生抽，升温至 60℃加入其他原料，搅拌均匀后调整可溶性固形物含量。

③ 灭菌　加热至 95～100℃，保温 30min 灭菌。

④ 灌装　本品需要热灌装，灌装温度不低于 85℃，灌口加装 120 目过滤网。

8. 鸡肉丸子酱汁

（1）产品配方　番茄酱 330g，乌斯塔沙司 70g，酱油 10g，白砂糖 40g，食盐 10g，面粉 10g，变性淀粉 2g，鸡汁 2g，水 550mL。

（2）工艺流程

原料预处理→称量→调配→灭菌→灌装→检测→成品

（3）操作要点

① 原料预处理 变性淀粉预先用少量水化开制成水淀粉。

② 称量 根据设备情况，按配方要求同比例放大，准确称量各原料。

③ 调配 开启搅拌，将水加入调配罐中升温至 60℃，然后加入番茄酱、乌斯塔沙司、酱油、鸡汁、白砂糖、食盐和面粉，搅拌均匀后缓慢加入变性淀粉。

④ 灭菌 加热至 95～100℃，保温 30min 灭菌。

⑤ 灌装 保持温度 75～85℃热灌装，灌口加装 40 目洁净筛网。

9. 江户炒面浇汁

（1）产品配方 酱油 120mL，食盐 86g，味精 100g，I＋G 1g，白砂糖 40g，黄原胶 2.6g，鸡肉精膏 38g，黑胡椒粉 0.6g，蒜泥 20g，焦糖色素 2.2g，干贝素 1.6g，变性淀粉 20g，大蒜精油 4g，本味淋 40g，果葡糖浆 40g，酒精 10g，水 560mL。

（2）工艺流程

原料预处理→称量→调配→灭菌→降温→灌装→检测→成品

（3）操作要点

① 原料预处理 黄原胶预先用少量酒精溶解均匀，变性淀粉预先用少量水溶解制成水淀粉，使用时缓慢加入调配罐。

② 称量 根据设备情况，按配方要求同比例放大，准确称量各原料。

③ 调配 开启搅拌，将水和酱油加入调配罐中升温至 60℃，加入除大蒜精油之外的其他原料（变性淀粉和黄原胶最后加）搅拌均匀。

④ 灭菌 加热至 95～100℃，保温 30min 灭菌。

⑤ 降温 降温至 80℃加入大蒜精油，搅拌均匀后调整料液可溶性固形物含量。

⑥ 灌装 本品可以采用常温灌装，灌口加装 40 目洁净筛网。

10. 日式糖醋猪肉浇汁

（1）产品配方 酿造酱油 200kg，食盐 18kg，猪骨素 26kg，白砂糖 130kg，果葡糖浆 5kg，黄原胶 1.5kg，变性淀粉 2kg，味精 50kg，味淋 100kg，蚝油 20kg，番茄酱 60kg，水 330kg，白醋 50kg，苹果醋 30kg。

（2）工艺流程

原料预处理→称量→调配→灭菌→降温→灌装→检测→成品

（3）操作要点

① 原料预处理 黄原胶预先用少量酒精溶解均匀，使用时缓慢加入调配罐。

② 称量 根据设备情况，按配方要求同比例放大，准确称量各原料。

③ 调配 开启搅拌，将水和酱油加入调配罐中升温至 60℃，加入除白醋和苹

果醋之外的其他原料（变性淀粉和黄原胶最后加）搅拌均匀。

④ 灭菌　加热至 95～100℃，保温 30min 灭菌。

⑤ 降温　降温至 80℃加入白醋和苹果醋，搅拌均匀后调整料液可溶性固形物含量。

⑥ 灌装　本品可以采用常温灌装，灌口加装 60 目洁净筛网。

11. 扬州浇汁面浇汁

（1）产品配方　酱油 110mL，食盐 67g，味精 80g，I＋G 1g，白砂糖 90g，变性淀粉 2.0g，猪骨浓汤 27g，蒜泥 37g，酸水解植物蛋白调味液 340mL，虾酱 14g，色拉油 46g，烹调熟猪油 21g，烤蒜精膏 24g，维生素 E 0.8g，酒精 26mL，水 200mL。

（2）工艺流程

原料预处理→称量→调配→灭菌→降温→检测→包装→成品

（3）操作要点

① 原料预处理　变性淀粉预先用少量水化开后制成水淀粉，使用时缓慢加入调配罐中。

② 称量　根据设备情况，按配方要求同比例放大，准确称量各原料。

③ 调配　开启搅拌，将水和酱油加入调配罐中，升温至 60℃加入除酒精外的其他原料（变性淀粉最后加），搅拌均匀后升温灭菌。

④ 灭菌　加热至 95℃，保温 30min 灭菌。

⑤ 降温　降温至 70℃加入酒精搅拌均匀。

⑥ 灌装　降温至 50～60℃之间灌装，灌口加装 40 目洁净筛网。

第六章

复合调味油

　　复合调味油是指以两种或两种以上的调味品为主要原料，食用油脂为载体，添加或不添加其他辅料，加工而成的呈油状的复合调味料。主要有蟹油、花椒油、各种复合香辛料调味油及各种风味复合调味油。

　　复合调味油的生产加工方法一般有两种：一种是直接将调味料与食用油脂一起熬制而成的具有某种风味的调味油；一种是用勾兑法，将选定的调味料采用水蒸气、乙醇蒸馏法或超临界萃取法，将含有的精油萃取出来，再按一定比例与食用油脂勾兑成某种风味的调味油。

第一节　复合调味油的含义

　　从国家标准的角度来看，目前有食用调味油的定义，但尚未有复合调味油的明确规定。本文中的复合调味油是含指含较多油脂，经过乳化或不乳化加工而成的液态或半固态的复合调味料。很多复合调味料中都含有一定量的油脂，但并非所有含油的复合调味料都可以被称为复合调味油。有些产品的油含量相对较少，油脂在这些产品构成中不起主导作用，这样的产品不能被称为复合调味油，只能称为含油型复合调味料。只有当含油量达到该产品原料构成的三分之一乃至一半以上，油脂对该产品构成起到主导或关键作用时，这样的产品才被称为复合调味油。

　　复合调味油在中国主要指辣椒油、花椒油、芥末油等调味油之类，其他诸如豆豉辣酱及火锅底料等含油量也很大，但并非以油脂为主要原料，所以不应称为复合调味油。而西式复合调味料中，油脂的用量一般超过 50%，而且起关键作用，比如蛋黄酱、各种沙拉酱、油醋汁等，在这些产品中油脂是该产品构成的基础物质。

　　本章较详细地介绍中式、西式各种复合调味油，以及日本的动植物香味油脂。

香味油脂是复合调味料中的重要组成部分，我国业内有许多人对它还不太熟悉，认识它可以从中得到借鉴。

第二节　油脂的种类及性质

一、油脂的种类

油脂不仅用于烹调，在复合调味料生产中也占有十分重要的地位。作为复合调味料的原料使用的油脂范围很广，包括来自动植物的各种油脂。

油脂分为两种形态，在常温下呈流动状态的称为油，呈固态的称为脂，植物油虽然其脂肪酸的组成不同，但性质基本相同，具有能水解、皂化、氢化和氧化等性质。复合调味料中常用的油脂几乎包括了动植物油脂的所有品种，其分子结构都是甘油三酯，是由一个甘油分子和三个脂肪酸分子缩合而成。一般油脂中含有5～6个不同的脂肪酸，它是油脂的主要反应部分，也是影响油脂性质的最大组分。脂肪酸根据碳氢链饱和与不饱和的不同可分为饱和脂肪酸和不饱和脂肪酸。

饱和脂肪酸是含饱和键的脂肪酸，化学性质稳定，不容易起化学反应。植物油中富含饱和脂肪酸的有椰子油、棉子油和可可油。不饱和脂肪酸是指含有双键的脂肪酸，根据其双键个数的不同，分为单不饱和多不饱和脂肪酸两种。

二、油脂的物理性质

1. 色泽与气味

纯净的三酰甘油（甘油三酯）是无色的。天然油脂带有某种颜色是由于油脂中含有色素（如类胡萝卜素等）。天然油脂的气味除由极少数短链脂肪酸组成的三酰甘油产生以外，主要是油脂中非三酰甘油成分所产生，如芝麻油的特殊气味主要是芝麻酚，椰子油的香气物质主要是壬基甲酮。油脂的不正常气味主要来自油脂的变质和酸败。

2. 密度

脂肪酸的密度一般与分子量成反比，与其不饱和度成正比。天然油脂除个别品种外密度都小于 $1g/mL$，液体油密度大于固体油。

3. 熔点与凝固点

天然油脂是由各种三酰甘油和一些非三酰甘油成分所组成的混合物，由于这些组成成分的熔点和凝固点各不相同，所以油脂的熔点和凝固点只是一个温度范围。加热时固态油脂开始软化和流动时的温度叫上升熔点，完全熔化透明时的温度叫透明熔点。在降温冷却时，液态油脂开始混浊时的温度叫浊点，全部转为固态时的温度叫凝固点。

4. 沸点、烟点和燃点

饱和脂肪酸的沸点随分子量的增加而升高，与同碳原子数的不饱和脂肪酸相比沸点略高。油脂无确定的沸点，只有一个沸点范围。烟点指的是油脂表面出现不连续燃烧火花时的油脂表面温度。燃点指的是油脂表面出现连续燃烧时的温度。

5. 黏度

黏度与油脂分子的长链结构有关，一般饱和度高的黏度略高。不饱和度相同时，黏度随分子量的增加而增大。油脂的黏度随温度的下降而上升，氧化和加热聚合也能提高其黏度。

6. 溶解性

所有油脂在任何温度下都能溶于乙醚、石油醚、二硫化碳、氯仿、四氯化碳、苯等非极性有机溶剂。油脂在酒精、醋酸、丙酮等溶剂中溶解度较小，仅有蓖麻油易溶于酒精和醋酸。

三、油脂的化学性质

1. 水解和皂化

油脂能在酸和酶的作用下被水解，生成甘油和高级脂肪酸。在储存的过程中，油脂可被水解产生一定量的游离脂肪酸，从而使其在产生不同程度的酸性。油脂在碱性介质中被水解而生成甘油和高级脂肪酸盐，一般把这种反应称为皂化。

2. 酸值

酸值是反映油脂中游离脂肪酸含量的指标，酸值以中和 100g 样品中游离脂肪酸所需要的 KOH 的毫克数表示。

3. 皂化值

皂化 1g 油脂所需要的 KOH 的毫克数称为该油脂的皂化值。皂化值的大小与油脂分子量大小有关。皂化值是检验油脂质量的主要数据之一。天然油脂都有正常的皂化值范围，不纯的油脂因含有不能皂化的杂质，皂化值一般偏低。

4. 油脂的酸败

油脂或含油的复合调味料，在贮存期间受日光、微生物、酶和空气中氧气的影响而成生不愉快的气味，口味也变劣了，甚至具有毒性等，这种现象被称为油脂的酸败。酸败不仅是油脂本身风味变成劣质，而且与其共存的维生素、色素、风味物质等也遭到破坏。

第三节　复合调味油的生产工艺与配方

一、沙拉酱

1. 原味沙拉酱

（1）产品配方　大豆色拉油 48kg，食醋 5.2kg，蛋黄 1kg，食盐 1.1kg，芥末油 0.4kg，变性淀粉 2.7kg，水 41.6kg。

（2）工艺流程

称量→鲜蛋黄→巴氏杀菌→调配→乳化→均质→包装→检测→成品

（3）操作要点

① 调配　开启搅拌，向蛋黄液中缓慢加入水、食盐和变性淀粉，搅拌均匀为黏稠的半固体。

② 乳化　边搅拌边向调配液中分次缓慢加入色拉油，当油加至总量 2/3 时加入食醋，然后加入剩余的色拉油和芥末油，搅拌至膏体体态均一。

③ 均质　过均质机，均质压力 15～20MPa，均质时间 20min，使膏体表面更加光滑柔软。

④ 成品　本品为冷加工食品，需 0～4℃冷藏保存，低温运输。

2. 凯撒沙拉酱

凯撒沙拉酱是以植物油、白葡萄酒醋或柠檬汁、奶酪等食材为主要原料制成一款沙拉酱，与其他沙拉酱不同的是在原料中添加了腌制鳀鱼和奶酪，因此口感更加美味，营养也更加均衡，深受广大女性朋友的喜爱。

（1）产品配方　色拉油 50kg，腌制鳀鱼 12kg，白葡萄酒醋 10kg，蛋黄 15kg，芝士粉 10kg，蒜泥 2.5kg，变性淀粉 5kg，水 50kg，白砂糖 3kg。

（2）工艺流程

原料预处理→称量→鲜蛋黄→巴氏杀菌→调配→乳化→均质→包装→检测→成品

（3）操作要点

① 原料预处理　腌制鳀鱼提前用绞肉机绞碎备用。

② 调配　开启搅拌，向蛋黄液中缓慢加入水、蒜泥、白砂糖、变性淀粉和鳀鱼碎，搅拌均匀为黏稠的半固体。

③ 乳化　边搅拌边向调配液中分次缓慢加入色拉油，当油加至总量 2/3 时加入白葡萄酒醋和芝士粉，然后加入剩余的色拉油，搅拌至膏体体态均一。

④ 均质　过均质机，均质压力 15～20MPa，使膏体表面更加光滑柔软。

⑤ 成品　本品为冷加工食品，需 0～4℃冷藏保存，低温运输。

3. 千岛沙拉酱

千岛沙拉酱是以植物油、鸡蛋和腌黄瓜等食材为主要原料制成一款沙拉酱，口感酸甜，略带咸味，是制作海鲜和肉类沙拉常用的一款酱料。

（1）产品配方　水 20kg，色拉油 50kg，番茄酱 10kg，酸黄瓜丁 10kg，白砂糖 1.8kg，食盐 0.3kg，芥末籽酱 0.1kg，柠檬汁 1kg，黄原胶 0.25kg，鸡蛋液 10kg。

（2）工艺流程

原料预处理→称量→调配→乳化→均质→调配→包装→检测→成品

（3）操作要点

① 原料预处理　黄原胶、食盐预先加入白砂糖中搅拌均匀。

② 调配　开启搅拌，向调配罐中加入水，然后加入混合好的白砂糖、食盐和黄原胶，全部溶解后加入鸡蛋液。

③ 乳化　边搅拌边向调配液中缓慢加入色拉油，当油加至总量 1/2 时加入柠檬汁和芥末籽酱，然后加入剩余的色拉油，搅拌至膏体体态均一。

④ 均质　过均质机，均质压力 15～20MPa，均质时间 20min，使膏体表面更加光滑柔软。

⑤ 调配　加入番茄酱和酸黄瓜丁搅拌均匀。

⑥ 成品　本品为冷加工食品，需 0～4℃冷藏保存，低温运输。

4. 日式焙煎芝麻沙拉酱

日式焙煎芝麻沙拉酱是以植物油、芝麻酱、深度烘焙芝麻为主要原料精制而成的一款沙拉酱，适用于作为各种沙拉、寿司、三明治、面条等食品的酱料，亦可作为火锅蘸料食用。

（1）产品配方　水 44kg，色拉油 21.6kg，蛋黄 0.5kg，食盐 0.5kg，熟白芝麻碎 7.5kg，芝麻酱 22.5kg，特级生抽 4.5kg，芥末油 0.2kg，食醋 2.3kg，变性淀粉 1.3kg。

（2）工艺流程

原料预处理→称量→鲜蛋黄→巴氏杀菌→调配→乳化→均质→调配→包装→检测→成品

（3）操作要点

① 原料预处理　变性淀粉预先用少量水化开制成水淀粉备用。

② 调配　开启搅拌，向调配罐中加入蛋黄液，然后缓慢加入水、食盐、变性淀粉、芝麻酱和特级生抽，搅拌均匀为黏稠的半固体。

③ 乳化　边搅拌边向调配液中缓慢加入色拉油，当油加至总量 2/3 时加入食醋和芥末油，然后加入剩余的色拉油，搅拌至膏体体态均一。

④ 均质　过均质机，均质压力 15～20MPa，使膏体表面更加光滑柔软。

⑤ 调配　向调配罐中加入熟芝麻碎，搅拌均匀后灌装。

⑥ 成品　本品为冷加工食品，需 0～4℃冷藏保存，低温运输。

5. 蜂蜜芥末沙拉酱

（1）产品配方　沙拉酱 200g，芥末酱 15g，花生酱 15g，食盐 2g，蜂蜜 1.5g，柠檬汁 15g，胡椒粉 0.2g，水 15g，乳化淀粉 1g。

（2）工艺流程

原料预处理→称量→调配→均质→包装→检测→成品

（3）操作要点

① 原料预处理　乳化淀粉预先用少量水化开制成水淀粉备用。

② 调配　开启搅拌，将花生酱加入调配罐中，然后缓慢加入水搅拌均匀，继续搅拌并依次加入沙拉酱、芥末酱、食盐、蜂蜜、胡椒粉、乳化淀粉和柠檬汁。

③ 均质　过均质机，均质压力 15～20MPa。

④ 成品　本品为冷加工食品，需 0～4℃冷藏保存，低温运输。

6. 塔塔酱

塔塔酱是以沙拉酱为基本原料，添加各种蔬菜、鸡蛋和鱼肉等的碎末拌合而成的一种酱，常用来作为炸鱼排、炸虾、炸猪排等油炸食物的调味酱。

（1）产品配方　沙拉酱 150g，洋葱汁 10g，酸黄瓜丁 15g，马铃薯丁（熟）4g，沙丁鱼碎（熟）10g，全蛋粉 100g，西芹碎 2g，白胡椒粉 0.1g，水 50g，黄原胶 1g。

（2）工艺流程

原料预处理→称量→调配→均质→调配→包装→检测→成品

（3）操作要点

① 原料预处理　黄原胶加入马铃薯丁中，用搅拌机打成均匀的泥状，可加入少量水。

② 调配　开启搅拌，将水加入调配罐中，然后加入沙拉酱、洋葱汁、马铃薯泥、全蛋粉，搅拌均匀为黏稠的半固体。

③ 均质　过均质机，均质压力 15～20MPa，使膏体表面更加光滑柔软。

④ 调配　向调配罐中加入酸黄瓜丁、沙丁鱼碎、西芹碎、白胡椒粉，搅拌均匀。

⑤ 成品　本品为冷加工食品，需 0～4℃冷藏保存，低温运输。

7. 法式沙拉酱

法式沙拉酱是一款以蛋黄酱、番茄酱、芥末酱为主要原料制成的沙拉酱。制作法式沙拉酱时，可以直接以蛋黄酱为原料，然后添加其他原料制作，也可从制作蛋黄酱开始制作。因为添加了大量的番茄酱、芥末酱等低热量原料，脂肪含量只有蛋黄酱的 1/3 以下，而且口感丰富，深受减肥人士的喜爱。

（1）产品配方　蛋黄酱 40kg，番茄酱 40kg，芥末酱 6kg，白砂糖 6kg，蒜泥 4kg，特级生抽 0.6kg，辣椒粉 0.01kg，白醋 0.5kg。

（2）工艺流程

原料→称量→调配→均质→包装→检测→成品

（3）操作要点

① 调配　开启搅拌，将蛋黄酱、番茄酱、芥末酱加入调配罐中，然后依次加入特级生抽、白醋、白砂糖、蒜泥和辣椒粉，搅拌为均一的膏体。

② 均质　过均质机，均质压力 15～20MPa，使膏体表面更加光滑柔软。

③ 成品　本品为冷加工食品，需 0～4℃冷藏保存，低温运输。

二、蛋黄酱

实际生产中的蛋黄酱配方非常多，主要是指各厂家独自开发的配方。基本的蛋黄酱原料配比如下面的产品配方所示。工业生产中使用的高速搅拌装置与家庭手工搅拌完全不同，这两者即使用完全相同的配方，制作出来的产品区别也很大，手工调制的蛋黄酱黏度不高，滑感差，而工业生产的产品不仅黏度很高，而且质地柔滑。

一般的蛋黄酱原料配合需要注意的是，油的添加量较少时，蛋黄和食醋的量要多些，且蛋黄的用量应该比食醋多。当油的用量多时，蛋黄的用量可以少于食醋的量，如配方所示，当油的用量为 65％时，需要较多的蛋黄，而油的用量为 78.8％时，蛋黄的用量减少。从原料成本来看，油少蛋黄多的产品较贵。

1. 产品配方

配方一（蛋黄型）：色拉油 65kg，蛋黄 17kg，食醋 13kg，香辛料 5kg。

配方二（蛋黄型）：色拉油 78.8kg，蛋黄 8.5kg，食醋 9.5kg，香辛料 3.2kg。

配方三（全蛋型）：色拉油 80kg，全蛋液 13kg，食醋 5kg，香辛料 2kg。

配方四（蛋黄型）：色拉油 65kg，蛋黄 14kg，白砂糖 3kg，食醋 13kg，食盐 3kg，香辛料 2kg。

配方五（蛋黄型）：色拉油 75.5kg，蛋黄 8.5kg，白砂糖 2kg，食醋 9.5kg，食盐 3kg，香辛料 1.5kg。

配方六（蛋黄型）：色拉油 77kg，全蛋液 11kg，白砂糖 2kg，食醋 5kg，食盐 3kg，香辛料 2kg。

配方七（蛋黄型）：植物油 65kg，蛋黄 15kg，食醋（4.5％）9kg，白砂糖 4kg，芥末粉 0.9kg，白胡椒粉 0.3kg，辣椒红 0.2kg，食盐 2kg，月桂叶粉 0.1kg。

2. 工艺流程

食醋(1/2～2/3的白醋)+食盐+砂糖 → 充分溶解　　　　色拉油 → 灭菌 → 冷却

新鲜鸡蛋 → 打蛋机 → 蛋黄 → 灭菌(60℃) → 蛋液 → 高速搅拌 → 混合蛋液 → 添加色拉油 →

香辛料 → 灭菌

添加食醋(1/3～1/2的余量)(高速搅拌/少量缓慢加入) → 胶体磨均质 → 充填包装 → 成品

3. 操作要点

（1）原料选择　蛋黄酱生产除了使用植物油以外，另外的重要原料就是蛋黄和食醋，特别是蛋黄液的制备十分重要，它关系到产品的乳化稳定、味道的好坏以及保质期的实现。

植物油最好选择无色无味的色拉油。食醋醋酸含量高于 4.5%，糖、盐、香辛料均要求无色细腻。

蛋黄选择新鲜的。制作蛋黄酱时如果直接用从冷库中取出的凉蛋，则蛋黄中的卵磷脂不能发挥乳化作用。一般以 16～18℃ 条件下贮存的蛋较好，如温度超过30℃，蛋黄粒子硬结，会降低蛋黄酱质量。此外，不新鲜的鸡蛋中微生物数量一般较大，使用这样的原料将给灭菌带来较大的负担，还会对生产设备造成较大的污染，并由此带来各种隐患。

购入的鸡蛋如果不马上用掉不要水洗。水洗鸡蛋虽然能将蛋壳表面的微生物大幅度减少，但不易于保存，残存在蛋壳表面的微生物会透过蛋壳的气孔侵入到鸡蛋的内部。与没洗过的鸡蛋相比，洗过的鸡蛋在储存期内更容易腐败。马上要使用的鸡蛋可用 200mg/L 的次氯酸钠溶液或其他方法进行清洗，然后进入打蛋机将蛋黄与蛋清分开。蛋黄要经过过滤，将蛋壳碎片和蛋膜等杂质去掉。

常用的香辛料有芥末、胡椒等。芥末既可以改善产品的风味，又可与蛋黄结合产生很强的乳化效果，使用时应将其研磨，粉碎越细乳化效果越好。为了增加产品稳定性，可酌情添加适量的胶，如明胶、果胶、琼脂等。

（2）蛋黄液的制备　将鲜鸡蛋先用清水洗涤干净，再用 200mg/L 的次氯酸钠溶液或过氧乙酸及医用酒精消毒灭菌，然后用打分蛋器打蛋，将分出的蛋黄投入搅拌锅内搅拌均匀。

（3）蛋黄液杀菌　对获得的蛋黄液进行杀菌处理，目前主要采用加热杀菌，在杀菌时应注意蛋黄是一种热敏性物料，受热易变性凝固。试验表明，搅拌均匀后的蛋黄液被加热至 65℃ 以上时，其黏度逐渐上升，而当温度超过 70℃ 时，则出现蛋白质变性凝固现象。为了能有效地杀灭致病菌，一般要求蛋黄液在 55～60℃ 下保持 3～5min，或者对乳化好的蛋黄酱于 45℃ 进行 8～24h 灭菌。冷却备用。以上温度和时间为参考值，需要根据实际情况确定。

（4）辅料处理　将食盐、糖等水溶性辅料溶于醋中，再在 60℃ 下保持 3～5min，然后过滤，冷却备用。将芥末等香辛料磨成细末，再进行微波杀菌。

（5）搅拌　将植物油以外的原辅料放入搅拌器内，以 400～600r/min 的速度搅拌 3～5min，使其充分混合，呈均匀的混合液。边搅拌边徐徐加入植物油，加油速度宜慢不宜快，朝一个方向搅拌，直至搅成黏稠的糊糊状。

（6）均质　为了得到组织细腻的蛋黄酱，避免分层，用胶体磨进行均质，胶体磨转速控制在 3600r/min 左右。

（7）包装　将均质后的蛋黄酱装于洗净的玻璃瓶中或铝箔塑料袋中，封口，即成成品。

三、油醋汁

1. 原味油醋汁

（1）产品配方　橄榄油 100kg，柠檬汁 45kg，食盐 2kg，胡椒粉 0.5kg。

（2）工艺流程

原料→称量→调配→乳化→均质→混合→灌装→灭菌→检测→成品

（3）操作要点

① 称量　根据设备情况，按配方要求同比例放大，准确称量各原料。

② 调配　将柠檬汁投入调配罐中，边搅拌边加入食盐和胡椒粉，使物料充分混合均匀。

③ 乳化　缓慢向调配罐中加入橄榄油，并将搅拌调成高速，使橄榄油充分乳化。

④ 均质　过均质机，均质压力 8～10MPa。

⑤ 灭菌　采用高温短时灭菌（HTST），灭菌温度 95℃，时间 15～20s。

2. 法式油醋汁

（1）产品配方　橄榄油 60kg，白葡萄酒醋 30kg，食盐 1.5kg，芥末粉 1kg，胡椒粉 0.2kg，鸡精 0.5kg，柠檬汁 0.5kg，水 10kg，变性淀粉 1kg。

（2）工艺流程

原料预处理→称量→调配→乳化→均质→灌装→灭菌→检测→成品

（3）操作要点

① 原料预处理　变性淀粉预先加入少量水化开制成水淀粉。

② 称量　根据设备情况，按配方要求同比例放大，准确称量各原料。

③ 调配　将水和白葡萄酒醋、柠檬汁投入调配罐中，边搅拌边加入食盐、芥末粉、胡椒粉、鸡精、变性淀粉，使物料充分混合均匀。

④ 乳化　缓慢向调配罐中加入橄榄油，并将搅拌调成高速，使橄榄油充分乳化。

⑤ 均质　过均质机，均质压力 15～20MPa。

⑥ 灭菌　采用高温短时灭菌（HTST），灭菌温度 95℃，时间 15～20s。

3. 意式油醋汁

（1）产品配方　橄榄油 60kg，意大利黑醋 20kg，蜂蜜 16kg，黄芥末籽酱 6kg，变性淀粉 0.8kg，黑胡椒粉 0.2kg，食盐 2kg。

（2）工艺流程

原料→称量→调配→乳化→均质→混合→灌装→检测→成品

（3）操作要点

① 原料预处理　变性淀粉预先加入少量水化开制成水淀粉。

② 称量　根据设备情况，按配方要求同比例放大，准确称量各原料。

③ 调配　将意大利黑醋投入调配罐中，边搅拌边加入食盐、蜂蜜、变性淀粉、黑胡椒粉、黄芥末籽酱，使物料充分混合均匀。

④ 乳化　缓慢向调配罐中加入橄榄油，并将搅拌调成高速，使橄榄油充分乳化。

⑤ 均质　过均质机，均质压力 15～20MPa。

⑥ 灭菌　采用高温短时灭菌（HTST），灭菌温度 95℃，时间 15～20s。

4. 西班牙油醋汁

（1）产品配方　橄榄油 100g，红葡萄酒醋 50g，食盐 8g，黑胡椒粉 0.5g，柠檬汁 50g，酸橙汁 50g，白砂糖 25g，咖喱粉 3g，变性淀粉 1g，薄荷叶粉 9.5g。

（2）工艺流程

原料→称量→调配→乳化→均质→混合→灌装→检测→成品

（3）操作要点

① 原料预处理　变性淀粉预先加入少量水化开制成水淀粉。

② 称量　根据设备情况，按配方要求同比例放大，准确称量各原料。

③ 调配　将红葡萄酒醋、柠檬汁、酸橙汁投入调配罐中，边搅拌边加入食盐、白砂糖、黑胡椒粉、咖喱粉、变性淀粉、薄荷叶粉，使物料充分混合均匀。

④ 乳化　缓慢地向调配罐中加入橄榄油，并将搅拌调成高速，使橄榄油充分乳化。

⑤ 均质　过均质机，均质压力 15～20MPa。

⑥ 灭菌　采用高温短时灭菌（HTST），灭菌温度 95℃，时间 15～20s。

5. 印度油醋汁

（1）产品配方　大豆色拉油 110g，白醋 50g，食盐 3g，白砂糖 2g，丁香粉 0.1g，白胡椒粉 0.5g，咖喱粉 15g，洋葱泥 40g，味精 0.5g。

（2）工艺流程

原料→称量→调配→灭菌→灌装→检测→成品

（3）操作要点

① 称量　根据设备情况，按配方要求同比例放大，准确称量各原料。

② 调配　开启搅拌，将白醋和大豆色拉油加入调配罐中，边搅拌边加入食盐、白砂糖、白胡椒粉、咖喱粉、丁香粉、洋葱泥和味精，使物料充分混合均匀。

③ 灭菌　升温至 85℃，灭菌时间 5min。

④ 灌装　本品采用常温灌装。

6. 日式油醋汁

（1）产品配方 大豆色拉油 38kg，白菊醋 14kg，蛋黄 6kg，白砂糖 5kg，味精 1kg，食盐 5kg，芥末粉 1kg，味淋 5kg，变性淀粉 3.5kg，糊精 3kg，水 25kg。

（2）工艺流程

原料预处理→称量→调配→灭菌→降温→灌装→检测→成品

（3）操作要点

① 原料预处理 变性淀粉预先用少量水化开制成水淀粉。

② 称量 根据设备情况，按配方要求同比例放大，准确称量各原料。

③ 调配 开启搅拌，将大豆色拉油加入调配罐中，边搅拌边加入食盐、白砂糖、味精、蛋黄、芥末粉、味淋、糊精、水和变性淀粉，充分搅拌均匀。

④ 灭菌 升温至 90℃，灭菌时间 5min。

⑤ 降温 降温至 50℃以下加入白菊醋，搅拌均匀后灌装。

7. 匈牙利油醋汁

（1）产品配方 大豆色拉油 110kg，红葡萄酒醋 50kg，食盐 3kg，白砂糖 0.5kg，黑胡椒粉 0.5kg，辣椒红色素 15kg，洋葱泥 40kg，味精 0.3kg。

（2）工艺流程

原料→称量→调配→灭菌→灌装→检测→成品

（3）操作要点

① 称量 根据设备情况，按配方要求同比例放大，准确称量各原料。

② 调配 开启搅拌，将红葡萄酒醋和大豆色拉油加入调配罐中，边搅拌边加入食盐、白砂糖、黑胡椒粉、辣椒红色素、洋葱泥和味精，使物料充分混合均匀。

③ 灭菌 升温至 85℃，灭菌时间 5min。

④ 灌装 本品采用常温灌装。

8. 中式油醋汁

（1）产品配方 芝麻油 90kg，特级生抽 80kg，陈醋 70kg，食盐 5kg，味精 3kg，香葱碎 8kg，辣椒粉 0.6kg，熟白芝麻粉 5kg，辣根粉 0.3kg，白砂糖 10kg，麦芽糖浆 5kg，蒜泥 1kg。

（2）工艺流程

原料→称量→调配→灭菌→降温→灌装→检测→成品

（3）操作要点

① 称量 根据设备情况，按配方要求同比例放大，准确称量各原料。

② 调配 开启搅拌，将特级生抽加入调配罐中，升温至 60℃加入食盐、味精、白砂糖、香葱碎、辣椒粉、麦芽糖浆、蒜泥和熟白芝麻粉，使物料充分混合均匀。

③ 灭菌 升温至 96～100℃，灭菌时间 10min，然后加入辣根粉，继续保持 5min。

④ 降温　降温至 60℃ 左右，加入陈醋和芝麻油，搅拌均匀。

⑤ 灌装　本品采用常温灌装。

四、食用调味油

1. 辣椒调味油

（1）产品配方　干辣椒 500g，菜籽油 25g，大豆色拉油 1500g，辣椒精（辣椒油树脂）2g。

（2）工艺流程

菜籽油＋大豆色拉油　　　辣椒精（辣椒油树脂）

干辣椒→捣碎→油锅→升温→炸制→过滤→辣油→灌装→检测→成品

（3）操作要点

① 在辣椒油的工艺中，最重要的是辣椒原料的选用和油温控制，辣椒一定要选用辣度很高的，比如朝天椒或四川的小米辣椒等。

② 控制油温是指能最大限度地把辣椒中的辣素萃取出来的温度。一般地讲，先将锅中的油温升高到 220℃ 左右，然后慢慢冷却，到 160℃ 时辣椒下到锅里，辣椒下锅后温度会降至到 150℃ 或更低一些，然后控制这一温度慢慢炸制，直到油的辣度达到要求。

③ 捞出辣椒渣滓，过滤之后补充辣椒精进一步提高辣度。

2. 芥末调味油

目前国内生产芥末油工艺主要有两种，一种是采用蒸馏酒的原理和设备，将芥末籽粗碎后，炒拌，静态蒸馏，取其精油，然后再用植物油勾兑。另一种是将芥末籽粉碎，经水发制，放在带搅拌及冷凝器的不锈钢反应釜中动态水蒸气蒸馏，馏出物用植物油萃取成为成品。

（1）产品配方　芥末籽、白醋、植物油各适量。

（2）工艺流程

芥末籽→温水浸泡→胶体磨→芥末糊→调酸→保温水解→蒸汽蒸馏→接收馏分→油水混合物→离心油水分离→芥末精油→植物油勾兑→检验→芥末油成品

（3）操作要点

① 原料选择　选择籽粒饱满、颗粒大、颜色深黄的芥末籽为原料。

② 浸泡　将芥末籽称重，加入 6～8 倍 37℃ 左右的温水，浸泡 25～35h。

③ 磨浆　浸泡后的芥末籽放入磨碎机中磨碎，磨得越细越好，得到芥末糊。

④ 调酸　用白醋调整芥末糊的 pH 值为 6 左右。

⑤ 水解　将调整好 pH 值的芥末糊放入水解容器中置于恒温水浴锅内，在 80℃ 左右保温水解 2～2.5h。

⑥ 蒸馏　将水解后的芥末糊放入蒸馏装置中，采用水蒸气蒸馏法，将辛辣物

质蒸出。

⑦ 分离　分离蒸馏后的馏出液为油水混合物，用油水分离机将其分离，得到芥末精油。

⑧ 调配　将芥末精油与植物油按配方比例混合搅拌均匀，即为芥末调味油。

3. 花椒油

（1）产品配方　花椒、植物油各适量。

（2）工艺流程

花椒颗粒→粉碎压片→超临界 CO_2 萃取→花椒精油→植物油勾兑→花椒油→检验→灌装→成品

（3）操作要点

油溶法、油浸法、油淋法是生产花椒油的传统方法，其做法如下：将花椒直接放入热的食用植物油中加盖密封，或者将花椒盛入孔径小于花椒直径的容器中，将热植物油徐徐淋入容器中，炸出其香味，使有效成分溶入油中，即得花椒油。

上述方法的难点在于油温不好掌握，温度过高时花椒中的香味和麻味成分易挥发和损失。油温过低水分不易分离，有效成分不能充分溶解和进入油中造成浪费。最好的方法是先萃取出花椒精油，然后按照比例用植物油进行勾兑成为成品。

萃取法得到花椒精油有用 60～70℃ 的石油醚进行反复浸提的方法，得到花椒精油后再用植物油进行勾兑。这种方法的最大缺点是若有溶剂残留不仅影响花椒香气的发挥，还涉及食品安全性和对环境污染的应对问题。因此目前比较先进的是超临界 CO_2 萃取法，尽管这种方法也有缺陷和不足，但得到的产品质量较好。

4. 葱香调味油

（1）产品配方　大豆色拉油 500g，大葱 250g，红葱碎 100g，生姜片 35g，八角 2g，桂皮 0.5g。

（2）工艺流程

原料前处理→称量→炸制→过滤→灌装→检测→包装→成品

（3）操作要点

① 原料前处理　大葱洗净后斜切成长约 5cm 的葱段备用。

② 炸制　大豆色拉油加入炒锅中，升温至 140℃，加入生姜片、红葱碎、大葱段炸至微黄，然后加入其他香辛料继续炸至金黄色。

③ 过滤　用 40 目过滤筛网过滤，去渣留油。

④ 灌装　降温至常温后灌装。

5. 木姜子调味油

（1）产品配方　鲜木姜子 50kg，生姜片 15kg，大葱 25kg，大豆色拉油 150kg。

（2）工艺流程

原料前处理→称量→炸制→过滤→浸泡→过滤→灌装→检测→包装→成品

（3）操作要点

① 原料前处理　鲜木姜子洗净后切片。大葱斜切成长约 5cm 的葱段备用。

② 炸制　大豆色拉油加入炒锅中，升温至 140℃，加入生姜片和大葱段炸至微黄。

③ 过滤　用 40 目过滤筛网过滤，去渣留油。

④ 浸泡　向过滤后的葱姜油中加入木姜子片，浸泡 8h。

⑤ 过滤　用 40 目洁净筛网过滤，去除木姜子渣。

6. 蒜香调味油

（1）产品配方　大豆色拉油 500g，大蒜末 160g。

（2）工艺流程

原料→称量→炸制→过滤→灌装→检测→包装→成品

（3）操作要点

① 炸制　大豆色拉油加入炒锅中，升温至 140℃，加入大蒜末炸至金黄色。

② 过滤　用 40 目过滤筛网过滤，去渣留油。

③ 灌装　降温至常温后灌装。

7. 辣椒红油

（1）产品配方　花生油 1500g，大红袍辣椒 500g，香菜 100g，大蒜末 100g，洋葱丁 50g，花椒 15g，香叶 1.5g，八角 1g，冰糖 25g，芝麻油 25g。

（2）工艺流程

原料预处理→称量→炸制→过滤→灌装→检测→包装→成品

（3）操作要点

① 原料预处理　香菜洗净后沥干水分用切菜机切碎。

② 炸制　花生油 100g 加入炒锅中，升温至 140℃，加入花椒、八角炸出香味，加入剩余的花生油继续升温至 140℃左右，然后加入大蒜末、洋葱丁、香菜碎、香叶和大红袍辣椒炸至红油析出，最后加入冰糖搅拌至冰糖完全融化。

③ 过滤　用 40 目过滤筛网过滤，去渣留油，然后加入芝麻油混合均匀。

④ 灌装　降温至常温后灌装。

五、香味油脂

1. 炖牛肉香味油脂

（1）产品配方　牛脂 400g，熟牛油 100g，葡萄糖 60g，HVP 粉 60g，生姜片 8g，鲜蒜米 8g，洋葱碎 8g，葡萄糖 80g，白砂糖 30g，酱油 58g。

（2）工艺流程

原料预处理→称量→调配→热反应→过滤→烹调油→检验→罐装→装箱→成品

（3）操作要点

① 原料预处理　用胶体磨将生姜片和鲜蒜米打成泥状备用。

② 调配　将所有原料加入反应罐中，加热搅拌均匀。

③ 热反应　热反应温度110℃，反应时间15min。

④ 过滤　用60目洁净筛网过滤去渣留油。

⑤ 备注　葡萄糖可以更换为木糖，得到烹调油后可以添加适量牛肉香型的浓缩物进行强化。

2. 日式味噌汤面香味油脂

（1）产品配方　猪油200g，猪骨油300g，葱末10g，姜泥10g，烤蒜泥50g，葡萄糖80g，白糖30g，HVP粉60g，黄豆酱50g，蒜油50g。

（2）工艺流程

原料预处理→称量→混合→热反应→过滤→降温→烹调油→检验→罐装→装箱→成品

（3）操作要点

① 原料预处理　用适量的猪油慢火煸炒大蒜，然后过胶体磨，冷却后凝固得到烤蒜泥，黄豆酱用胶体磨磨成泥状。

② 混合　将除蒜油之外的所有原料加入反应罐中，加热搅拌均匀。

③ 热反应　热反应温度110℃，反应时间15min。

④ 过滤　热反应结束后用60目洁净筛网去除筛上物。

⑤ 降温　降温至80℃左右加入蒜油搅拌均匀后即可灌装。

3. 日式酱油拉面汤香味油脂

（1）产品配方　鸡油200g，猪骨油300g，葱末10g，姜泥10g，烤蒜泥（制备方法同"日式味噌汤面香味油脂"）10g，木糖80g，白砂糖30g，HVP粉60g，酱油50g，黑胡椒碎5g，猪肉馅20g。

（2）工艺流程

原料→称量→混合→热反应→过滤→烹调油→检验→罐装→装箱→成品

（3）操作要点

① 热反应　热反应温度110℃，反应时间20min。

② 过滤　用60目洁净筛网去渣留油。

4. 蒜香黄油粉末油脂

（1）产品配方　黄油200g，熟猪油100g，盐粉（40目）100g，黑胡椒粉20g，烤蒜泥40g，蒜油5g，烤洋葱泥8g，糊精100g，味精粉100g，奶酪粉100g。

（2）工艺流程

原料预处理（黄油、猪油）→称量→混合 A→混合 C→造粒→过筛→包装→检测→成品

原料预处理（奶酪）→称量→混合 B

（3）操作要点

① 原料预处理　黄油、熟猪油、奶酪粉分别加热化开后备用。

② 混合 A　将盐粉加入混合罐中，然后加入化开的猪油和黄油搅拌均匀。

③ 混合 B　糊精与奶酪粉混合后，再添加烤蒜泥、烤洋葱泥、蒜油混合均匀。

④ 混合 C　将混合 A 物料和混合 B 物料充分混合均匀。

⑤ 造粒　过摇摆制粒机，使物料充分均质化。

⑥ 过筛　过 8 目洁净筛网，得到粉末化香味油脂。

5. 咖喱鸡粉末香味油脂

（1）产品配方　棕榈油 200g，鸡油 100g，盐粉 100g，咖喱粉 60g，丁香粉 1g，迷迭香粉 1g，辣椒粉 2g，糊精 100g，味精粉 100g，鸡肉咸味香精粉末 30g。

（2）工艺流程

原料预处理→称量→预混料制备→混合→造粒→过筛→包装→检测→成品

（3）操作要点

① 原料预处理　棕榈油、鸡油分别加热化开后备用。

② 预混料制备　将糊精加入混合罐中，然后按照顺序加入咖喱粉、丁香粉、迷迭香粉、辣椒粉和鸡肉咸味香精粉末混合均匀后制成预混料备用。

③ 混合　将盐粉投入混合罐中，加入味精粉混合均匀后加入鸡油和棕榈油，充分搅拌后加入预混料。

④ 造粒　过摇摆制粒机，使物料充分均质化。

⑤ 过筛　过 8 目洁净筛网，得到粉末化香味油脂。

6. 沙嗲酱风味粉末香味油脂

（1）产品配方　棕榈油 300g，蒜油 50g，盐粉 200g，味精粉 150g，糊精 100g，虾粉 80g，花生酱 20g，姜粉 10g，蒜粉 20g，姜黄粉 4g，香茅粉 10g，白砂糖粉 30g，咖喱粉 10g，特辣粉 15g。

（2）工艺流程

原料预处理→称量→预混料制备→混合→造粒→过筛→包装→检测→成品

（3）操作要点

① 原料预处理　棕榈油加热化开后备用。

② 预混料制备　将糊精加入混合罐中，然后按照顺序加入虾粉、姜粉、蒜粉、姜黄粉、香茅粉、白砂糖粉、咖喱粉和特辣粉混合均匀后制成预混料备用。

③ 混合　将盐粉投入混合罐中，加入味精粉混合均匀后加入棕榈油，搅拌均

匀后加入花生酱和蒜油,然后加入预混料充分搅拌均匀。

④ 造粒　过摇摆制粒机,使物料充分均质化。

⑤ 过筛　过8目洁净筛网,得到粉末化香味油脂。

7. 叉烧肉香味油脂

(1) 产品配方　熟猪油200g,猪骨油200g,葱末10g,姜泥20g,木糖80g,HVP粉60g,酱油50g,胡椒碎5g,桂皮粉1g,五香粉1g,黑豆豉10g,猪肉馅20g,猪肉香精50g。

(2) 工艺流程

原料→称量→混合→热反应→过滤→降温→灌装→检测→成品

(3) 操作要点

① 混合　将除猪肉香精之外的所有原料加入反应罐中,加热搅拌均匀。

② 热反应　热反应温度110℃,反应时间15min。

③ 过滤　热反应结束后用60目洁净筛网去除筛上物。

④ 降温　降温至80℃左右加入猪肉香精,搅拌均匀后即可灌装。

8. 烤牛肉香味油脂

(1) 产品配方　牛油300g,牛骨油200g,葱末10g,姜泥20g,木糖80g,HVP粉80g,酱油50g,黑胡椒碎5g,桂皮粉1g,熏香剂2g,牛肉香精50g。

(2) 工艺流程

原料→称量→混合→热反应→过滤→降温→灌装→检测→成品

(3) 操作要点

① 混合　将除牛肉香精和熏香剂之外的所有原料加入反应罐中,加热搅拌均匀。

② 热反应　热反应温度110℃,反应时间20min。

③ 过滤　热反应结束后用60目洁净筛网去除筛上物。

④ 降温　降温至80℃左右加入牛肉香精和熏香剂,搅拌均匀后即可灌装。

9. 酱牛肉香味油脂

(1) 产品配方　牛油400g,猪骨油100g,干黄酱40g,葱末20g,姜泥20g,木糖80g,HVP粉80g,酱油100g,黑胡椒碎5g,桂皮粉1g,八角粉12g,牛肉咸味香精50g。

(2) 工艺流程

原料预处理→称量→混合→热反应→过滤→降温→灌装→检测→成品

(3) 操作要点

① 原料预处理　干黄酱加入酱油混合均匀后过胶体磨磨成泥状。

② 混合　将除牛肉咸味香精之外的所有原料加入反应罐中,加热搅拌均匀。

③ 热反应　热反应温度110℃，反应时间20min。

④ 过滤　热反应结束后用60目洁净筛网去除筛上物。

⑤ 降温　降温至80℃左右加入牛肉咸味香精，搅拌均匀后即可灌装。

10. 青花鱼香味油脂

(1) 产品配方　棕榈油500g，干青花鱼碎块100g，干杂鱼50g，维生素E 1g。

(2) 工艺流程

原料→称量→油升温（200℃）→油焗浸提→过滤→降温→灌装→成品

(3) 操作要点

① 油升温　先将棕榈油升温至200℃。

② 油焗浸提　棕榈油降温至150℃加入干青花鱼碎块和干杂鱼焗炸，时间为40min左右。干鱼块可分2～3次放入，把变黑的鱼块捞出再放入新鱼块。

③ 过滤　用60目洁净筛网过滤去渣留油。

④ 降温　油冷却至80℃以下添加维生素E。

11. 炒蔬菜香味油脂

(1) 产品配方　大豆色拉油300g，猪油100g，豆芽菜200g，芹菜50g，番茄酱30g，葱末10g，姜泥20g，蒜泥20g，葡萄糖50g，HVP粉60g，酱油40g，辣椒粉2g，黑胡椒碎5g，猪肉香精3g，芝麻油10g。

(2) 工艺流程

原料预处理→称量→混合→热反应→过滤→降温→灌装→成品

(3) 操作要点

① 原料预处理　芹菜洗净后用切菜机切成丁状。

② 混合　将除猪肉香精和芝麻油之外的所有原料加入反应罐中，加热搅拌均匀。

③ 热反应　热反应温度110℃，反应时间15min。

④ 过滤　热反应结束后用60目洁净筛网去除筛上物。

⑤ 降温　降温至80℃左右加入猪肉香精和芝麻油，搅拌均匀后即可灌装。

12. 烤蒜香味油脂

(1) 产品配方　大豆色拉油300g，猪油100g，大蒜200g，蒜油100g，葡萄糖30g，HVP粉30g，酱油20g。

(2) 工艺流程

原料→称量→混合→热反应→过滤→降温→灌装→检测→成品

(3) 操作要点

① 混合　将除蒜油之外的所有原料加入反应罐中，加热搅拌均匀。

② 热反应　热反应温度110℃，反应时间15min。

③ 过滤　热反应结束后用60目洁净筛网去除筛上物。

④ 降温　降温至 80℃左右加入蒜油，搅拌均匀后即可灌装。

13. 酱香香味油脂

（1）产品配方　大豆油 300g，猪油 300g，葡萄糖 30g，HVP 粉 30g，酱油 100g，黄豆酱 100g，豆豉 50g。

（2）工艺流程

原料预处理→称量→混合→热反应→均质→灌装→检测→成品

（3）操作要点

① 原料预处理　黄豆酱和豆豉加入酱油混合均匀后过胶体磨磨成泥状。

② 混合　所有原料加入反应罐中，加热搅拌均匀。

③ 热反应　热反应温度 110℃，反应时间 15min。

④ 均质　均质压力 15～20MPa。

14. 生姜香味油脂

（1）产品配方　猪油 400g，大豆油 100g，生姜 200g，姜油 50g，葡萄糖 30g，HVP 粉 30g。

（2）工艺流程

原料预处理→称量→混合→热反应→过滤→降温→灌装→检测→成品

（3）操作要点

① 原料预处理　生姜洗净后用切菜机切碎。

② 混合　将除姜油之外的所有原料加入反应罐中，加热搅拌均匀。

③ 热反应　热反应温度 110℃，反应时间 15min。

④ 过滤　热反应结束后用 60 目洁净筛网去除筛上物。

⑤ 降温　降温至 80℃左右加入姜油，搅拌均匀后即可灌装。

15. 麻辣鸡香味油脂

（1）产品配方　鸡脂油 300g，猪油 100g，辣椒粉 50g，豆豉 50g，麻椒粉 30g，花椒粉 10g，葱末 10g，姜泥 20g，蒜泥 20g，葡萄糖 50g，HVP 粉 60g，酱油 40g，特辣粉 20g，黑胡椒碎 5g，鸡肉香精 30g，芝麻油 10g。

（2）工艺流程

原料→称量→混合→热反应→过滤→降温→灌装→检测→成品

（3）操作要点

① 混合　将除鸡肉香精和芝麻油之外的所有原料加入反应罐中，加热搅拌均匀。

② 热反应　热反应温度 110℃，反应时间 15min。

③ 过滤　热反应结束后用 60 目洁净筛网去除筛上物。

④ 降温　降温至 80℃左右加入鸡肉香精和芝麻油，搅拌均匀后即可灌装。

16. 香酥鸭香味油脂

（1）产品配方　鸭脂油 300g，鸡油 100g，八角粉 10g，酱油 100g，桂皮粉

10g，花椒粉 10g，茴香籽 10g，姜泥 10g，葡萄糖 50g，HVP 粉 60g，鸭肉香精 30g。

（2）工艺流程

原料→称量→混合→热反应→过滤→降温→灌装→检测→成品

（3）操作要点

① 混合　将除鸭肉香精之外的所有原料加入反应罐中，加热搅拌均匀。

② 热反应　热反应温度 110℃，反应时间 15min。

③ 过滤　热反应结束后用 60 目洁净筛网去除筛上物。

④ 降温　降温至 80℃左右加入鸭肉香精，搅拌均匀后即可灌装。

17. 猪肉蒜香辣油

（1）产品配方　菜籽油 300g，辣椒油 200g，八角粉 2g，桂皮粉 10g，特辣粉 50g，蒜末 100g，姜泥 10g，酱油 50g，猪肉馅 100g，食盐 50g，猪肉咸味香精 30g，蒜油 50g，辣椒油树脂 2g。

（2）工艺流程

原料→称量→升温→热油煸炒浸提→混合→过滤→降温→灌装→检测→成品

（3）操作要点

① 升温　将菜籽油加入炒锅中，升温至 160℃。

② 热油煸炒浸提　加入蒜末、姜泥炸至微黄，然后加入猪肉馅、八角粉、桂皮粉、特辣粉继续煸炒 10min 左右。

③ 混合　加入酱油、食盐和辣椒油混合均匀。

④ 过滤　用 60 目洁净筛网去除筛上物。

⑤ 降温　降温至 70℃左右加入猪肉咸味香精、蒜油和辣椒油树脂，搅拌均匀后即可灌装。

六、油辣椒

油辣椒是熟植物油、辣椒和/或其他辅料混合在一起烹制而成的一种调味品，其风味香辣浓郁，可供佐餐也可用于调味，深受全国各地人民的喜爱。

1. 产品配方

配方一：菜籽油 1000g，二荆条辣椒碎 500g，生姜片 30g，大葱斜切段 40g，草果 2g，桂皮 1.4g，八角 1.5g，芝麻油 10g。

配方二：大豆色拉油 150kg，紫草 5kg，干辣椒碎 50kg，生姜片 5kg，大葱斜切段 10kg，蒜泥 3.5kg，香草粉 0.5kg，香菜 2.5kg，洋葱丁 5kg，芝麻油 25kg，陈醋 300kg。

配方三：菜籽油 90kg，子弹头辣椒碎 30kg，白芝麻 2kg，芝麻油 10kg，八角 0.25kg，草果 0.1kg。

配方四：菜籽油 100kg，子弹头辣椒碎 15kg，大葱斜切段 10kg，香菜 2.5kg，紫草 10kg，桂皮 0.5kg，八角 0.4kg，草果 0.3kg，生姜片 7.5kg，花椒 10kg。

配方五：大豆油 150kg，辣椒碎 50kg，蒜泥 0.5kg，大葱斜切段 0.75kg，八角 0.2kg。

2. 工艺流程

原料预处理→称量→炸香料油→过滤→炸辣椒→降温→灌装→检测→包装→成品

3. 操作要点

① 原料预处理　新鲜蔬菜洗净后用切菜机切碎。

② 炸香料油　植物油加入炒锅中升温至 140℃，加入生姜片、大葱段、草果、桂皮、八角等香辛料炒至金黄色。

③ 过滤　用 40 目过滤筛网过滤，去渣留油。

④ 炸辣椒　油温升至 170℃左右停止加热，加入辣椒碎（和白芝麻）炒香。

⑤ 降温　油温降至 70℃左右加入芝麻油和醋类等易挥发原料搅拌均匀。

⑥ 灌装　降温至常温后灌装。

参 考 文 献

[1] 江新业.天然复合调味料的发展 [J].中国食品添加剂,2009,3:26～29.

[2] 江新业,宋钢.复合调味料生产技术与配方 [M].北京:化学工业出版社,2015.

[3] 江新业.栅栏技术在复合调味酱开发中的应用 [J].中国食品添加剂,2011,3:237～242.

[4] 江新业,宋钢.酱油粉的生产与发展 [J].中国酿造,2012,11:147～149.

[5] 宋钢.鲜味剂生产技术 [M].北京:化学工业出版社,2009.

[6] 宋钢.西式调味品生产技术 [M].北京:化学工业出版社,2009.

[7] 宋钢.调味技术概论 [M].北京:化学工业出版社,2009.

[8] 张国治.油炸食品生产技术 [M].北京:化学工业出版社,2010.

[9] 李平凡,邓毛程.调味品生产技术 [M].北京:中国轻工业出版社,2013.

[10] 中国调味品协会.调味料标准汇编 [M].北京:中国标准出版社,2011.

[11] 徐清萍.复合调味料生产技术 [M].北京:化学工业出版社,2008.

[12] 赵谋名.调味品 [M].北京,化学工业出版社.2001.

[13] 朱海涛,汤卫东,董贝森.最新调味品及其应用 [M].济南:山东科学技术出版社,1999.

[14] 曹雁平.食品调味技术 [M].北京,化学工业出版社,2002.

[15] 阎红.烹饪调味应用手册 [M].北京:化学工业出版社,2008.

[16] 冯涛,刘晓艳.食品调味原理与应用 [M].北京:化学工业出版社,2013.

[17] 斯波.怎样调配麻辣休闲食品增鲜调味料 [J].农产品加工,2010,1:16～17.

[18] 于静.方便汤料生产技术 [J].农产品加工,2011,2:37.

[19] 郭媛.方便型复合香辛料的研制 [D].无锡:江南大学,2008.

[20] 于新,吴少辉,叶伟娟.天然食用调味品加工与应用 [M].北京:化学工业出版社,2011.

[21] 宋钢.复合调味料的灭菌工艺及保质期确定 [J].中国酿造,2013,2:124～128.

[22] 宋钢.日本咸味香精的种类生产及使用 [J].肉类研究,2006,9:22～24.

[23] 牛国平,牛翔.大厨必备调味汁制作大全 [M].第2版.北京:化学工业出版社,2015.

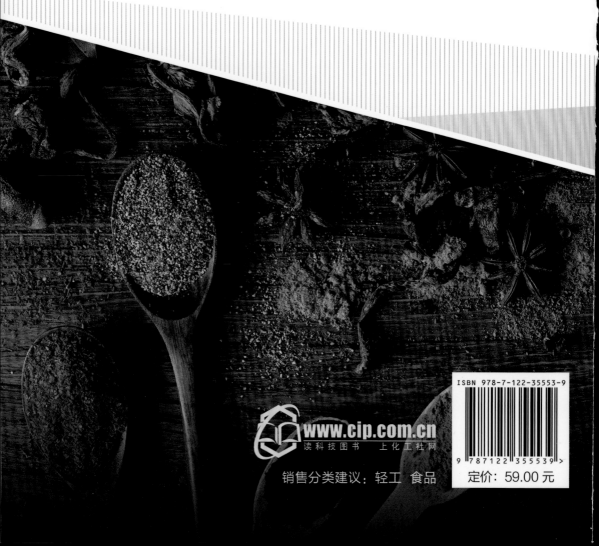

复合调味料
生产工艺与配方

ISBN 978-7-122-35553-9

www.cip.com.cn
读科技图书　上化工社网

9 787122 355539 >

销售分类建议：轻工 食品　　定价：59.00 元